U0198028

物联网在中国
"十二五"国家重点图书出版规划项目
国家出版基金项目

国外物联网透视

毕开春　夏万利　李维娜　主　编

电子工业出版社.
Publishing House of Electronics Industry
北京·BEIJING

内 容 简 介

本书以大量文献资料为基础，以国外物联网战略、规划、政策、产业、技术和应用发展为主线，以主要发达国家和发展中国家为对象，反映世界物联网的发展状况及最新动向，为我国物联网产业的发展提供经验借鉴。本书主要内容包括：对国外物联网发展概况进行综述，针对国外主要国家的物联网战略布局和发展政策、技术、标准和知识产权、企业和组织机构以及物联网的典型应用进行深入剖析，分析国外物联网发展对我国的启示，最后对世界物联网的技术发展现状和趋势进行总结概括。

本书既适合各级行政和行业主管部门、发展规划部门、科技政策和管理研究部门以及物联网研发机构相关人员阅读，也可以作为高等学校物联网相关专业的参考用书。

图书在版编目（CIP）数据

国外物联网透视 / 毕开春，夏万利，李维娜主编. —北京：电子工业出版社，2012.6
（物联网在中国）
ISBN 978-7-121-17855-9

Ⅰ . ①国… Ⅱ . ①毕… ②夏… ③李… Ⅲ. ①互联网络－应用－研究－世界 ②智能技术－应用－研究－世界 Ⅳ. ①TP393.4 ②TP18

中国版本图书馆 CIP 数据核字（2012）第 185256 号

策划编辑：刘宪兰
责任编辑：夏平飞 特约编辑：郭茂威
印　　刷：三河市鑫金马印装有限公司
装　　订：
出版发行：电子工业出版社
　　　　　北京市海淀区万寿路 173 信箱　邮编　100036
开　　本：787×1092　1/16　印张：18.5　字数：369 千字
印　　次：2012 年 6 月第 1 次印刷
印　　数：4 000 册　　定价：48.00 元

FOREWORD 总序

信息技术的高速发展与广泛应用，引发了一场全球性的产业革命，正推动着各国经济的发展与人类社会的进步。信息化是当今世界经济和社会发展的大趋势，信息化水平已成为衡量一个国家综合国力与现代化水平的重要标志。中国政府高度重视信息化工作，紧紧抓住全球信息技术革命和信息化发展的难得历史机遇，不失时机地将信息化建设提到国家战略高度，大力推进国民经济与社会服务的信息化，以加快实现我国工业化和现代化，并将信息产业作为国家的先导、支柱与战略性产业，放在优先发展的地位上。

党的十五届五中全会明确指出：信息化是覆盖现代化建设全局的战略举措；要优先发展信息产业，大力推广信息技术应用。党的"十六大"把大力推进信息化作为我国在21世纪头20年经济建设和改革的一项重要任务，明确要求"坚持以信息化带动工业化，以工业化促进信息化"，"走新型工业化道路"。党的"十七大"进一步提出了"五化并举"与"两化融合发展"的目标，再次强调了走新型工业化道路，大力推广信息技术应用与推动国家信息化建设的战略方针。在中央领导的亲切关怀、指导，各部门、各地方及各界的积极参与和共同努力下，我国的信息产业持续高速发展，信息技术应用与信息化建设坚持"以人为本"、科学发展，取得了利国惠民、举世瞩目的骄人业绩。

近几年来，在全球金融危机的大背景下，各国政要纷纷以政治家的胆略和战略思维提出了振兴本国经济、确立竞争优势的关键战略。2009年，美国奥巴马政府把"智慧地球"上升为国家战略；欧盟也在同年推出《欧洲物联网行动计划》；我国领导在2009年提出了"感知中国"的理念，并于2010年把包含物联网在内的新一代信息技术等7个重点产业，列入"国务院加快培育和发展的战略性新兴产业的决定"中，同时纳入我国"十二五"重点发展战略及规划。日本在2009年颁布了新一代信息化战略"i-Japan"；韩国2006年提出"u-Korea"战略，2009年具体推出IT839战略以呼应"u-Korea"战略；澳大利亚推出了基于智慧城市和智能电网的国家发展战略；此外，还有"数字英国"、"数字法国"、"新加坡智慧国2015（iN2015）"等，都从国家角度提出了重大信息化发展目标，作为各国走出金融危机、重振经济的重要战略举措。

物联网在中国的迅速兴起绝非炒作。我们认为它是我国战略性新兴产业——信息产业创新发展的新的增长点，是中国信息化重大工程，特别是国家金卡工程最近10年的创新应用、大胆探索与成功实践所奠定的市场与应用基础，是中国信息化建设在更高层面，向更广领域纵深发展的必然结果。

近两年来，胡锦涛总书记、温家宝总理等中央领导同志深入基层调研，多次强调要依靠科技创新引领经济社会发展，要注重经济结构调整和发展模式转变，重视和支持战略性新兴产业发展，并对建设"感知中国"、积极发展物联网应用等做出明确指示。中央领导在视察过程中，充分肯定了国家金卡工程银行卡产业发展及城市多功能卡应用和物联网 RFID 行业应用示范工程取得的成果，鼓励我国信息业界加强对超高频 UHF 等核心芯片的研发，并就推动物联网产业和应用发展等问题发表了重要讲话，就加快标准制定、核心技术产品研发、抢占科技制高点、掌握发展主动权等，做出一系列重要指示。我们将全面贯彻落实中央领导的指示精神，进一步发挥信息产业对国家经济增长的"倍增器"、发展方式的"转换器"和产业升级的"助推器"作用，促进两化融合发展，真正走出一条具有中国特色的信息产业发展与国家信息化之路。

我们编辑出版"物联网在中国"系列丛书（以下简称"丛书"），旨在探索中国特色的物联网发展之路，通过全面介绍中国物联网的发展背景、体系架构、技术标准体系、关键核心技术产品与产业体系、典型应用系统及重点领域、公共服务平台及服务业发展等，为各级政府部门、广大用户及信息业界提供决策参考和工作指南，以推动物联网产业与应用在中国的健康有序发展。

"丛书"首批 20 分册将于 2012 年 6 月正式发行，我们衷心感谢国家新闻出版总署的大力支持，将"丛书"列入"十二五"国家重点图书出版规划项目，并给予国家出版基金的支持；感谢国务院各相关部门、行业及有关地方，以及我国信息产业界相关企事业单位对"丛书"编写工作的指导、支持和积极参与；感谢社会各界朋友的支持与帮助。谨以此"丛书"献给为中国的信息化事业奋力拼搏的人们！

"物联网在中国"系列丛书编委会

潘云鹤

2012 年 5 月于北京

PREFACE 前言

　　信息技术的发展催生了一个新的概念——物联网。近年来，全球金融危机和经济危机的蔓延，加快了各国竞争实力的消长变迁，为改变现有世界经济格局创造了历史性机遇。物联网的发展引起了世界范围内的广泛关注，各国纷纷把发展物联网作为摆脱当前金融危机、实现经济复苏和占领全球竞争制高点的重要手段。美国提出了"智慧地球"计划；欧盟制订并公布了物联网行动计划，将物联网上升至区域战略高度；日本宣布了i-Japan 计划和智能云战略，将物联网列为国家重点战略之一；韩国通过了《物联网基础设施构建基本规划》，将物联网作为市场发展的新动力。发达国家凭借自身在信息技术和社会信息化水平方面的传统优势，在物联网产业发展上占有强势地位，这就亟须我们对国外物联网发展进行系统的分析梳理，总结发展经验，理清发展思路。本书编写组长期跟踪国外物联网发展，在对大量文献资料进行分析整理的基础上，经过深入研究，总结出了完整的国外物联网发展知识体系，在本书中与读者分享。

　　本书图文并茂，在构思和编写上力争为读者呈现国外物联网发展的全局图和深层结构图，立足于系统性、实用性、全面性和资料性，使读者对国外物联网发展有一个更加直观、具体和清晰的认识，期望对需要深入了解国外物联网发展的各位读者朋友有所帮助，也为我国物联网产业发展提供点滴借鉴。本书共分 8 章，第 1 章阐述物联网理念的兴起、物联网的内涵及定义，并对世界物联网发展状况进行分析总结；第 2 章分析美国在物联网战略布局和发展政策、技术、标准和知识产权、企业及组织机构以及典型应用等方面的发展状况；第 3 章介绍欧盟物联网发展状况；第 4 章介绍日本物联网发展状况；第 5 章对韩国物联网发展状况进行分析；第 6 章分析总结其他国家和地区物联网发展概况；第 7 章分析阐述国外物联网发展对我国的启示；第 8 章对世界物联网技术发展现状和未来发展趋势进行分析。

　　本书由毕开春、夏万利、李维娜主编。其中，第 1 章主要由李维娜和李宁宁编写；第 2 章主要由王志成、赵杨、龚巍巍编写；第 3 章主要由崔学民、王慧娴编写；第 4 章主要由李宁宁、王慧娴编写；第 5 章主要由崔学民、晏磊编写；第 6 章主要由李维娜、赵杨编写；第 7 章主要由李维娜编写；第 8 章主要由王志成、晏磊、龚巍巍编写。此外，黄艳芳、闫洪、孟拓也参与了本书的部分编写工作。

　　本书的编辑出版得到了工业和信息化部电子科技委副主任、中国信息产业商会执行会长张琪以及有关专家的大力支持，在此表示诚挚的谢意。同时感谢电子工业出版社对本书出版的帮助和支持。

物联网是一个方兴未艾的新兴产业，其发展日新月异、理念不断更新，由于笔者水平及时间有限，书中难免会有局限和不足之处，敬请各位专家以及广大读者不吝指正。

于工业和信息化部电子科学技术情报研究所

2012 年 5 月

CONTENTS 目录

第 1 章　总论 1

　1.1　世界物联网发展综述 2
　　1.1.1　物联网理念的兴起 2
　　1.1.2　物联网的内涵及其定义 5
　1.2　世界物联网发展状况 7
　　1.2.1　世界物联网发展总体情况 8
　　1.2.2　细分领域发展状况 9
　　1.2.3　世界物联网应用发展概况 26
　1.3　小结 28

第 2 章　美国物联网发展纵览 29

　2.1　物联网发展概况 30
　2.2　战略布局和发展政策 31
　　2.2.1　"智能电网"（SmartGrid） 31
　　2.2.2　"智慧地球" 32
　　2.2.3　政策措施 33
　2.3　美国物联网技术、标准和知识产权情况 34
　　2.3.1　物联网技术体系架构 34
　　2.3.2　EPCglobal 和传感器整合的体系架构 40
　　2.3.3　标准 47
　　2.3.4　知识产权 53
　2.4　物联网企业及组织机构 55
　　2.4.1　美国 MEAS 传感器公司 55
　　2.4.2　霍尼韦尔国际公司 56
　　2.4.3　斑马技术公司 59
　　2.4.4　意联科技 60
　　2.4.5　Intermec 60
　　2.4.6　迅宝科技公司 61
　　2.4.7　麦哲伦 GPS 导航定位公司 63
　　2.4.8　惠普 64
　　2.4.9　思科 65

　　　2.4.10　高通 66

　　　2.4.11　摩托罗拉 67

　　　2.4.12　AT&T 67

　　　2.4.13　SGSN 68

　　　2.4.14　Oracle 68

　　　2.4.15　Microsoft 73

　　　2.4.16　VeriSign 公司 76

　　　2.4.17　TrustChip®芯片产品 78

　　2.5　物联网典型应用 79

　　　2.5.1　物联网应用的重点——智能电网 79

　　　2.5.2　物联网在医疗领域的应用 82

　　　2.5.3　家庭的信息化与智能化 85

　　　2.5.4　智能交通——实现安全、快速、便捷的出行 86

　　　2.5.5　国防与军事领域——物联网新应用 87

　　2.6　小结 91

第 3 章　欧盟物联网发展纵览 93

　　3.1　物联网发展概况 94

　　3.2　战略布局和发展政策 94

　　　3.2.1　欧盟第七框架计划 95

　　　3.2.2　欧盟物联网行动计划 96

　　3.3　物联网技术、标准和知识产权情况 101

　　　3.3.1　物联网技术体系架构 101

　　　3.3.2　物联网标准 115

　　　3.3.3　物联网知识产权情况 121

　　3.4　物联网企业及组织机构 122

　　　3.4.1　爱立信 122

　　　3.4.2　诺基亚西门子 124

　　　3.4.3　阿尔卡特-朗讯 125

　　　3.4.4　沃达丰 127

　　　3.4.5　Orange 128

　　　3.4.6　T-Mobile 128

　　　3.4.7　SAP 129

　　　3.4.8　SMEPP 项目 131

　　　3.4.9　ETSI 131

　　　3.4.10　ETSI TISPAN 133

　　　3.4.11　国际频率传感器协会（IFSA） 133

　　3.5　物联网典型应用 134

　　　3.5.1　未来能源新形势——智能电网 134

3.5.2 家居领域的应用 141

3.5.3 智能交通 144

3.5.4 智慧医疗 147

3.5.5 智慧环保 149

3.5.6 工业领域的应用 150

3.5.7 智慧物流 156

3.6 小结 160

第4章 日本物联网发展纵览 161

4.1 物联网发展概况 162

4.2 战略布局和发展政策 163

4.2.1 "e-Japan" 战略 164

4.2.2 "u-Japan" 战略 164

4.2.3 "i-Japan" 战略 165

4.2.4 "智能云战略" 167

4.3 物联网技术、标准和知识产权情况 167

4.3.1 技术 167

4.3.2 标准 173

4.3.3 知识产权 174

4.4 物联网企业及组织机构 175

4.4.1 日立公司 176

4.4.2 NEC 177

4.4.3 NTT DoCoMo 178

4.4.4 KDDI 178

4.4.5 日本信息通信研究机构（NICT）..181

4.4.6 日本新能源产业技术开发机构（NEDO）....................................183

4.4.7 株式会社野村综合研究所（NRI）..183

4.4.8 东京大学 184

4.5 物联网典型应用 184

4.5.1 以对应新能源为主的智能电网 185

4.5.2 智能医疗中心及医疗垃圾处理 186

4.5.3 智能住宅 187

4.5.4 智能交通系统 187

4.5.5 地震预测 188

4.5.6 其他商业应用 188

4.6 小结 189

第5章 韩国物联网发展纵览 191

5.1 物联网发展概况 192

    5.1.1 韩国物联网发展背景 192

    5.1.2 韩国物联网政策发展动向 193

  5.2 战略布局和发展政策 194

    5.2.1 韩国欲以"u-Korea"战略成为全球第一个泛在社会 195

    5.2.2 以"u-IT"核心计划来具体呼应 u-Korea 战略 196

    5.2.3 事物智能感知通信基础设施建构基本规划 197

    5.2.4 通过动态 IT、创意融合来实现 Smart Korea 199

    5.2.5 知识经济部推广 RFID 标签 200

    5.2.6 面向未来的互联网发展计划 200

  5.3 物联网技术、标准和知识产权情况 201

    5.3.1 技术和标准 201

    5.3.2 知识产权 202

  5.4 物联网企业及组织机构 202

    5.4.1 韩国电子通信研究院（ETRI） 202

    5.4.2 三星电子 204

    5.4.3 LG 电子 206

    5.4.4 KT 集团 208

  5.5 物联网典型应用 212

    5.5.1 RFID 技术应用于韩国陆军的物流管理 212

    5.5.2 智能城市 214

    5.5.3 电信业物联网应用 215

    5.5.4 智能电网应用 217

    5.5.5 RFID/USN 应用 220

  5.6 小结 221

第 6 章 其他国家和地区物联网发展概况 223

  6.1 加拿大 224

    6.1.1 医疗方面的应用 224

    6.1.2 RFID 技术应用于公园 225

    6.1.3 石油开采的物联网应用 226

  6.2 印度 227

    6.2.1 印度农村的信息化建设经验 227

    6.2.2 印度的 RFID 系统应用 229

    6.2.3 印度智能卡技术的发展与普及 230

  6.3 新加坡 232

    6.3.1 新加坡的物联网发展现状 232

    6.3.2 新加坡的"智慧国 2015" 232

  6.4 其他国家和地区 233

    6.4.1 俄罗斯 233

      6.4.2　巴西 ·· 234

      6.4.3　阿联酋 ·· 235

      6.4.4　澳洲 ·· 236

      6.4.5　南非 ·· 237

      6.4.6　马来西亚 ··· 240

      6.4.7　菲律宾 ·· 243

      6.4.8　越南 ·· 244

      6.4.9　泰国 ·· 244

      6.4.10　巴基斯坦 ··· 246

      6.4.11　以色列 ··· 248

  6.5　小结 ·· 251

第 7 章　国外物联网发展对我国的启示 ····································· 253

  7.1　美国：靠技术实力说话 ·· 254

  7.2　欧盟：完善的物联网战略规划 ·· 255

  7.3　日韩：泛在网战略和应用结合 ·· 256

  7.4　其他国家：以应用促发展 ··· 258

  7.5　小结 ·· 258

第 8 章　世界物联网技术发展现状及趋势 ································· 259

  8.1　感知技术 ·· 260

      8.1.1　传感器技术 ··· 260

      8.1.2　RFID 技术 ··· 261

      8.1.3　坐标定位技术 ·· 262

  8.2　网络和通信技术 ·· 263

      8.2.1　光纤通信技术 ·· 263

      8.2.2　无线传输技术 ·· 264

      8.2.3　交换和组网技术 ··· 266

  8.3　信息处理技术 ··· 267

      8.3.1　中间件 ·· 267

      8.3.2　数据挖掘与系统分析 ·· 268

      8.3.3　系统应用 ·· 268

  8.4　公共技术 ·· 271

      8.4.1　标识和解析 ··· 271

      8.4.2　信息安全技术 ·· 272

      8.4.3　管理技术 ·· 273

      8.4.4　支撑技术 ·· 275

  8.5　小结 ·· 277

参考文献 ··· 279

第1章
总　　论

内容提要

回顾历史，在世界上每次大的危机之后，总会有新的技术或行业诞生，引领和支撑经济的复苏发展，从而带动世界经济进入新的上升周期。在本次世界范围内的金融危机和欧债危机余波未了之时，物联网逐渐成为人们眼中的"救世主"。尽管业内对这种说法莫衷一是，但不可否认的是，物联网已经成为世界主要国家抢占新一轮战略制高点的重要选择。本章将对物联网理念的兴起、物联网的内涵和定义等内容进行梳理，并对世界物联网发展的总体情况以及细分领域发展状况进行分析总结，最后论述世界物联网应用发展状况。

从物联网理念兴起，到掀起全球性的发展热潮，物联网的发展经历了十余年的历程。到目前，物联网对社会经济的多角度、全方位推动作用已经形成广泛共识。虽然物联网产业当前还只是处于初级形态，但其未来发展潜力巨大，随着大规模应用条件的逐渐成熟，物联网将成为重构世界信息产业格局的重要力量。

1.1 世界物联网发展综述

物联网理念从何时兴起，又是经过怎样的过程发展到现今如火如荼的局面？本节将解开上述的疑问，并对物联网十余年的发展脉络进行梳理和总结，同时对物联网的内涵和定义进行阐述。

1.1.1 物联网理念的兴起

1995 年，比尔·盖茨在其《未来之路》一书中首次提出"物联网"一词，但由于当时受限于无线网络、软硬件及传感器的发展制约，并没引起太多关注。1999 年，美国麻省理工学院（MIT）的 Auto-ID 实验室最早明确提出了"物联网"概念。当时的物联网其实就是"电子产品编码网络（EPC Network）"，即把射频识别（RFID）标签贴在物品上并把该物品的相关信息（如产地、原料、生产和出库日期等）存入标签中，同时将这些信息上传至网络，并且在物品的状态（如运输、入库、开封等）发生任何变化时，将变化的信息记录在电子标签内并同时上传至网络中，这样人们可以随时从网络中掌握物品的状态。"电子产品编码网络"所提供的物品信息虽然不是实时状态，但是由于物品的每次状态发生变化都会将信息及时更新，可以认为其所提供的信息是实时的。因此，这一阶段物联网的主要技术仅限于 RFID 和互联网。1999 年，美国召开的移动计算和网络国际会议指出，传感网是 21 世纪人类面临的又一个发展机遇；传感网的重要性得到学术界充分肯定。2003 年，美国《技术评论》提出：传感器网络技术将是未来改变人们生活的十大技术之首。

2005 年，国际电信联盟（ITU）在信息社会世界峰会上发布了《ITU 互联网报告 2005：物联网》，正式提出"物联网"概念。报告指出[1]，无所不在的"物联网"通信时代即将来临，信息与通信技术的目标已经从任何时间、任何地点连接任何人，发展到连接任何物品的阶段，而万物的连接就形成了物联网。根据 ITU 的描述，无所不在的物联网通信时代即将来临，在物联网时代，人类在信息与通信世界里将获得一个新的沟通维度，从任何时间、任何地点的人与人之间的沟通连接，扩展到人与物、物与物之间的沟通连接。

2009 年，奥巴马就任美国总统后，在与美国工商业领袖举行的圆桌会议上，IBM 首席执行官彭明盛首次提出智慧地球的理念，建议政府投资新一代的智慧型基础设施，随后得到美国各界的高度关注。该理念认为，智慧地球是指我们能把智慧嵌入系统和流程之中，使服务的交付、产品开发、制造、采购和销售得以实现，使从人、资金到石油、水资源乃至电子的运动方式都更加智慧，使亿万人生活和工作的方式都变得更加智慧。大量的计算资源都能以一种规模小、数量多、成本低的方式嵌入各类非电脑的物品中，如汽车、电器、公路、铁路、电网、服装等，或嵌入全球供应链，甚至是自然系统，如农业和水域中[2]。每一次大的危机都会催生一些新技术，而新技术是促使经济走出危机的巨大推动力。除了美国提出的物联网概念外，其他发达国家也都极其重视这一理念，欧盟提出了《欧盟物联网行动计划》，日本提出了 u-Japan 战略，韩国提出了 u-Korea 战略。物联网在金融危机后引起了全球的广泛关注。

物联网的发展是一个持续的过程。25 年前，互联网仅仅连接上千台主机；而后，通过计算机和移动设备，互联网已将全球数十亿人连接起来。20 世纪 90 年代，互联网应用又迈出了革命性的一步，即在互联网基础上又延伸和扩展出相互联系的物品的互联网，所涉及的物品从图书到汽车，从电器到食品，无所不包，从而形成一个物物相连的"物联网"。物联网中，所涉物品都有各自的 IP 地址，它们被嵌入复杂的系统中，能够通过传感器从周围环境获取信息。物联网的应用有助于解决人类目前面临的社会问题。比如，人们可以借助健康监测系统应对老龄化挑战；采用物联网技术，有助于抗御森林滥采滥伐；将机动车纳入到物联网范围内，可有效减轻交通拥堵，便于汽车回收利用，降低碳排放量。大规模网络通信对当今社会影响深远，而这种物品相互联系会扩大该影响，并逐渐引发真正的典范转移。

物联网是在信息通信技术的环境中成长发展起来的，这一环境受几大趋势影响。"体积缩小"是其中之一。相连设备的数量在不断增加，而设备体积变小了。"移动性"是另外一个趋势。物品可实现无线连接，便携性好，地理定位准确。"相异性和复杂性"是第三个趋势。当前的信息通信技术环境中，各种应用程序不断涌现，这就对互操作性提出了更高要求。物联网有助于提高人们的生活品质，提供更好更新的工作机会，为行业提供更多的商机与更大的发展空间。

物联网的性质较为复杂，有三点值得引起我们的注意。第一，不应单纯将物联网视为互联网的简单扩展。物联网由多个独立的新系统组成，除了现有互联网基础设施外，物联网主要通过自身基础设施运行。第二，物联网将与新型服务相结合和共同发展。第三，物联网涉及多种通信模式，包括物到人通信、物到物通信和机器到机器通信。

除国内外形势的发展需求外，技术的逐步成熟，也催生物联网快速发展。随着互联网技术的进一步广泛应用，国内外多家研究机构，在物联网技术方面有了一定的储备，在物流、医疗、安防等方面有了一定的应用积累，在这样的背景下，物联网得到了快速发展。2009 年被称为物联网元年。物联网已发展成为科学、动态、优化的资源配置方式，成为各国重塑长期竞争能力、抢占后危机时代战略制高点的先导领域。

物联网的发展历程可以概括为以下几个阶段。

第一个阶段：1995—2005 年

1995 年，比尔·盖茨在其撰写的新书《未来之路》中首次提及物联网一词。1999 年，美国麻省理工学院 Auto-ID Center 提出物联网概念，即把所有物品通过射频识别等信息传感设备与互联网连接起来，实现智能化识别和管理。

任何新的技术，都会优先应用于军事领域，物联网技术也不例外。最早将 RFID 技术应用于军事物流的是美国国防部军需供应局（Defense Logistic Agency，DLA）。2002 年，美国陆军就要求所有进入所辖战区的物资，必须贴有 RFID 标签。这样，美军的后勤补给可以获得更快捷、更精确的实时信息，后勤物资可全程追踪，大大缩短了美军的后勤平均补给时间。

第二个阶段：2005—2008 年

2005 年 11 月，在突尼斯举行的信息社会世界峰会（WSIS）上，国际电信联盟（ITU）发布了《ITU 互联网报告 2005：物联网》，正式提出了"物联网"的概念。随后，欧洲智能系统集成技术平台、欧盟第七框架下 RFID 和物联网研究项目组等机构也对物联网的概念进行了界定，物联网的概念逐渐由萌芽走向清晰。

2004 年，日本总务省提出的"u-Japan"构想中，希望将日本建设成一个"Anytime，Anywhere，Anything，Anyone"都可以上网的环境；同年，韩国政府制定了"u-Korea"战略，随后韩国信通部发布的《数字时代的人本主义：IT839 战略》以具体呼应"u-Korea"战略。物联网的概念开始由理念逐步上升到国家战略，并引起了世界范围内的广泛关注。

第三个阶段：2008 年至今

2008 年 11 月，美国 IBM 公司提出"智慧地球"概念，美国总统奥巴马对"智慧地球"构想做出积极回应，并提升到国家发展战略，并在随后出台的总额 7870 亿美元《经济复苏和再投资法》中对上述战略建议具体加以落实。"智慧地球"不但强调要能够实时感知物体的状态，还要能及时进行反馈和控制。随后，国际多家知名物联网技术研究机构在其发布的物联网相关报告中，进一步将"智慧地球"的内容融入其中。

2009 年 6 月，欧盟委员会提出针对物联网行动方案，明确表示在技术层面将给予大量资金支持，在政府管理层面将提出与现有法规相适应的网络监管方案。欧盟提出物联网的三方面特性：第一，不能简单地将物联网看做互联网的延伸，物联网是建立在特有的基础设施基础上的一系列新的独立系统，当然部分基础设施要依靠已有的互联网；第二，物联网将与新的业务共生；第三，物联网包括物与人通信、物与物通信的不同通信模式。

2009 年 7 月，日本发表了《i-Japan 战略 2015》。日本政府已认识到，目前已进入到将各种信息和业务通过互联网提供的"云计算"时代。日本政府希望，通过执行"i-Japan"

战略，开拓支持日本中长期经济发展的新产业，要大力发展以绿色信息技术为代表的环境技术和智能交通系统等重大项目。

2009 年 8 月，中国总理温家宝在无锡考察传感网产业发展时，明确指示要早一点谋划未来，早一点攻破核心技术，并且明确要求尽快建立中国的传感信息中心，或者叫"感知中国"中心。

各国对物联网的重视，推动着物联网的快速发展，使其成为信息技术发展的第三次信息化浪潮。回顾物联网的过去，展望未来，物联网发展将经历三大阶段：一是先导应用阶段，二是应用全面推广、产业高速增长阶段，三是深化应用、有显著经济外部性的阶段。

1.1.2　物联网的内涵及其定义

物联网这一概念从诞生至今，不同的组织机构、不同的专家学者、不同的企业都曾赋予它不同的含义。在这里介绍物联网的不同定义，有助于我们更加深刻地理解物联网。

1.1.2.1　MIT Auto-ID Center

1999 年，由麻省理工学院自动标识中心（MIT Auto-ID Center）提出，物联网就是物物相连的互联网，把所有物品通过 RFID、传感器等信息传感设备与互联网连接起来，实现智能化识别和管理。

1.1.2.2　国际电信联盟（ITU）

2005 年，在突尼斯举行的信息社会世界峰会（WSIS）上，ITU 发布了《ITU 互联网报告 2005：物联网》，提出了"物联网"（Internet of Things）的概念。报告指出，无所不在的"物联网"通信时代即将来临，信息与通信技术的目标已经从任何时间、任何地点连接任何人，发展到连接任何物品的阶段，而万物的连接就形成了物联网。

1.1.2.3　欧洲智能系统集成技术平台（EPoSS）

2008 年 5 月，欧洲智能系统集成技术平台（EPoSS）在发布的《Internet of Things in 2020》报告中对物联网给出如下定义："物联网是由具有标识、虚拟个性的物体或对象所组成的网络，这些标识和个性等信息在智能空间使用智慧的接口与用户、社会和环境进行通信。"

1.1.2.4　欧盟物联网研究项目组

2009 年 9 月，欧盟物联网研究项目组（Cluster of European Research Projects on The Internet of Things, CERP-IoT）发布了《物联网战略研究路线图》，其中提出了物联网概

念。认为物联网是未来 Internet 的一个组成部分，可以被定义为基于标准的和可互操作的通信协议且具有自配置能力的动态的全球网络基础架构。物联网中的"物"都具有标识、物理属性和实质上的个性，使用智能接口，实现与信息网络的无缝整合。

1.1.2.5　IBM

2009 年，IBM 提出了"智慧地球"这一概念。IBM 认为，IT 产业下一阶段的任务是把新一代 IT 技术充分运用在各行各业之中。具体地说，就是把感应器嵌入和装备到电网、铁路、桥梁、隧道、公路、建筑、供水、大坝、油气管道等各种系统中，并且被普遍连接，形成所谓"物联网"。

1.1.2.6　中国国务院发展研究中心

中国国务院发展研究中心给出的物联网的定义是："物联网就是能够将物体的身份识别、自身特征、存在状态等全生命信息进行智能管理和反馈控制的网络。"

1.1.2.7　中国国务院《政府工作报告》中物联网的定义

2010 年 3 月 5 日，在第十一届全国人民代表大会第三次会议上，中国国务院《政府工作报告》中物联网的定义：物联网是指通过信息传感设备，按照约定的协议，把任何物品与互联网连接起来，进行信息交换和通信，以实现智能化识别、定位、跟踪、监控和管理的一种网络。它是在互联网基础上延伸和扩展的网络。

经过研究，我们认为，物联网是以感知为目的，实现人与人、人与物、物与物全面互联的网络。其突出特征是通过传感器等方式获取物理世界的各种信息，结合互联网、移动通信网等网络进行信息的传送与交互，采用智能计算技术对信息进行分析处理，从而提升对物质世界的感知能力，实现智能化的决策和控制。

物联网是互联网和通信网的网络延伸和应用拓展，是利用感知技术与智能装置对物理世界进行感知识别，通过互联网、移动通信网等网络的传输互联，进行智能计算、信息处理和知识挖掘，实现人与物、物与物信息交互和无缝连接，达到对物理世界实时控制、精确管理和科学决策的目的。

物联网的内涵概括起来主要体现在三个方面：

一是互联网特征，即对需要联网的"物"一定要能够实现互联互通的互联网络。

二是识别与通信特征，即纳入物联网的"物"一定要具备自动识别以及物与物通信的功能。

三是智能化特征，即网络系统应具有自动化、自我反馈与智能控制的特点。

与物联网相关的概念有智慧地球、感知中国、传感网、泛在网等。智慧地球和感知中国是信息社会发展的愿景和目标，传感网、物联网和泛在网则是实现这些愿景和目标的电子、信息与通信技术的深度应用和支撑这些应用的网络基础设施。

传感网（Sensor Network），又称传感器网络，最早是由美国军方提出的，对它的定义为：由若干具有无线通信能力的传感器节点自组织构成的网络。目前，认为传感网是由大量部署在作用区内、具有无线通信与计算能力的微小传感器节点，通过自组织方式构成能根据环境自主完成指定任务的分布式、智能化网络系统。

泛在网（Ubiquitous Networking）是指基于个人和社会的需求，利用网络技术，实现人与人、人与物、物与物之间按需进行的信息获取、传递、存储、认知、决策、使用等服务。网络超强的环境感知、内容感知及其智能性，为个人和社会提供泛在的、无所不含的信息服务和应用。

泛在网的目标是向个人和社会提供泛在的、无所不含的信息服务和应用。从网络技术上，泛在网是以通信网、互联网、物联网高度融合为目标，它将实现多网络、多行业、多应用、异构多技术的融合和协同。物联网是从以满足人与人之间通信为主，走向了连通人与物理世界，因此是迈向泛在网的关键一步。而传感网则是物联网的其中一种末端接入手段，三者之间是包含的关系，即泛在网包含物联网，物联网包含传感网（见图1-1）。三者在末端技术、网络层和服务对象上都有着不同的内涵（见表1-1）。

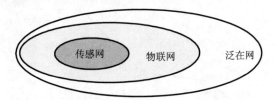

▶ 图1-1 物联网与传感网、泛在网的关系

表1-1 传感网、物联网、泛在网的区别

类 别	内 涵
传感网	1. 感知到信号，但并不强调对物体的标识； 2. 从目标特征上看，传感网探测和判断的更多是未知的人或物； 3. 传感器是网络的核心
物联网	1. 物物相连的网，强调的是认知，以连接物、承载物体的信息为主，是互联网从感知平台到数据挖掘和数据应用与服务的拓展； 2. 与传感网相比，从目标特征上看，物联网探测的是已知物品，通过已知的物体进行标识，并将相关数据进行传输及后期分析，以实现对物体的智能化控制
泛在网	关注的是人与周边的和谐交互，如自然人机交互和异构网络融合

1.2 世界物联网发展状况

目前，从世界物联网产业发展来看，初步形成了传感器和 RFID 等感知、识别制造业、网络设备及终端产业、嵌入式系统等基础支撑产业在内的物联网制造业和通信网络服务、

云计算等应用基础设施服务、软件与集成应用服务在内的物联网服务业。物联网产业当前显现的只是其初级形态,市场大规模启动的技术和应用条件尚不成熟。

1.2.1 世界物联网发展总体情况

虽然物联网相关产业和应用问世已数十年,但目前并未形成真正意义的物联网,只是具备了物联网的部分特征要素,并没有实现从感知、互联到智能的有机结合。当前,在物联网核心产业中,传感器全球市场规模在 600 亿美元左右,其中与传感器节点和传感器网络设备相关的产业比较小;RFID 市场规模不到 60 亿美元;M2M 服务市场规模为 43 亿美元。物联网相关支撑产业例如嵌入式系统、软件等本身均有万亿级美元规模,但由于物联网发展而创造和衍生出的新增市场规模并不大。总体上看,2007 年全球物联网市场规模达到 700 亿美元,2008 年达到 780 亿美元,增长 10%以上[2],2015 年物联网市场规模有望突破 2500 亿美元[3](见图 1-2)。

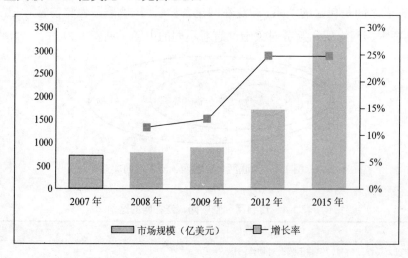

▶ 图 1-2 2007—2015 年全球物联网整体市场规模变化趋势

数据来源:中国物联网研究发展中心

目前,国外对物联网的研发应用主要集中在美、欧、日、韩等少数国家,其最初的研发方向主要是条形码、RFID 等技术在商业零售、物流领域应用,而随着 RFID、传感器技术、近程通信以及计算技术等的发展,近年来其研发应用开始拓展到环境监测、生物医疗、智能基础设施等领域[4]。如:总部位于比利时的欧洲合作研发机构校际微电子中心(IMEC)利用 GPS、RFID 技术已经开发出远程环境监测、先进工业监测等系统,近来该机构还利用在微电子及生物医药电子领域的领先技术,积极研发具有可遥控、体积小、成本低等功能的微电子人体传感器及自动驾驶系统等技术;思科已经开发出"智能互联建筑"解决方案,为位于硅谷的美国网域存储技术有限公司节约了 15%的能耗;IBM 提出了"智慧地球"的概念,并已经开发出了涵盖智能电力、智能医疗、智能交通、智能银行、智能城市等多项物联网应用方案；美国政府目前正在推动与墨西哥边境的"虚拟边境"建设，该项目主要依靠传感器网络技术 [5]。

1.2.2 细分领域发展状况

1.2.2.1 信息感知领域

一、传感器

全球传感器市场正以 5.3%的年均增长率持续稳定发展。2008 年全球传感器市场容量为 506 亿美元；2010 年，全球传感器产业规模超过 600 亿美元。其中，加拿大成为传感器市场增长最快的地区，而美国、德国、日本是传感器市场分布最大的国家。就世界范围而言，传感器市场上增长最快的依旧是汽车市场，占第二位的是过程控制市场，通信市场前景较好。

目前，全球的传感器市场在不断变化的创新之中呈现出快速增长的趋势。传感器领域的主要技术将在现有基础上予以延伸和提高，各国将竞相加速新一代传感器的研发和产业化，竞争也将日益激烈。新技术的发展将重新定义未来的传感器市场，比如无线传感器、光纤传感器、智能传感器和金属氧化传感器等新型传感器的出现及市场份额的扩大等。

一些传感器市场比如压力传感器、温度传感器、流量传感器、水平传感器已表现出成熟市场的特征。流量传感器、压力传感器、温度传感器的市场规模最大，分别占到整个传感器市场的 21%、19%和 14%。传感器市场的主要增长来自于无线传感器、MEMS（Micro-Electro-Mechanical Systems，微机电系统）传感器、生物传感器等新兴传感器。其中，无线传感器在 2007—2010 年复合年增长率超过 25%[6]。

1. 光纤传感器

传感器是一种检测装置，能感受到被测量物质的信息，并能将检测感受到的信息按一定规律变换成为电信号或其他所需形式的信息输出，以满足信息的传输、处理、存储、显示、记录和控制等要求，它是实现自动检测和自动控制的首要环节。传感器是一种物理装置或生物器官，能够探测、感受外界的信号、物理条件（如光、热、湿度）或化学组成（如烟雾），并将探知的信息传递给其他装置或器官。

目前主流的光纤传感器主要有法布利-比罗特（简称 FP）、布拉格光栅（简称 FBG）和荧光式光纤传感器三种。因为它们都是基于光纤，所以有很多共同的特点，比如抗电磁干扰可应用于恶劣环境（没有加入电磁过程）、传输距离长（光纤中光衰减慢）、使用寿命长、结构小巧等。

世界上第一个光纤传感器是用来检测美国和其他国家的光网络状态、性能和噪声的。之后技术不断进步，应用也拓展到了多个领域，在国防、航空、石油、建筑、抗震等领域崭露头角，备受好评。在巨大的市场需求下，各国加强研发，用途也日益广泛。

美国是研究光纤传感器起步最早、水平最高的国家。在军事应用方面，其研究和开发主要包括水下探测的光纤传感器、用于航空监测的光纤传感器、光纤陀螺和用于核辐射检测的光纤传感器等。在民用方面，如运用光纤传感器监测电力系统的电流、电压、温度等重要技术参数，监测桥梁和重要建筑物的应力变化，检测肉类和食品的细菌和病毒等。美国的很多大学、研究单位和公司都开展了光纤传感器的研究和开发。

日本和西欧各国也高度重视并投入大量经费开展光纤传感器的研究与开发。日本在20 世纪 80 年代制订了《光控系统应用计划》，旨在将光纤传感器用于大型电厂，以解决强电磁干扰和易燃易爆等恶劣环境中的信息测量、传输和生产过程的控制。20 世纪 90年代，由东芝、日本电气等 15 家公司和研究机构，研究开发出 12 种具有一流水平的民用光纤传感器。西欧各国的大型企业和公司也积极参与了光纤传感器的研究与开发和市场竞争，其中包括英国的标准电信公司、法国的汤姆逊公司和德国的西门子公司等[7]。

根据 Global Industry Analysts 的调研报告，目前电信仍是光纤传感器的最大市场，其次是国防和航空领域。亚太地区是全球最主要的市场，其中美国是第一大市场，中国是亚太地区的第二大市场。

根据另一家市场调查的分析公司 Business Communications Company（以下简称 BCC）发布的关于光纤传感器市场报告，全球光纤传感器（FOS）的产值从 2005 年的 2.88 亿美元增长到 2006 年的 3.04 亿美元，2011 年之前整体市场保持适度增长态势，平均年复合增长率为 4.1%，2011 年的全球产值为 3.72 亿美元。

目前全球主要的光纤传感器厂家有：Agilent、Avantes B.V、Baumer Electric AG、Blue Road Research、Davidson Instruments、EXFO、Fiber Optic Systems、FISO、Halliburton、Highwave 等。

2. 红外温度传感器

在实现远距离温度监测与控制方面，红外温度传感器以其优异的性能满足了多方面的要求。在产品加工行业中，特别是需要对温度进行远距离监测的场合，一般都是温度传感器大显身手的地方。任何物体都会发出电磁辐射，这种电磁辐射能被红外温度传感器测量。当物体温度变化时，其辐射出的电磁波的波长也会随之变化，红外传感器能将这种波长的变化转换成温度的变化，从而实现监控、测温的目的。

由于红外温度传感器实现了无接触测温、远距离测量高温等功能，进而将大部分操作人员从较恶劣的环境中解脱出来。原来必须穿防高温工作服才能工作的操作工人，现在不用再穿上那些不方便的工作装，而且可以在一个更加安全、舒适的环境中工作。红外温度传感器的这些特点令广大用户对其大感兴趣。红外温度传感器在餐饮行业中的应用也在不断增长。美国食品及药物管理局规定，在美国需要对食品进行温度监督和记录，而且食品不能被污染。基于这样的要求，红外温度传感器很自然地又在此领域得到了广泛应用；在不与被测物接触的情况下，实现了食品温度记录。1997 年，欧洲也在食品行业颁布了同样的规定，红外温度传感器在此领域也将大有市场。

光纤红外传感器还具有抗电磁和射频干扰的特点，这为便携式红外传感器在汽车行业中的应用又开辟了新的市场。随着红外测温技术的普遍应用，一种新型的红外技术——智能（Smart）数字红外传感技术正在悄然兴起。这种智能传感器内置微处理器，能够实现传感器与控制单元的双向通信，具有小型化、数字通信、维护简单等优点。当前，各传感器用户纷纷升级其控制系统，智能红外传感器的需求量将会继续增长，预计短期内市场还不会达到饱和。与此同时软件生产商还开发出了与之相配套的软件系统，其友好的图形操作界面、高低温报警、发射率可调、读取记忆功能、响应时间短等性能，令红外温度传感器在业内更受欢迎。另外，随着便携式红外传感器的体积越来越小，价格逐渐降低，在食品、采暖空调和汽车等领域也有了新的应用。比如用在食品烘烤机、理发吹风机上，红外传感器检测温度是否过热，以便系统决定是否进行下一步操作，如停止加热，或是将食品从烤箱中自动取出，或是使吹风机冷却等。随着更多的用户对便携式红外温度传感器的了解，其潜在用户正在增加。

由于红外温度传感器在实现远距离控温及无接触测温等方面的优势，使其产量每年以 10%的速度增长。对于红外传感器的全球市场，第三世界国家将比欧美更加看好。虽然欧美很多工业国家加工业广泛，但其市场以趋向饱和；而在中国以及拉美一些新兴国家和地区，随着其经济的复苏与发展，纷纷加强工业化建设，加工厂不断增多，红外传感器的销量每年以 2%～5%的速度增长，并且其市场销量还处于增长趋势。

虽然红外传感器在高温范围内与同类产品相比颇具竞争力，但其在低温范围内，却并不占优势。热电偶相对于红外传感器不但价格便宜，而且能够满足低温用户的要求，是低温产品市场的主导；只有较少的行业需要用红外传感器对极高的温度进行无接触测量，其中冶金行业为主要市场。另外，近些年化工和石油行业的红外传感器用量也在逐年增长。在温度传感器领域，低温产品是主要的消费产品，然而，由于有热电偶的存在，红外传感器还没有很好的市场。即使是价格相对低廉的便携式 IR 温度测量枪也面临着激烈的竞争，价格日趋降低。有专家预计，其价格有可能以每年 5%~10%的速度降低。目前，全球至少有 25 家较具规模的红外传感器生产商，其中居首位的是 Raytek 公司。Raytek 公司的产品约占全球市场的 20%；排行第二位的是 Ircon，其市场占有率为 17%；排行第三位的是 Land Infrared，其市场占有率为 15%，其主要产品是手持式及在线测量产品。

3. MEMS 传感器

据 IHS iSuppli 公司的研究，意法半导体（STM）在 2010 年仍然是最大的 MEMS 传感器生产商，营业收入几乎是排名第二的德州仪器的 5 倍。

STM 是一家由意大利和法国公司合并而成的公司，总部设在瑞士日内瓦。该公司 2010
年 MEMS 制造服务营业收入为 2.286 亿美元，而美国德州仪器只有 4740 万美元。图 1-3
为 IHS iSuppli 公司统计的 10 大 MEMS 厂商排名，其生产的 MEMS 器件供自身使用或为
他人代工。

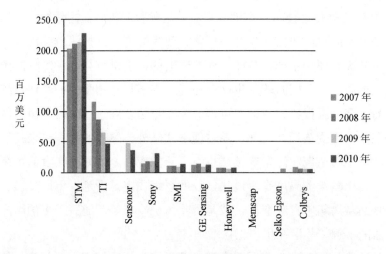

▶ 图 1-3　10 大 MEMS 传感器企业排名

IHS iSuppli 把 MEMS 厂商分为两类，一类是"纯"MEMS 生产商，不为自己生产
MEMS；另一类是"混合模式"厂商，即整合器件制造商（IDM），除了为自己的核心业
务提供 MEMS 器件以外，还提供 MEMS 合同制造服务。

STM 连续第四年排名第一，而且是营业收入超过 1 亿美元的唯一一家 MEMS 厂商。
为惠普生产喷墨晶片（Inkjet wafer），占 STM 营业收入的大多数。尽管惠普喷墨营业收
入不断萎缩，但 STM 最近四年通过提高在惠普喷墨生产中的份额而设法扩大了这项业务。
STM 还开始与柯达等其他喷墨打印机厂商合作，并在生物 MEMS 领域赢得了一些代工项
目，如为瑞士 Debiotech 生产胰岛素注射器。

德州仪器尽管保持第二的排名，但受其大客户 Lexmark 喷墨打印机业务锐减的影响，
其 MEMS 营业收入自 2004 年以来持续急剧下降。但德州仪器最近与一家消费 MEMS 厂
商签署了代工协议，从 2011 年开始为德州仪器带来营业收入。该消费 MEMS 厂商在业
内排名前 15。

另外两家比较突出的混合模式厂商是挪威的 Sensonor Technologies，排名第三，营业
收入是 3800 万美元；排名第四的 Sony，营业收入是 3190 万美元，借助其主要客户 Knowles
Electronics 在 MEMS 麦克风领域的出色表现，营业收入大增了 51.2%。

总体来看，混合模式厂商在 MEMS 市场占有的份额大于纯粹模式。10 大混合模式厂
商 2010 年合计营业收入为 3.96 亿美元，其中最大的两家 STM 和德州仪器的合计份额就

高达 70%。相比之下，10 大纯粹模式厂商的营业收入为 2.053 亿美元，其中头号厂商 Silex Microsystems 的营业收入为 3600 万美元。但是，纯粹模式厂商的 2010 年营业收入增长较快，强劲扩张 48.4%，而混合模式供应商只有 2.4%。

2010 年，有四家纯粹模式 MEMS 厂商的营业收入超过了 3000 万美元，以前该阵营的厂商没有一家达到过这个关口。该领域排名第一的 Silex，其半数 MEMS 营业收入来自工业与科技应用，医疗应用与光学 MEMS 占有剩余的相当大部分。

2010 年营业收入超过 3000 万美元的其他三家纯粹模式厂商包括：加拿大 Micralyne，营业收入增长 50%，为 3130 万美元；台湾亚太优势微系统公司排名第三，营业收入为 3120 万美元；上一年排名第一的 Dalsa Corp，也是加拿大公司，2010 年排名第四，营业收入为 3090 万美元。

MEMS 厂商专注于为智能手机、光学电信设备或血压监测仪等多种设备生产微型传感器和激励器，而与这些 MEMS 器件相关的知识产权（IP）则属于无厂客户或其伙伴设计公司。

但在有些情况下，MEMS 厂商拥有知识产权。Memscap 就属于这种情况，它控制着销往 JDSU 等其他电信公司的可变光学衰减器芯片的 IP。IHS 公司认为，这种模式通常可以加快 MEMS 厂商的客户向市场推出产品的速度，并有助于提高其忠诚度，但也可能吓跑客户，因为客户担心 MEMS 厂商可能开发自己的产品并成为其竞争对手。生产业务模式也面临其他问题。他们是否应该只提供晶片，还是应该成为一站式厂商？他们是否应该是无所不包的多面手，还是最好充当专业厂商？

有些 MEMS 厂商也把自己定位成面向研发的样品生产厂商，而有些研发类厂商则希望解放自己，成为连续生产的基地。虽然厂商之间竞争激烈，但最近四年厂商之间的合作明显增多，这是该产业的另一个特色。

总之，这些问题不断得到解决，同时 MEMS 生产业务预计在未来几年保持扩张。

根据 IC Insights 发布的最新市场调查报告，未来数年全球传感器/制动器（sensor/actuator）产值的增长将是 IC 的近 2 倍，这个领域将成为这几年增长最迅速的半导体领域。

与其他半导体产品类别相比，全球 solid-state 传感器/制动器的市场规模相对较小。过去传感器主要使用在汽车工业中，但近年开发出的低价器件目标针对便携式消费性电子、通信与工业产品。传感器/制动器在 2010 年度的销售中将有 37% 是为汽车行业采用，这个比例低于前数年的 50%。

到 2010 年，相对于整体半导体的 3200 亿美元，传感器/制动器的产值接近 120 亿美元。2006—2010 年主要公司采购 MEMS 传感器情况见图 1-4。

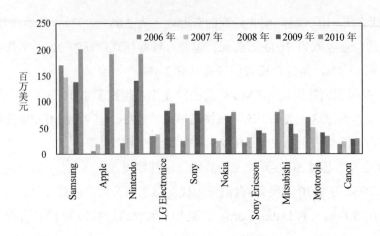

▶ 图 1-4　2006—2010 年主要公司采购 MEMS 传感器情况

根据市场研究机构 iSuppli 发布的最新研究报告，由于 iPhone 4、iPad 和 iPod touch 等产品大量使用各种传感器，目前苹果已成为全球第二大微机电系统（以下"简称 MEMS"）传感器采购商，仅落后于领头羊三星。

苹果采购 MEMS 传感器的支出在 2010 年达到 1.95 亿美元，而 2009 年为 9000 万美元，同比增长 116.7%，一举超越任天堂成为全球第二大 MEMS 传感器采购商。实际上该公司仅比第一大 MEMS 传感器采购商三星少 500 万美元。MEMS 传感器包括 iPhone、iPad 等苹果移动设备使用的加速计、陀螺仪、麦克风等。

iPhone 4、iPad 和 iPod touch 等苹果产品在 2010 年深受消费者欢迎。这些产品的魅力一部分来自于先进的用户界面，而用户界面的优劣又取决于 MEMS 传感器，具体说就是加速计、陀螺仪、麦克风等。这使得苹果在 2010 年加大了对此类产品的采购力度。

在收购了 Analog Devices、Knowles Electronics 和 AAC 等公司的麦克风业务以后，苹果对 MEMS 传感器的需求进一步增长。这些麦克风用以支持一系列苹果产品，包括第五代 iPod nano、iPhone 4、iPad 2 和苹果耳机。因为由加速计驱动的 Wii 游戏机的市场趋于饱和，任天堂采购 MEMS 传感器的数量同比减少 11.5%，而三星同比增长 46%。

二、RFID

2009 年，全球 RFID 市场规模就已达到 87 亿美元。2010 年是世界物联网元年，RFID 进入飞速的发展阶段。在经济复苏的推动下，全球 RFID 市场也持续升温，并呈现持续上升趋势。诺达咨询《物联网系列——全球物联网发展现状与趋势研究报告 2010》研究表明，其市场规模在 2012 年有望达到 212 亿美元。目前 RFID 技术正处于迅速成熟的时期，许多国家都将 RFID 作为一项重要产业予以积极推动（见图 1-5）。

数据来源：诺达咨询

▶ 图 1-5 2007—2012 年全球 RFID 市场规模

根据市场研究公司 IDTechEx 预计，到 2021 年，全球 RFID 产业规模将是 2010 年的近 5 倍。RFID 标签供应量将是 2010 年供应量的 100 倍，在低成本电子标签和低成本的基础安装设施的强大驱动作用下，RFID 产业规模将保持快速增长（见图 1-6）。

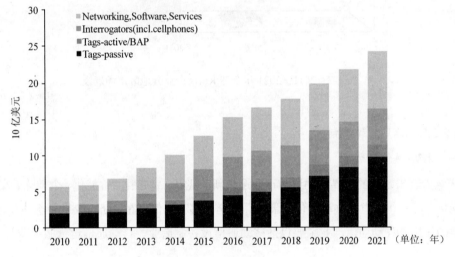

数据来源：IDTechEx

▶ 图 1-6 全球 RFID 产业规模预测

从全球产业格局来看，目前 RFID 产业要集中在 RFID 技术应用比较成熟的欧美市场。未来全球 RFID 市场将主要集中在欧洲、北美和东亚地区。

根据市场研究公司 IDTechEx 统计，全球 RFID 市场在 2011 年达到 28.1 亿美元规模，其中北美为 12.2 亿美元，东亚为 6.8 亿美元，欧洲为 8.1 亿美元，其他地区为 1.0 亿美元。到 2021 年总体规模达到 2427.0 亿美元，其中东亚地区规模最大，达到 1471.0 亿美元。一方面，东亚市场的快速发展主要由中、日、韩三个主要东亚国庞大的市场需求引发，并且这一需求在未来将不断放大；另一方面，东亚各国都采取积极推动 RFID 产业应用的政策措施。为此，东亚市场是未来全球 RFID 产业规模快速发展的重中之重（见表 1-2，图 1-7）。

表 1-2　2011—2021 年全球 RFID 产业分地区市场规模统计表（单位：10 亿美元）

地　区	2011 年	2016 年	2021 年
北美	1.22	4.52	44.6
东亚	0.68	8.91	147.1
欧洲	0.81	4.15	40.2
其他	0.1	0.8	10.8
总计	2.81	18.38	242.7

数据来源：IDTechEx

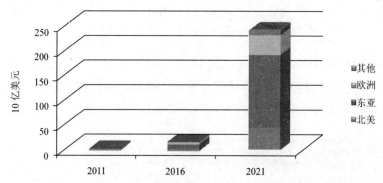

▶　图 1-7　2011—2021 年全球 RFID 产业分地区市场规模

数据来源：IDTechEx

1.2.2.2　信息传输领域

一、移动通信领域

影响力越来越大的世界移动通信正在迎来新的飞跃。宽带化、智能化、个性化、媒体化、多功能化、环保化是世界移动通信发展的新趋势；移动通信将在经济发展和社会进步中发挥更重要的作用。移动通信产业主要包括移动通信设备制造业、移动通信运营服务业等。

1．移动通信设备

随着现代微电子技术的进步以及市场需求的不断推动，移动通信技术在过去 30 年间获得了迅猛发展，移动通信技术实现了 2G、3G 的快速发展，目前正加速向 4G 推进，并将向着高速化、小型化、智能化发展。

移动通信设备厂商将逐渐由单一提供网络设备或终端设备向提供端到端的解决方案转变。"端到端"是指运营商能够将新的应用立刻加到正在运行并创造利润的服务之上。厂商对最终用户市场的了解，使得厂商可以给目标客户群提供最适宜的方案，因此帮助运营商减少了内部应用、计费和在服务提供领域进行系统开发的费用。

移动电话用户数量的增长和新增业务的出现促使运营商对移动通信设备的投资不断增加，使得全球移动通信设备市场规模保持增长态势。

受金融危机的影响，欧美发达国家电信运营商逐渐放缓 3G 建设，印度、南亚和非洲等新兴市场对网络基础设施的投资步伐也有所减缓，但由于 2009 年中国发放 3G 牌照，大力发展 3G 网络，全球移动通信设备市场规模仍有小幅增加，市场规模达到 552.2 亿美元。

随着 3G 在全球范围内集中建设趋缓，全球移动通信设备投资速度相应放缓。2010 年全球移动通信设备市场规模有所下降，全球移动通信设备市场规模为 521.3 亿美元，比 2009 年减少了 5.6%。

2010 年以后，发达国家的运营商对以数据业务为主的 3G 技术升级投资以及发展中国家以语音为主的 2G / 2.5G 网络覆盖率投资将会重新增加，至 2012 年，预计全球移动通信设备市场规模将到 710.2 亿美元（见图 1-8）。

▶ 图 1-8　2008—2013 年全球移动通信设备市场规模

数据来源：中国信息产业网

2. 无线网络优化设备

在全球基站市场不断增长的带动下，全球无线网络优化设备市场也持续保持增长趋势，增长速度相对平稳。截至 2010 年年底，全球无线网络优化设备市场规模达到 63.5 亿美元，与 2009 年同期相比增长 6.3%。移动互联网业务的迅速普及，推进了网络的深度优化。在 3G 网络建设不断升级的过程中，2G/3G 网络优化设备占据主导地位。直放站优化方式干扰较大，PICOCELL 等容量覆盖方式具有明显优势。

无线通信在以下几个领域，得到了广泛应用：（1）移动通信，包括日常使用的手机、无线电话等；（2）为交通、能源等建设项目开发无线通信环境，实现内联网各节点之间的无线连接及与因特网的连接；（3）为银行、医院、地质、矿业、气象、水利等部门提供各种专用电信服务；（4）为综合宽带网建设提供服务，促进电信网、有线电视网与计算机网的融合；（5）建立平流层通信平台，实现一定范围内的多媒体通信业务。

3. 手机终端

2009 年全球手机制造业表现出整体市场小幅萎缩，市场竞争格局变化深刻，震荡加剧。根据市场调研公司 Gartner 发布的最新调查数据，2009 年全球手机销售量总计为 12.11 亿部，较 2008 年略微减少了 0.9%。但是在 2009 年第 4 季开始走出低谷，全球手机市场销售量超过 3.4 亿部，较上年同期增长 8.3%。2010 年全球经济逐步向好，随着整体市场需求的提升，以及 3G 和智能手机增长速度的不断加快，全球手机市场开始新一轮的加速发展。2010 年全球手机销量达到 13.93 亿部，比 2009 年全球手机市场增长了 15%，其中智能手机已达 2.51 亿台（见图 1-9）。从市场结构上来看，全球手机市场份额增长的厂商包括了三星电子和 LG 电子这样的新兴厂商，而诺基亚、摩托罗拉和索尼爱立信的市场份额都出现了较大幅度下滑。

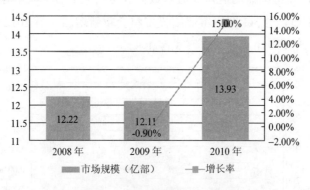

▶ 图 1-9　全球手机终端市场规模

数据来源：Gartner

智能化是世界移动通信发展的一大趋势。具有计算机功能的智能手机正在成为移动通信的主流，3G 手机市场已经进入加速发展期，WCDMA 手机优势明显。随着全球智能手机市场的快速扩张，全球智能化业务应用市场也发展得风生水起。手机产业链垂直化分工将日趋明显。市场调研机构 Gartner 发布的最新调查数据显示，在 2009 年手机销量总体呈下滑趋势下，智能手机销量却同比增长了 23.8%，其中第 4 季度销量同比上涨41.1%。根据 MIC 的数据，2010 年全球智能手机出货量达 2.77 亿台，2011 年增长至 3.65亿台，到 2012 年将达 6.22 亿台（见图 1-10）。针对手机生产商，MIC 预测，到 2012 年NOKIA、RIM 市场占有率将分别从 2010 年的 36.1% 与 16.6% 下滑至 30% 与 14.7%，HTC、SAMSUNG、MOTOROLA 市场占有率分别增长至 10.3%、8.5% 和 6.1%。

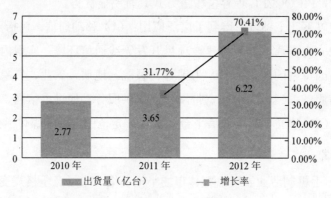

▶ 图 1-10　全球智能手机出货量预测

数据来源：MIC

由于智能手机操作系统是智能手机最重要的支持模块，也是实现手机应用的重要组成部分，因此，在这一背景下，智能手机的操作系统竞争更加激烈，市场格局变化很大（见图 1-11）。

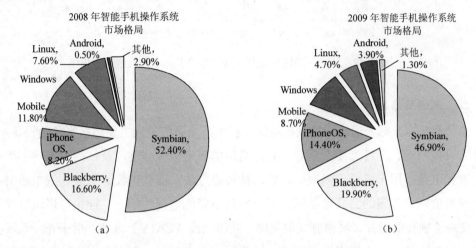

▶ 图 1-11　全球智能手机操作系统市场份额调查

数据来源：Gartner

据预测，到 2013 年，全球手机上网用户数量将达 17.8 亿，超过使用计算机上网的用户数量；同时智能手机和其他能上网的手机数量将达到 18.2 亿部。

今后的手机将不会"千机一面"，而是因每个用户的需要而有所不同，特别是物联网时代到来后，每件物品的需求将更加个性化。设计生产富有个性化的手机产品是今后的一个重要竞争领域。

4. 无线通信设备

从全球产业格局来看，目前无线通信设备产业要集中在技术应用比较成熟的欧美市场。未来全球无线通信设备市场将仍然集中在欧美地区。

根据《世界电子数据年鉴》预计，全球无线通信设备市场在 2013 年将达到 3047.54 亿美元规模。其中北美为 1185.25 亿美元，新兴国家和地区为 502.49 亿美元，欧洲为 443.14 亿美元，其他地区为 916.66 亿美元（见表 1-3，图 1-12）。

表 1-3　2007—2013 年全球无线通信设备产业分地区市场规模统计表（单位：10 亿美元）

地　　区	2007 年	2008 年	2009 年	2010 年	2011 年	2012 年	2013 年
欧洲	45.916	47.578	39.168	39.876	41.405	42.88	44.314
北美	101.092	106.575	101.674	105.661	109.583	113.967	118.525
新兴	31.192	34.341	35.072	39.421	42.976	46.492	50.249
其他	70.33	75.869	72.693	76.942	81.556	86.551	91.666
全球	248.53	264.363	248.607	261.9	275.52	289.89	304.754

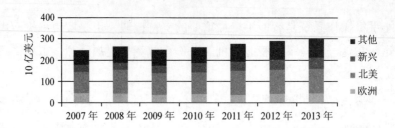

▶ 图 1-12　2007—2013 年全球无线通信设备产业分地区市场规模

数据来源：The Yearbook of World Electronic Data

二、光通信领域

总体而言，全球光通信市场规模将继续扩大。光通信领域主要包括光传输设备产业、光接入设备产业、光纤光缆产业等。光纤通信的应用领域非常广泛：用于市话中继线，逐步取代电缆；用于长途干线通信，以比特传输方法，取代电缆、微波、卫星通信；用于全球通信网、各国的公共电信网；用于高质量彩色电视传输、工业生产现场监视和调度、交通监视控制指挥、城镇有线电视网、共用天线（CATV）系统；用于光纤局域网和其他，如在飞机内、飞船内、舰艇内、矿井下、电力部门、军事及有腐蚀和有辐射等中使用[8]。

1．光传输设备

2010 年全球光传输设备市场受到城域网发展的拉动，市场规模保持稳定增长，达到 505.1 亿美元，同比增长 9.0%。

随着用户需求的提高，单波道通信容量从 40Gb/s 升级为 100Gb/s。100G 传输进入应用；智能通信、PTN 成为产业发展的亮点。

智能通信成为光通信领域的一个主要技术发展方向，通信业正在从"技术驱动"向"业务驱动"转变。

2．光接入设备产业

2008—2010 年，全球 FTTx 市场规模保持稳定的持续增长态势。赛迪数据显示：2010 年光纤接入市场规模达到 124.5 亿美元，其主要增长在中国、印度、巴西等发展中市场。信息基础设施建设强国日本，由于市场逐渐趋于饱和，发展速度明显减慢，而美国等传统经济强国则受到金融危机影响，FTTx 的发展受到较大程度的影响。

3．光纤光缆产业

2010 年全球光纤光缆行业总体产能利用率处于较高水平，在 IPTV 等宽带业务市场发展的带动下，全球新一轮的光通信建设快速展开，全球光通信市场发展良好，市场规模保持稳定增长。

FTTH 市场提速发展，给光纤光缆市场带来新的机会。从全球来看，美国、欧洲、亚太市场光通信的建设速度较快，其中发展中国家光网络建设速度较快。同时，在全球接入网建设规模扩大的拉动下，光纤光缆市场在全球经济危机的影响下仍保持着稳定增长。

三、集群通信领域

20 世纪 80 年代，全球集群通信便开始发展起来，当时都是模拟集群通信，到了 20 世纪 90 年代，随着数字通信技术的快速进步和发展，数字集群通信体制、系统、产品解决方案应运而生，随后集群通信开始逐步由模拟向数字转变。进入 21 世纪以后，随着半导体芯片技术、软件技术以及信息感知、处理技术等众多信息技术的快速发展，数字通信设备集成度越来越高，体积越来越小，价格越来越低，功能越来越多，性能越来越优越，业务支撑能力越来越强，这些都加快了取代模拟集群通信的步伐。

从地域角度看，全球集群通信市场发展不平衡。

从标准角度看，全球集群通信标准体系众多，竞争激烈。

关于标准以及互联互通问题正在日益备受关注。

四、网络通信领域

2010 年，全球网络通信产业持续回暖。亚太地区网络通信设备市场的快速增长，成为全球通信产业复苏的主要推动力。网络通信产业主要包括以太网交换机产业、路由器产业等。

1．以太网交换机产业

受到互联网业务的持续繁荣、多种宽带业务的日益涌现以及世界各国纷纷发布国家宽带战略的综合影响，2010 年，全球以太网交换机市场开始回暖，呈现出快速增长的态势，其销售量和销售额分别达到了 3.3 亿万线和 210.8 亿美元，增长的幅度超过了 2010 年初的预期，在销售量、销售额两方面分别同比增长 17.2% 和 14.6%，其中，尤以面向 Gb 乃至 Tb 的以太网交换机受到重视。

2．路由器产业

受到多个国家相继宣布国家宽带计划，以及物联网兴起的拉动作用，2010 年全球路由器市场开始回暖，全球路由器市场规模达到了 189.3 亿美元，同比增长 9.42%。

物联网成为全球路由器市场发展的推动力。虽然路由器作为网络基础产品的日益成熟并且大规模建网的结束影响了路由器市场增长的速度，但是新技术的应用为路由器市场的发展注入了新的活力，业务量的增加更是带动了高性能路由器的发展。

五、电信软件及系统集成领域

席卷全球的金融危机让电信业面临新的挑战，也促使整个电信软件与系统集成行业加快了重新整合的进程；整体经济环境的不景气给电信运营商带来了重大考验。可喜的是，多数欧美电信运营商在 2010 年的财报中都或多或少地透露了复苏的迹象，美元的复苏已经在德国电信、沃达丰等大型电信运营商的财报数字中都起到了积极作用。电信软件与系统集成作为电信运营商精细化运营、降低成本的重要手段，受到越来越多的重视。由于欧美运营商电信软件与系统集成发展提速，再加之亚太市场，特别是中国和印度市场的快速发展，2010 年全球电信软件与系统集成的市场规模增长 22.4%，达到 74.3 亿美元。其中，亚太地区电信软件与系统集成的市场份额将持续增长。

从全球产业格局来看，目前无线通信设备产业主要集中在技术应用比较成熟的欧美市场。未来全球无线通信设备市场将仍然集中在欧美地区。

根据《世界电子数据年鉴》预计，全球电信设备市场在 2013 年将达到 931.2 亿美元规模。其中北美为 306.76 亿美元，新兴国家和地区为 159.29 亿美元，欧洲为 197.53 亿美元，其他地区为 267.62 亿美元（见表 1-4，图 1-13）。

表 1-4　2007—2013 年全球电信设备产业分地区市场规模统计表（单位：10 亿美元）

地　区	2007 年	2008 年	2009 年	2010 年	2011 年	2012 年	2013 年
欧洲	21.735	22.574	18.122	18.268	18.8	19.289	19.753
北美	29.417	29.75	28.127	28.816	29.417	30.053	30.676
新兴	12.449	13.341	13.249	13.979	14.642	15.331	15.929
其他	22.921	24.235	23.347	24.122	25.04	25.909	26.762
全球	86.522	89.9	82.845	85.185	87.899	90.582	93.12

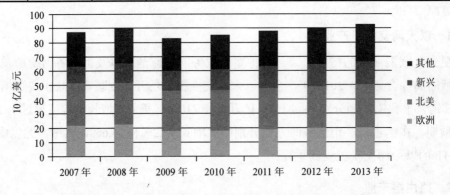

▶ 图 1-13　2007—2013 年全球电信设备产业分地区市场规模

数据来源：The Yearbook of World Electronic Data

1.2.2.3　信息处理领域

信息处理技术主要包括软件和网络服务的相关技术，具体包括嵌入式软件、中间件、数据挖掘与系统分析技术、云计算、SaaS 服务、海量数据处理、智能计算、神经网络、数据中心技术等。

一、嵌入式软件

2010 年，世界软件产业复苏良好。自 2009 年第 3 季度以来，世界经济缓慢复苏，在新兴信息技术的广泛应用以及主要国家和地区软件产业政策的刺激下，以及产业需求的回升和新技术、新模式创新发展的驱动，软件产业在 2010 年成为世界经济复苏的中间力量，成为驱动各国经济增长的新引擎。

CMIC（中国市场情报中心）最新发布的数据显示，2010 年前三个季度，软件业实现软件业务收入 9682 亿元，同比增长 30.3%，增速比 2009 年同期提高 10%。分一、二、三季度来看，软件业务收入分别为 2573、3475 和 3634 亿元，分别增长 25.7%、31.8% 和 32.3%，增速逐月上升。其中，9 月份完成软件业务收入 1396 亿元，是 2009 年度收入最高的月份，比 2009 年同期增长 33.7%，比 8 月份增长 6.4 个百分点。2010 年产业规模超过 1.2 万亿美元，同比增长 28% 以上（见图 1-14）。

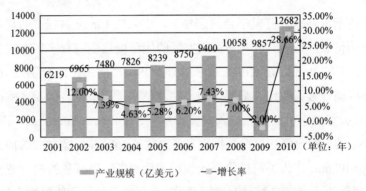

▶ 图 1-14 2001—2010 年全球软件产业规模

数据来源：《中国软件产业年鉴》

据美国市场研究机构 IDC 统计，2010 年全球软件支出约 3260.21 亿美元，同比增长 4.60%。系统的老化以及用户对安全和核心业务支撑的需求增加，将使基础设施软件市场的开支进一步增加。据预测，2012 年软件产品支出总额将达到 3759.06 亿美元（见图 1-15）。

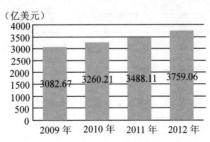

▶ 图 1-15 2009—2012 年全球软件支出及预测

数据来源：IDC

物联网应用领域广泛，各行各业处处可见它的身影，如农业、制造业、公共管理、广播通信、金融业、医疗保险、零售业、批发业、建筑业等。据 Gartner 分析，2008—2013 年全球软件支出将继续保持稳定增长，增长最快的是公共管理部门、医疗保险、广播通信、教育、电力等行业，复合年均增长率超过 4%（见图 1-16）。

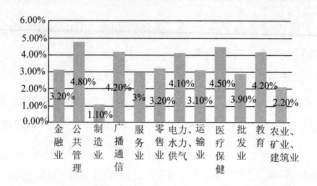

▶ 图 1-16　2008—2013 年软件产业细分市场复合年均增长率

如图 1-17 所示，在软件开发平台的选择上，嵌入式 Linux 占据了明显的优势，2010 年占据着 53%的份额。Linux 以其开源成本低的优势依然受到众多嵌入式企业的欢迎，2010 年排名二、三的 Windows CE/Mobile 和 UC/OS-II，所占比例分别是 16%和 9%。与 2008—2009 年度调查数据相比，最明显的差别就是基于手机平台的操作系统使用比例上升幅度较大，作为智能手机的主流嵌入式操作系统 Symbian、Android 和 iPhone OS 则分别占了 4%、3%、1%的比例。这个数据也显示之前 Symbian 一家独大的局面渐成明日黄花，Android 和 iPhone 作为手机操作系统领域的后来者，以其独特的商业模式，渐渐成为各大手机厂商新的选择。3G 移动互联网开发，在全球云计算和物联网大的产业带动下，在未来的几年内将会得到高速发展。

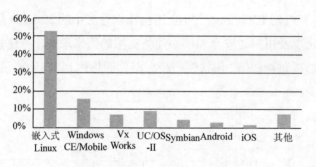

▶ 图 1-17　2010 年嵌入式软件市场份额

嵌入式软件广泛应用于国防、工控、家用、商用、办公、医疗等领域，如移动电话、掌上电脑、数码相机、机顶盒、MP3 等都是用嵌入式软件技术对传统产品进行智能化改造的结果。

二、云计算

云计算作为一种聚合创新，它的影响超越了单一产品、单一行业，将对整个产业链产生全面的影响，带来产业链整合和转型的重要机遇。因此，本小节将着重介绍云计算产业的规模。

物联网大规模发展后，采集和交换信息设备的数据将急剧增长，远远超过互联网的数据量。商业预测显示，到 2015 年，将会有超过 220 艾（10^{18}）字节的数据需要存储。
当前网络无法适应这种呈指数级增长的数据通信量，因此，海量数据的存储与计算处理
需要云计算技术的应用，云计算与物联网的结合成为互联网络发展的必然趋势。

　　自 2006 年谷歌提出云计算概念以来，经过几年的商业宣传和发展，云计算及其按需
付费、多租户、外部服务等云计算核心理念已逐渐博得市场和企业的认同和接受，SaaS 领
域尤其如此。近年来，云计算在企业中的使用率加速增长，世界云计算服务市场增长迅速。
Gartner 对 40 个国家的调查显示，2010 年全球云计算服务收入达到 683 亿美元，较 2009
年的 586 亿美元增加 16.6%；云计算服务占 IT 服务的比例预计将达到 10.2%（见图 1-18）。

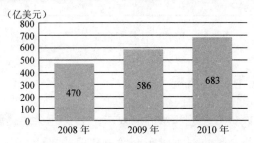

　▶　图 1-18　全球云计算服务收入规模

数据来源：Gartner

　　从区域分布来看，北美和欧洲的云计算市场规模最大，占据了全球市场的绝大部分
份额。虽然其他地区的云计算市场也将快速发展，但几年之内不足以改变世界市场格局。
根据 Gartner 的报告，2009 年美国在世界云计算服务市场的份额为 60%，不过随着西欧
及其他国家和地区越来越多地使用云计算服务，美国的市场份额会趋于下降，但仍会保
持最大的占有率。2010 年，美国在全球云计算服务市场的份额达到 58%，比 2009 年下降
2 个百分点；西欧在全球云计算服务市场的份额有望达到 23.8%，日本为 10%（见图 1-19）。

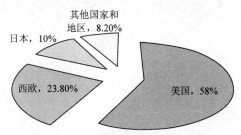

　▶　图 1-19　2010 年世界主要国家和地区云计算服务市场份额

数据来源：Gartner

　　到 2015 年，整体云计算产业规模将超过 2200 亿美元，其中企业云计算为 1390 亿美
元。企业云计算将快速发展，年复合增长率 CAGR 约为 35%，占比将从 2008 年的 28%
提高到 2015 年的 63%（见图 1-20）。

　　据 IDC、Gartner、L.L.C and WBC 等咨询公司预测，2012 年企业云计算细分市场中，
IaaS 市场规模为 20 亿美元，增长率约 20%；PaaS 市场规模为 90 亿美元，增长率超过 70%；

SaaS 市场规模最大，为 210 亿美元，增长率约 20%。

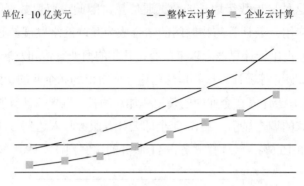

▶ 图 1-20　整体云计算和企业云计算发展趋势

1.2.3　世界物联网应用发展概况

衣服会"告诉"洗衣机对颜色和水温的要求；公文包会"提醒"主人忘带了什么东西；当货车未准确到达指定地点时，货车会发出和蔼的提示音……这是国际电信联盟在报告中曾经描绘的物联网时代的神奇图景。物联网技术的发展在全球范围内引发了一场新的信息产业浪潮，国内外许多产业都加大了对物联网研究开发的力度，积极将其应用于社会生产和生活当中。应用向规模化、智能化、协同化方向发展，并遍及智能交通、环境保护、政府工作、公共安全、平安家居、智能消防、工业监测、老人护理、个人健康等多个领域（见图 1-21）。

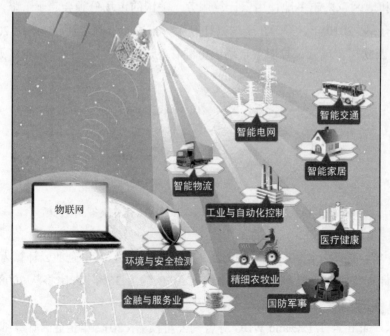

▶ 图 1-21　物联网典型应用

物联网把新一代IT技术充分运用在各行各业之中,实现人类社会与物理系统的整合。在这个整合的网络当中,存在能力超级强大的中心计算机群,能够对整合网络内的人员、机器、设备和基础设施实施实时的管理和控制。在此基础上,人类可以以更加精细和动态的方式管理生产和生活,达到"智慧"状态,提高资源利用率和生产力水平,改善人与自然的关系[9]。下面我们主要对国际物联网应用整体情况做一简要介绍。

国外物联网的应用主要集中在美、欧、日、韩等少数国家,飞利浦、西门子、ST、TI等半导体厂商基本垄断了RFID芯片市场;Intel、Honeywell、Foxboro、日立、索尼、英国Sensa、俄罗斯热工仪器所等美欧日俄厂商占有了大部分传感器市场;IBM、HP、微软、SAP、Sybase、Oracle等国际巨头抢占了中间件、系统集成研究的有力位置。

从各国来看,美国已在多个领域应用物联网。例如得克萨斯州的电网公司建立了智慧的数字电网,沃尔玛等零售巨头已实现将RFID技术应用于供应链管理,AT&T公司为用户提供家庭安全监控和智能药品业务,盖博瑞尔正致力于将温度RFID标签用于运动员头盔来监测运动员身体状况的解决方案。美国空军全球物流支援中心选定ODIN公司的Easy Monitor RFID网络监测工具来监测和维持其整个无源RFID读写器,部署在美国大陆、阿拉斯加和夏威夷;美国陆军已经开始建设"战场环境侦察与监视系统"等。

欧盟的物联网应用主要包括以下几方面:各成员国在药品中越来越多地使用专用序列码;一些能源领域的公共性公司已开始设计智能电子材料系统,为用户提供实时的消费信息;在一些传统领域,比如物流、制造、零售等行业,智能目标推动了信息交换,缩短了生产周期;麦德龙等零售巨头和宝马、大众等顶级制造商已把RFID技术应用于供应链管理。

日本针对国内特点,有重点地发展了灾害防护、移动支付等物联网业务。日本的电信运营企业也在进行物联网方面的业务创新。NTT Docomo推出了智能家居、医疗监测、移动POS等业务;KDDI与丰田和五十铃等汽车厂商合作推出了车辆应急响应系统。物联网在日本已渗透到人们的衣食住中,如松下公司推出的家电网络系统。日本还提倡数字化住宅等。

韩国启动了以应用为主、提升各个行业乃至整个城市信息化水平的多个USN项目。其中,USN测试床以及运营项目着眼于具体的行业应用,包括海滨的安全管理、地表水监控系统、u-Port(u港口)、公路健康监控、三大河流的健康监控、天气信息系统以及灾难监控等;u-City(u城市)项目则着眼于提升整个城市的信息化水平,目前,韩国的许多城市都已经在计划实施u-City。韩国推出了数字家庭监控及联动报警系统立足于"控制与防止",将有线与无线网络结合于一体。此外,泡菜冰箱、洗熨一体洗衣机等智能家电,也逐渐走进韩国百姓家庭。

作为世界商品采购和生产中心之一的印度,RFID系统的应用尤其出色。印度已将

RFID 系统应用于医院、智能停车场、煤矿、马拉松比赛、烟草制造过程的监控等诸多领域，如印度医院可利用 RFID 技术减少数据收集错误等。同时，印度的政府部门、非政府组织、私营企业、科学研究机构等都在农村信息化建设方面做了许多工作，形成了不同的组织和服务模式。

此外，俄罗斯、新加坡等国家也纷纷进行了有益尝试，大力推广物联网应用。目前，全球已形成共识：要抢占经济科技的制高点，必须在物联网产业方面有所作为。物联网技术的革新提高，可以提升信息化与智能化水平，提高物流、供应链、电子商务的应用与管理能力，实现通过网络通信技术提高效率，最终带来新的发展机遇。

1.3　小结

到目前为止，物联网经过萌芽与形成，进入了快速发展阶段。尽管业内对物联网有不同的定义，但其本质是利用感知技术与智能装置对物理世界进行感知识别，通过传输互联和信息处理，实现人与物、物与物信息交互和无缝连接，达到对物理世界实时控制、精确管理和科学决策的目的。虽然物联网产业当前显现的只是其初级形态，但随着物联网技术的发展和大规模应用的逐步展开，未来物联网将有望达到万亿级的产业规模。物联网起步是艰难的，但是未来的物联网世界是光辉璀璨、不可阻挡的。

第2章
美国物联网发展纵览

内容提要

　　国际金融危机爆发以来，美国把新兴产业发展提升到了前所未有的高度。以物联网为代表的新技术更是被奥巴马政府选择为刺激美国经济振兴的核心主力和新一轮国际竞争的战略制高点。本章共分六个小节，分别从战略布局和发展政策、企业与组织机构、技术、标准和知识产权及物联网应用等方面介绍美国物联网的发展情况。

美国作为世界信息产业的领头羊，其物联网的发展也最值得我们进行总结和研究。让我们从美国物联网的发展背景、发展历史及近年来的整体发展情况入手，掀起美国物联网的盖头来，对其"智能电网"、"智慧地球"等战略布局和发展政策、EPCglobal 体系架构、著名物联网企业及组织机构、物联网典型应用等进行透视分析。

2.1　物联网发展概况

美国权威咨询机构 FORRESTER 预测，到 2020 年，世界上物物互联的业务，跟人与人通信的业务相比，将达到 30∶1。因此，物联网被称为是下一个万亿级的通信业务。

美国的物联网发展相比世界其他国家具有明显优势。在技术研究开发方面，美国一直处于世界领先地位，下一代互联网、网格计算技术、智能微机电系统（MEMS）传感器开发等均首先在美国展开研究，RFID 技术最早在美国军方使用，无线传感网络也首先用在作战时的单兵联络；在标准方面，其制定的 EPCglobal 标准已经在国际上取得主动地位，许多国家都采纳了这一标准架构，新开发的各种无线传感技术标准也主要由美国企业所掌握；在应用方面，美国作为物联网应用最广泛的国家，已在工业、农业、建筑、医疗、环境监测、空间和海洋探索等领域使用物联网技术，其 RFID（射频识别技术）应用案例占全球的 59%。

1991 年，美国提出了普适计算的概念。它具有两个关键特性：一是随时随地访问信息的能力；二是不可见性，通过在物理环境中提供多个传感器、嵌入式设备，在用户不察觉的情况下进行计算和通信。美国国防部的研究机构资助了多个相关科研项目，美国国家标准与技术研究院也专门针对普适计算制订了详细的研究计划（见表 2-1）。普适计算总体来说是概念性和理论性的研究，但首次提出了感知、传送、交互的三层结构，是物联网的雏形。

表 2-1　美国国防部开展的研究内容

时　间	研　究　内　容
1993—1999 年	美国国防部高级研究计划局（DARPA）资助加州大学洛杉矶分校（UCLA）进行 WINS 项目研究
1999—2001 年	DARPA 资助加州大学伯克利分校（UC Berkeley）进行"智能微尘"（Smart Dust）项目研究，2005 年，该项目被美国国防部正式列为重点研发内容
1998—2002 年	DARPA 为包括加州大学伯克利分校在内的 25 个机构联合承担的 SensIT 计划提供赞助
1999—2004 年	海军研究办公室（ONR）资助了 Sea Web 计划的研究

美国非常重视物联网的战略地位，在国家情报委员会（NIC）发表的《2025 对美国利益潜在影响的关键技术》报告中，将物联网列为六种关键技术之一。美国国防部在 2005 年将"智能微尘"（Smart Dust）列为重点研发项目。国家科学基金会的"全球网络环境研究"（GENI）把在下一代互联网上组建传感器子网作为其中重要一项内容。2009 年 2 月 17 日，奥巴马总统签署生效的《2009 年美国恢复与再投资法案》中提出在智能电网、卫生医疗信息技术应用和教育信息技术进行大量投资，这些投资建设与物联网技术直接

相关。物联网与新能源一道，成为美国摆脱金融危机、振兴经济的两大核心武器。

在国家层面上，美国在更大方位地进行信息化战略部署，推进信息技术领域的企业重组，巩固信息技术领域的垄断地位；在争取继续完全控制下一代互联网（IPv6）的根服务器的同时，在全球推行 EPC 标准体系，力图主导全球物联网的发展，确保美国在国际上的信息控制地位。

2.2　战略布局和发展政策

美国非常重视物联网的战略地位，国家情报委员会（NIC）在《2025 对美国利益潜在影响的关键技术》报告中，将物联网列为六种关键技术之一。本节将主要介绍美国在物联网方面的战略布局及发展政策，主要包括智能电网、智慧地球等。

2.2.1　"智能电网"（SmartGrid）

自国际金融危机爆发以来，美国把新能源产业发展提升到了前所未有的高度。智能电网（SmartGrid）建设更是被奥巴马政府选择为刺激美国经济振兴的核心主力和新一轮国际竞争的战略制高点（见图 2-1）。

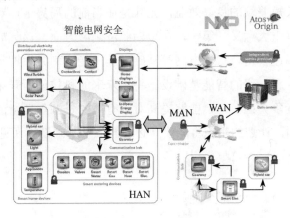

▶　图 2-1　智能电网

根据美国 2007 年 12 月通过的《能源独立和安全法案》（EISA）第 1305 节的描述，智能电网是一个涵盖现代化发电、输电、配电、用电网络的完整的信息架构和基础设施体系，具有安全性、可靠性和经济性三个特点。通过电力流和信息流的双向互动（two-way），智能电网可以实时监控、保护并自动优化相互关联的各个要素，包括高压电网和配电系统、中央和分布式发电机、工业用户和楼宇自动化系统、能量储存装置，以及最终消费者和他们的电动汽车、家用电器等用电设备，以实现更智慧、更科学、更优化的电网运营管理，并进而实现更高的安全保障、可控的节能减排和可持续发展的目标。

IBM 把智能电网称为"电网 2.0"，认为"与传统的电网相比，智能电网看起来更像因特网，可以接入大量的分布式的清洁能源，比如风能、太阳能；并整合利用电网的各种信息，进行深入分析和优化，对电网进行更完整和深入的洞察，实现整个智能电网'生态系统'更好的实时决策。对于电力用户，可以自己选择和决定更有效的用电方式；对于电力公司，可以决定如何更好地管理电力和均衡负载；对于政府和社会，可以决定如何保护我们的环境。最终，提高整个电网系统的效率、可靠性、灵活性，达到更高的智能化程度。"

2.2.2　"智慧地球"

美国 IBM 公司于 2008 年 11 月，对外公布了"智慧地球"（Smarter Planet）战略，其中提到，在信息文明的下一个发展阶段，人类将实现智能基础设施与物理基础设施的全面融合，实现 IT 与各行各业的深度融合，从而以科学和智慧的方式对社会系统和自然系统实施管理。"智慧地球"提出"把感应器嵌入和装备到电网、铁路、桥梁、隧道、公路、建筑、供水、大坝、油气管道等各种体系系统中，并且被普遍连接，形成所谓'物联网'，并通过超级计算机和云计算将'物联网'整合起来，实现人类社会与物理系统的整合"。"智慧地球"其本质是以一种更智慧的方法，利用新一代信息通信技术来改变政府、公司和人们相互交互的方式，以便提高交互的明确性、效率、灵活性。该战略预言，"智慧地球"战略能够带来长短兼顾的良好效益，尤其是在当前的局势下，对于美国经济甚至世界经济走出困境具有重大意义。第一，在短期经济刺激方面，该战略要求政府投资于诸如智能铁路、智能高速公路、智能电网等基础设施，能够刺激短期经济增长，创造大量的就业岗位；第二，新一代的智能基础设施将为未来的科技创新开拓巨大的空间，有利于增强国家的长期竞争力；第三，能够提高对于有限的资源与环境的利用率，有助于资源和环境保护；第四，计划的实施将能建立必要的信息基础设施（见图 2-2）。

▶ 图 2-2　IBM "智慧地球"

2.2.3　政策措施

2009 年 1 月 7 日，IBM 与美国智库机构信息技术与创新基金会共同向奥巴马政府提交了 "The Digital Road to Recover: A Stimulus Plan to Create Jobs, Boost Productivity and Revitalize America"，提出了通过信息通信技术（ICT）投资可在短期内创造就业机会，美国政府只要新增 300 亿美元的 ICT 投资（包括智能电网、智能医疗、宽带网络三个领域），便可以为民众创造出 94.9 万个就业机会。1 月 28 日，在奥巴马就任美国总统后的首次美国工商业领袖圆桌会议上，IBM 首席执行官建议政府投资新一代的智能型基础设施。上述提议得到了奥巴马政府的积极回应，奥巴马把 "宽带网络等新兴技术" 定位为振兴经济、确立美国全球竞争优势的关键战略，并在随后出台的总额 7870 亿美元《经济复苏和再投资法》中对上述战略建议具体加以落实。《经济复苏和再投资法》希望从能源、科技医疗、教育等方面着手，透过政府投资、减税等措施来改善经济、增加就业机会，并且同时带动美国长期发展，其中鼓励物联网技术发展政策主要体现在推动能源、宽带与医疗三大领域开展物联网技术的应用（见表 2-2）。

表 2-2　美国物联网发展政策在能源、宽带与医疗三大领域的具体应用

能源 （约 500 亿美元）	以信息技术改善能源效率（Energy Efficiency） ● 电力系统：智能电网 ● 建筑物：住宅节能化、节能家具、建筑物能源使用管理系统 ● 建设现代化公共基础设施
宽带 （72 亿美元）	宽带技术计划（Broadband Technology Opportunities Program） 以农村及宽带服务欠缺地区为首要对象，重点支持学校、图书馆、医院、大学等组织，并支持创造就业机会的设施及公告安全机构持续采用宽带、扩充公共电脑中心的容量 ● 乡村公共服务计划（Rural Utilities Service Program） 提供宽带基础设施的贷款，尤其是在高速宽带服务的农村地区，为当地电信公司、移动营运商宽带基础设施建设提供所需的贷款服务
医疗 （约 190 亿美元）	● 加速健康信息技术的推广 ● 加强个人隐私权的保障

综合美国的物联网发展历程来看，美国并没有一个国家层面的物联网战略规划，但凭借其在芯片、软件、互联网、高端应用集成等领域的技术优势，通过龙头企业和基础性行业的物联网应用，已逐渐打造出一个实力较强的物联网产业，并通过政府和企业一系列战略布局，不断扩展和提升产业国际竞争力。

2010—2011 年，美国联邦政府首席信息官 Vivek Kundra 先后签署颁布了关于政府机构采用云计算的政府文件以及《联邦云计算策略》白皮书，前者提出了制订一个政府层面风险授权的计划，建议对云计算服务商进行安全评估和授权认定，通过 "一次认证，多次使用"（authorize once, use many）的方式加速云计算的评估和结果的获取，从而降低

风险评估的费用，增强政府管理目标的开放性和透明度，积极推广云计算在政府各部门的应用；后者则对云计算定义、云计算转移 IT 基本构架、云计算改变公共信息部门等内容进行了阐述。Vivek Kundra 表示，美国联邦政府准备在今后 3 年建设几个大型云计算中心，向各联邦政府部门提供云计算服务。美国联邦政府还计划在每年 800 亿美元的 IT 项目支出中，划拨 25% 的份额（约 200 亿美元）投入云计算的研发应用。

2.3　美国物联网技术、标准和知识产权情况

了解美国物联网技术、标准以及知识产权情况，有助于进一步了解美国物联网的发展情况。

2.3.1　物联网技术体系架构

2.3.1.1　EPCglobal 体系架构

一、EPCglobal 体系架构的组成

20 世纪 70 年代，商品条形码的出现引发了一场商业革命。基于此产生的全新的商业运作模式大大减轻了零售业员工的工作强度，而顾客也可以在一个全新的环境中选购商品。但是条形码技术还是存在着很多缺点，如条形码内容不能更改、识别距离和读取数量有限、存储数据容量不够大和易受损坏和污染等。

作为条形码技术的潜在替代者，射频识别技术（RFID）的出现弥补了条形码的众多不足。RFID 技术是 20 世纪中期就进入实用阶段的一种非接触式自动识别技术，其基本原理是利用射频信号及其空间耦合和传输特性，类似于雷达和变压器的原理，实现对静止或者移动物体的识别。RFID 的信息载体是射频标签，它可以贴在产品或者安装在产品上，由射频识读器读取存储于标签中的数据，因此 RFID 可以用来追踪和管理几乎所有实体[10]。

二、EPC 网络

采用 RFID 技术最大的好处是可以对企业的供应链进行高效管理，以降低成本。而要使这些好处成为现实并且最大化，则必须制定统一的标准，并根据标准将系统覆盖范围全球化。1999 年，由美国麻省理工大学成立的 Auto-ID Center 在美国统一代码委员会（UCC）的支持下将 RFID 技术与互联网结合，提出了产品电子编码（Electronic Product Code，EPC）的概念，目的是搭建一个可以识别任何事物且可以识别其在物流链中位置的开放性全球网络，这就是 EPC 网络，也就是物联网的早期雏形。

EPC 网络是一个先进的、复杂的综合性系统，由六个部分组成，分别是 EPC 编码标准、EPC 标签、读写器、Savant 系统（神经网络软件）、对象名解析服务（Object Name Service，ONS）和物理标记语言（Physical Markup Language，PML）。网络功能实现的顺序如图 2-3 所示。

　　EPC 编码与 EAN 和 UCC 编码兼容，由四个部分组成的一串数字，依次为版本号、域名管理者、对象分类、序列号，编码长度分为 64 位、96 位和 256 位三种。编码的分配由 EPCglobal 和各国的 EPC 管理机构分段管理，共同维护。

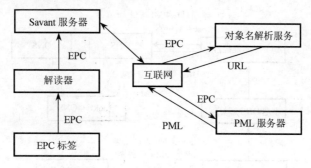

▶ 图 2-3　EPC 网络结构示意图

　　EPC 标签是 EPC 的信息载体，由天线、芯片、连接芯片与天线的部分、天线所在的衬底等四部分构成。EPC 标签分为无源、有源和半有源等三种，主要区别在于读写的距离和标签成本。

　　读写器用于实现读取或写入 EPC 标签中的信息。低频和高频区域的耦合方式为电感式，超高频和微波区域的耦合方式为背散射式，利用标签天线和读写器天线之间形成的磁场，标签可以发送电磁波给读写器，这些电磁波被解码后即可得到标签的 EPC。

　　Savant 系统是一个软件系统，主要任务是对解读器读出的 EPC 进行传送和管理。它利用了一个分布式的结构，层次化地进行组织和管理数据流。每个层次上的 Savant 系统对信息进行收集、存储和处理，并与其他的 Savant 系统进行交流。

　　对象名解析服务（ONS）类似于互联网中的域名解析服务（DNS）。它用来给 Savant 系统定位某一 EPC 对应的存储该产品有关信息的服务器。

　　物理标记语言（PML）是由可扩展标识语言（Extensible Markup Language，XML）发展而来，它采用一个通用的、标准的方法来描述自然物体。PML 服务器由每个产品制造商维护，用于存储其所有商品的 PML 文件。

　　三、对象名解析服务

　　EPC 标签中只存储产品电子编码，而 Savant 系统还需要根据这些产品电子编码匹配到相应的商品信息，这个寻址功能由对象名解析服务 ONS 来提供。

　　ONS 的基本作用就是将一个 EPC 映射到一个或者多个统一资源定位器（Uniform Resource Locator，URL），在这些 URL 中可以查找到关于这个物品的更多的详细信息，通常就是对应着一个 EPC 信息服务。也可以将 EPC 关联到与这些物品相关的 Web 站点或者其他互联网资源。ONS 提供静态和动态的两种内容服务，静态服务可以返回物品制造商提供的 URL，动态服务可以顺序记录物品在供应链上移动过程的细节。

ONS 存有制造商真实位置的权威记录，以引导产品信息的查询请求。DNS 为到达 Web 站点的请求提供真实位置的权威系统，所以其设计运行在 DNS 之上。ONS 应该设计为可以支持更大的查询负荷。

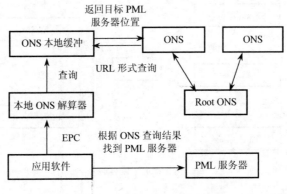

▶ 图 2-4　ONS 系统结构示意图

ONS 系统是一个类似于 DNS 的分布式的层次结构，主要由根 ONS（Root ONS）、ONS 服务器、ONS 本地缓冲（ONS Cache）、本地 ONS 解算器（Local ONS Resolver）等部分组成，如图 2-4 所示。

映射信息是 ONS 所提供服务的实质内容，用于指定 EPC 和相关的 ONS 的映射关系。它分布式存储在各个不同层次的 ONS 服务器中，以便于分层管理大量的映射信息。

ONS 服务器是 ONS 系统的核心，用于回应本地软件的 ONS 查询，若查询成功则返回此 EPC 对应的 URL。一般每台 ONS 服务器都存储有一些 EPC 的权威映射信息和另一些 EPC 的缓存映射信息。

根 ONS 服务器处于 ONS 层次结构中的最高层，拥有 EPC 名字空间中的最高层域名。基本上所有的 ONS 查询都从根 ONS 服务器开始，所以根 ONS 服务器性能要求很高，同时各层 ONS 服务器的本地缓存也显得更加重要，因为这些缓存可以明显减少对根 ONS 服务器的查询请求数量。

本地 ONS 解算器负责 ONS 查询前的编码和查询语句格式化工作。它将需要查询的 EPC 转换为 EPC 域前缀名，再将 EPC 域前缀名与 EPC 域后缀名结合成一个完整的 EPC 域名，最后由本地 ONS 解算器负责用这个完整的 EPC 域名进行 ONS 查询。

四、EPCglobal 体系架构

EPCglobal 体系框架中实体单元的主要功能包括：①RFID 标签。保存 EPC 编码，还可能包含其他数据。标签可以是有源标签与无源标签，它能够支持读写器的识别、读数据、写数据等操作。②RFID 读写器。能从一个或多个电子标签中读取数据并将这些数据传送给主机等。③读写器管理。监控一台或多台读写器的运行状态，管理一台或多台读写器的配置等。④过滤和收集。从一台或多台读写器接收标签数据、处理数据等。⑤EPCIS

信息服务。为访问和持久保存 EPC 相关数据提供了一个标准的接口，已授权的贸易伙伴可以通过它来读写 EPC 相关数据，具有高度复杂的数据存储与处理过程，支持多种查询方式。⑥根 ONS。为 ONS 查询提供查询初始点；授权本地 ONS 执行 ONS 查找等功能。⑦管理分派。通过维护 EPC 管理者编号的全球唯一性来确保 EPC 编码的唯一性等。⑧标签数据方案。提供了一个可以在 EPC 编码之间转换的文件，它可以使终端用户的基础设施部件自动地知道新的 EPC 格式。⑨用户身份认证。验证 EPCglobal 用户的身份等。

图 2-5 给出了单个用户系统内部 EPCglobal 体系框架模型，一个用户系统可能包括很多 RFID 读写器和应用终端，还可能包括一个分布式的网络。它不仅需要考虑主机与读写器、读写器与标签之间的交互，读写器性能控制与管理、读写器设备管理，还需要考虑与核心系统、与其他用户之间的交互，确保不同厂家设备之间的兼容性。

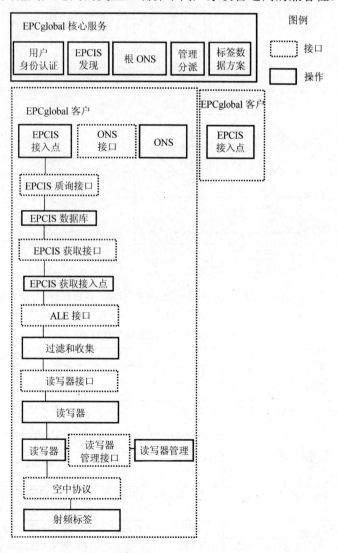

▶ 图 2-5 单个用户内部 EPCglobal 体系框架

图 2-6 给出了多个用户交换 EPC 信息的 EPCglobal 体系框架模型。它为所有用户的 EPC 信息交互提供了共同的平台，不同用户 RFID 系统之间通过它实现信息的交互。因此需要考虑认证接口、EPCIS 接口、ONS 接口、编码分配管理和标签数据转换。

表 2-3 是 EPC 网络和万维网（World Wide Web）的区别。

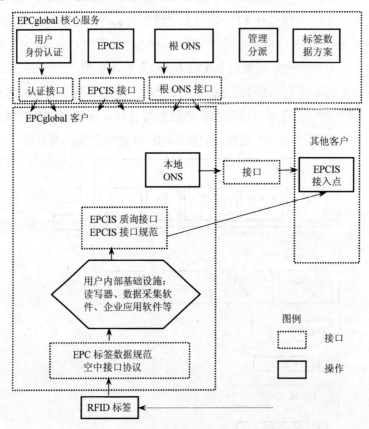

▶ 图 2-6 多个用户之间 EPCglobal 体系框架

表 2-3 EPC 网络和万维网的区别

目　　标	万　维　网	EPC 网络
搜索信息的关键	关键词	EPC
提供链接更详细信息的 URL 清单	搜索引擎	发现服务
提供更详细的信息，通常从一个信息提供者到公司	网站	EPC 信息服务（EPCIS）
允许计算机链接特定信息资源的 URL	网站地址	EPC 信息服务（EPCIS）地址
帮助客户从信息资源库中获取信息，提供数据的可视化	网站浏览器	应用软件
允许搜索引擎升级并建立自己的链接目录	依靠搜索引擎进行索引	不可用——EPC 网络不提供任何公共或匿名的接入
允许跟踪信息利用的痕迹	人—机接口（如鼠标、键盘等）	机器—机器的接口
改进信噪比，把数据线转换成信息、意义、决定和行动	人类大脑	人类大脑+机器学习、逻辑、规则及方案

2.3.1.2　EPCglobal 架构的特征

一、标准全球通用

EPCglobal 努力推动全球标准的目的有以下几个方面。

首先是为了促进贸易伙伴间信息和物体的交流。为交流信息，贸易伙伴必须提前就拟交换数据的结构和含义以及交换机制达成一致。EPCglobal 标准包括构成跨企业交流基础的数据标准和信息交流标准。同样，为交换实物，贸易伙伴也需提前就实物如何以双方都能理解的方式携带电子产品代码达成一致。EPCglobal 标准包括针对 RFID 设备的规范，以及管理这些设备上 EPC 编码的数据标准。

其次是为了培育系统组件的竞争市场。EPCglobal 标准定义了系统组件之间的接口。这种接口便于在不同厂商（或内部）生产的组件中实现互操作性。反过来，这又为终端用户提供了多种选择，既包括在贸易伙伴之间实施信息交流的系统，也包括完全内部使用的系统。

最后是为了鼓励创新。EPCglobal 标准定义的是接口而非实施，鼓励实施者在产品和系统上进行创新，而由接口标准来保证竞争系统之间的互操作性。EPCglobal 积极创建并鼓励使用全球标准，目的是确保 EPCglobal 架构框架在世界范围内畅通无阻，并激励方案供应商支持该框架。EPCglobal 推动充分利用现有的全球标准（如有），并配合公认的全球标准组织。

二、系统实现开放

EPCglobal 架构框架是以一种开放且与厂家中立的方式进行组织的。架构组件之间的所有接口都在开放标准中加以说明。该开放标准由社会团体通过 EPCglobal 标准开发进程或另一个标准组织内的类似过程提出。在合规系统的背景下，EPCglobal 的知识产权政策是尽量保障 EPCglobal 标准实施的自由、开放权利。

三、平台保持独立

EPCglobal 架构框架可在不同的软件和硬件平台上实施，规范与平台无关。这意味着抽象意义中的数据结构和语义与数据存取服务的具体细节是分别进行定义的，且受特殊接口协议的约束。

四、架构维持弹性

EPCglobal 架构框架可根据终端用户的需求进行扩展，从完全在一个终端用户内部执行的最小试验实施过程，到贯穿整个供应链的全局（全球）实施过程。这些规范提供了一组数据类型及操作（运算）的核心集合，也提供了该核心集合借以针对特定行业或应用领域进行扩展的若干方法。扩展不仅以尽量充分利用标准框架的方式为将要面对的专有要求做好了准备，也为标准的长期演化和成长提供了一条自然途径。

五、强调信息安全

在设计上，EPCglobal 架构框架突出了公司内外的安全运行环境。安全特性要么内建于规范之中，要么提出了最佳安全实践。

六、注重隐私保护

EPCglobal 架构框架在设计上适应了个人和企业保护机密和私有信息的需求。虽然许多当事方为获得信息或其他利益而最终愿意放弃一些隐私，但无一例外地需要掌控这一决定的权力。EPCglobal 公共政策督导委员会（PPSC）负责制定并维护 EPCglobal 隐私政策。

七、推进行业协作

在设计上，EPCglobal 架构框架是对现有产业架构和标准的辅助措施和补充。比如，汽车或保健行业如有注册表、数据交换或数据库，它应能充分利用 EPCglobal 网络。对于行业来说，情况也是如此。一个具体的实例就是快速消费品公司已在数据同步方面投入了巨资，这一趋势将在可预见的未来得以持续。根据具体行业，电子商务促成者可能被视为使用 EPCglobal 网络的前提或补充。

八、鼓励外界参与

EPCglobal 标准开发进程的目的就是开发与终端用户有关且能惠及终端用户的标准。该进程包括以下方面：终端用户通过业务行动小组参与提出要求；鼓励所有具有相关专长的 EPCglobal 用户加入制定新标准的工作组的开放进程；新标准在最终采纳之前还要接受广大公众的检查。

2.3.2　EPCglobal 和传感器整合的体系架构

随着 ITU 在 2005 年发布《ITU 互联网报告 2005：物联网》，物联网中的感知技术中增加了传感器技术，物联网的内涵也发生变化。为了应对传感器在物联网大规模应用的这种现实和未来，美国 Auto-ID 在 2007 年发布了《EPCglobal 网络和传感器整合的物联网架构》报告，对 EPCglobal 网络和传感器协同的物联网在医疗、后勤、军事等领域的应用进行了说明和预测，对 RFID、传感器、无线传感器网络、即插即用技术和传感器标签等新技术在物联网的潜在作用进行了分析，最后从物联网应用对这些信息技术的需求出发，提出了 EPCglobal 网络和传感器整合的物联网架构。

2.3.2.1　EPCglobal 和传感器整合架构的背景

RFID 和传感器（或者说传感网）的主要应用领域是不同的，传感器或传感网大部分用于物理环境监测，而 RFID 主要用于供应链的物品识别。虽然它们都是利用信息技术与物理世界进行联系，但是它们的应用领域不同导致了历史上研究方向的不同，由此导致它们发展的方向也大不相同。但是相关研究表明，这两种技术最终要殊途同归，如图 2-7 所示。

但是，当前的以互联网为基础的 RFID 架构并不是支持复杂标签（如有源标签和智能传感器网络）的最佳方案。一方面，作为事实上的全球标准，EPCglobal 基本上只支持对带有识别标签的物品的识别。另一方面，当前的传感网变成全球性的网络尚需时日。虽然人们普遍认为传感网将是 RFID 发展的下一阶段，但是目前传感网之间尚不能进行通信。这是因为当前的传感器设计之初的目的就是服务于特定的目的，这就造成多个传感网之间的信息不能共享。

在 EPC（EPCglobal）网络和传感器网络相关的整合识别中，存在五种类型。它们在实际应用中是非常常见的，如图 2-8 所示。根据不同的整合类型，Auto-ID 分析了不同场景的需求和问题，最后提出了 EPCglobal 和传感器整合的具体框架。

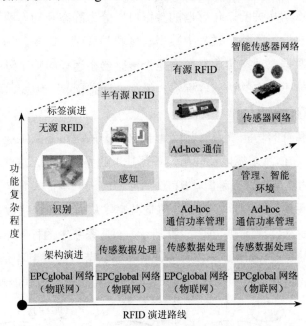

▶　图 2-7　RFID 发展路线图

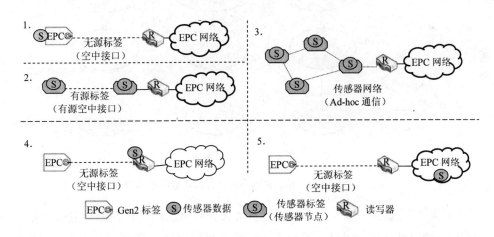

▶　图 2-8　EPC 网络与传感器网络整合的类型

2.3.2.2　EPCglobal 和传感器整合架构的需求

一、数据传输的需求和问题

要实现 EPCglobal 和传感器的整合，在数据传输方面存在以下的需求和问题。

第一，是传感器的即插即用问题。进入 EPC 网络的传感器和传感器节点需要根据整合的类型由指定的实物对其进行管理。在 EPC 和传感器整合的网络中，人们希望不同类型的标签能够协同工作。数据可能通过传感器基站来源于无线传感器网络。例如在传感器标签存在的情况下，读写器需要识别传感器标签的类型并读取需要的传感器数据，这是和标签的存储器密切相关的。传感器的数据可以分为静态和动态两种类型，静态传感器数据是指传感器在运行的整个过程中数据长度和类型保持不变，如功能固定的传感器标签一般都是静态数据。动态传感器数据是指传感器在运行的整个过程中数据长度和类型发生变化，如功能不固定的传感器标签一般都是动态标签。因此，根据传感器的类型来确定传感器标签存储器是非常重要的。

　　第二，公共和私有的功能节点问题。基于 RFID 的网络是从工业界起步的，因此，RFID 标签、读写器和信息系统以及应用设备都是工业界所有的，这些都是私有系统。当工业界对 RFID 的功能越加感兴趣时，RFID 的应用就进一步扩大到产业的上下游，所读取的数据就不可避免地需要和众多的相关机构共享，从而增强这些数据在整个供应链的透明度，这时就会涉及公共领域，如图 2-9 所示。有些系统中的标签本身就是公共的，如带有地理位置信息的标签。如果 RFID 标签或者传感器节点的所用者允许的话，部分数据就能够公开。因此，公共标签和读写器的介入使得各种传感器数据能够得到传输。

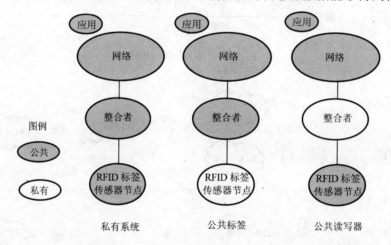

▶ 图 2-9　EPC 网络和传感器整合的物联网服务领域

　　第三，数据过滤的问题。为了不对现存的体系进行大改动，同时降低通信量，必须对 EPC 和传感器数据进行过滤。最好是在传输同样信息的同时能减少流量，这种数据过滤的作用是 EPC 网络的新增功能。既然传感器的数据来源可能到处都有，数据过滤的易变性也需考虑在内。

　　第四，增强空中协议。小的传感器标签数据量能够依赖现在的读写命令进行处理，但是当数据量变大时，如主动式标签、半有源标签和传感器节点，还需要以更高的速度来读写。要想达到上述目的，应该考虑使用前向纠错码（FEC）的办法。

　　第五，增强标签数据标准。为了满足存在于传感器节点或传感器标签中的动态传感器数据的需求，标签使用者的数据需要实现结构化，从而对应的整合器能够确定起始和终止地址。标签内能够和传感器数据融合的数据结构应该能够和 ID 标签以及传感器标签进行无缝协同运行。

二、数据管理的需求和问题

首先是语义模拟。对 EPC 和相关数据（如传感器数据）的模拟能够确定重要业务实物相关的事件和质询，这是相当重要的。因为传感器数据的加入常常造成业务逻辑的混合出现。对于传感器数据来讲，以下的功能是必不可少的：一是事件的产生，根据应用的本质不同，传感器数据需要有一个门槛来过滤，从而产生与产品条件相关的事件，数据处理需要附属关联的数据。显然，数据整合以后这些事件产生才能发生。一系列事件可以在短时间内产生，从而压缩数据流的总量，或者可以是产生一个代表被标物体的内容的事件。二是数据的转换，原始的传感器数据需要被转换成信息，从而产生与业务内容相关的有意义的事件。三是数据的处理。EPC 和传感器数据在进一步处理和分析之前可能要进行处理。数据处理涉及数据纠错，也就是纠正错误的传感器数据，如过滤掉来自一些数据中没有实际意义的值。还有就是传感器数据融合，即多个传感器数据融合从而产生比单个传感器更加精确和可靠的数据。

其次是目录服务。当公共类型的功能节点开始大规模应用时，目录的重要性将急剧增加。具有代表性的功能结合如下：一是 ID 和信息服务的结合。通过确定唯一的 ID，应用得到与唯一 ID 相关的信息服务，发现服务就存在于 ID 和信息服务的结合中。另外一种目录，特别整合器得到信息，去那里分配 ID 和传感器数据。二是整合器目录。当公共整合器大量存在时，整合器目录是必不可少的，这种目录包含了整合器的 IP 地址和分布。

2.3.2.3　EPCglobal 和传感器整合架构的模型

RIFD 和传感器的整合涉及硬件、软件、概念和关系以及由它们组成的技术和商业上的结合。由于现在是工业界在主导未来 RFID-传感器整合系统的特征，未来很有可能各种不同的网络系统同时存在，因此需要相互整合。

如果不进行计划和系统设计，在可预见的将来这些系统将不会互相兼容，开发工程中的明显重复也将不可避免。为了避免这种混乱，Auto-ID 提出了一种鲁棒的、紧凑的架构，目的是给终端用户在设计和开发 RFID-传感器整合系统时进行参考。

表 2-4 给出了 EPCglobal 网络与传感器整合架构的需求（以黑体字表示）。这是 EPCglobal 网络与传感器整合架构中所独有的。

表 2-4　EPCglobal 网络与传感器整合架构需求表

作　用	说　明
功能节点	具有与整合器通信的功能，通常有唯一的 ID 和存储器，可能还有计算资源和感知环境条件的功能。**包括射频标签、传感器节点和传感器标签**

作　　用	说　　明
整合器	通过有线或无线数据渠道，能够与功能节点交换数据，还能够与整合器的控制人进行通信，包括射频 R/W、基站、Sink 点
整合器控制	管理整合器的读写功能，如 EPC 读写器协议和 EPC ALE
数据过滤	过滤和收集由功能节点获取的数据，这些数据由整合器发送过来，如 EPC F&C 和传感器数据过滤
整合器管理	管理整合器，如 EPC 读写器管理
语义模拟	对获取的数据给出语义，如 EPCIS cAP App、标签数据转换、传感器数据转换、数据处理等
应用	把输入数据编程输出数据的一套过程，通常在计算机内完成，如 EPCIS 存储、EPCIS 接入 App
目录	提供系统中定义人和信息之间的关系，信息包括网络地址（如 UPL），如 ID 和信息服务结合、ONS、EPC 发现服务、数据分布目录、整合器与分布结合
传感器即插即用	满足传感器混合使用的功能，如存储序列解读器

一、应用层逻辑整合架构

第一种整合架构是应用中包含 EPCglobal 网络中的 ID 数据和传感器数据（见图 2-10）。在这种情况下，特别是多个传感器协同工作时，传感器类型的识别就特别重要。数据转换和传感器管理的功能由应用方来实现。其典型例子就是冷库的工作流控制应用，此时需要收集到仓库中温度和湿度传感器的数据，同时将数据录入到 EPCglobal 网络中。这种类型的传感器整合能够通过把传感器网络引入局部应用和信息服务中来实现。

二、ALE 层逻辑整合架构

第二种整合架构是在 ALE（应用级事件）层的逻辑整合（见图 2-11）。当带有射频标签的产品通过各种设备且每个设备装有传感器网络时，传感器数据的收集是以设备为基础的，而产品位置信息的收集是以 RFID 网络系统为基础的。为了实现在全球范围内 RFID 和传感器的整合，EPC 网络和传感器网络需要进行大力改进，这一过程类似于用无线读写器同时获取 EPC 和传感器数据的演进过程一样。传感器基站和传感器之间的协议可能是传感器网络协议，或者甚至是有线连接。整合器和功能节点之间的通信比一定是 RFID 协议。例如在冷库的工作流程控制中，需要获取温度和湿度的传感器，分散中心、库房和零售商同时要从 EPC 网络获取目录数据。

三、网络系统中硬件整合架构

第三种整合架构既是应用整合（逻辑整合），也是硬件整合（见图 2-12）。RFID 数据和传感器数据的整合由整合器来完成。这种整合与第二种类似，但是我们在此假定利用带有环境信息的传感器标签，同时产品不是出在 RFID 或者传感器网络的控制之下。这种整合类型的新的作用是存储器序列解读器。读写器要读取 ID 标签、传感器标签和传感器节点，从而获取适当的数据。整合器需要根据唯一的识别器来知道存储器排序。为了从传感器标签有效获取传感器数据，我们需要增强空中协议和标签数据结构。例如在冷库工业流程控制中，工厂、分散中心、库房和零售商需要同时获取温度和湿度的传感器数据。EPC 标签有能力获取和存储一部分所需的传感数据。读写器可以通过传感器基站与无线传感网进行通信。

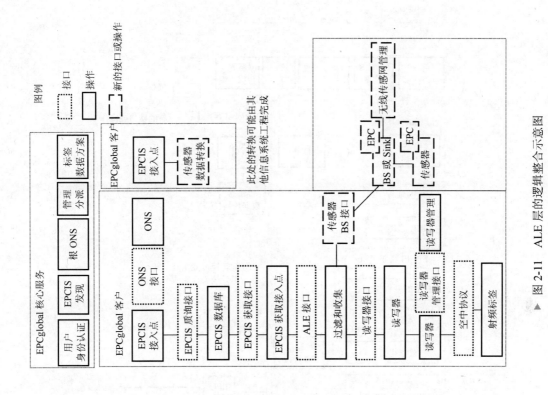

▲ 图 2-11　ALE 层的逻辑整合示意图

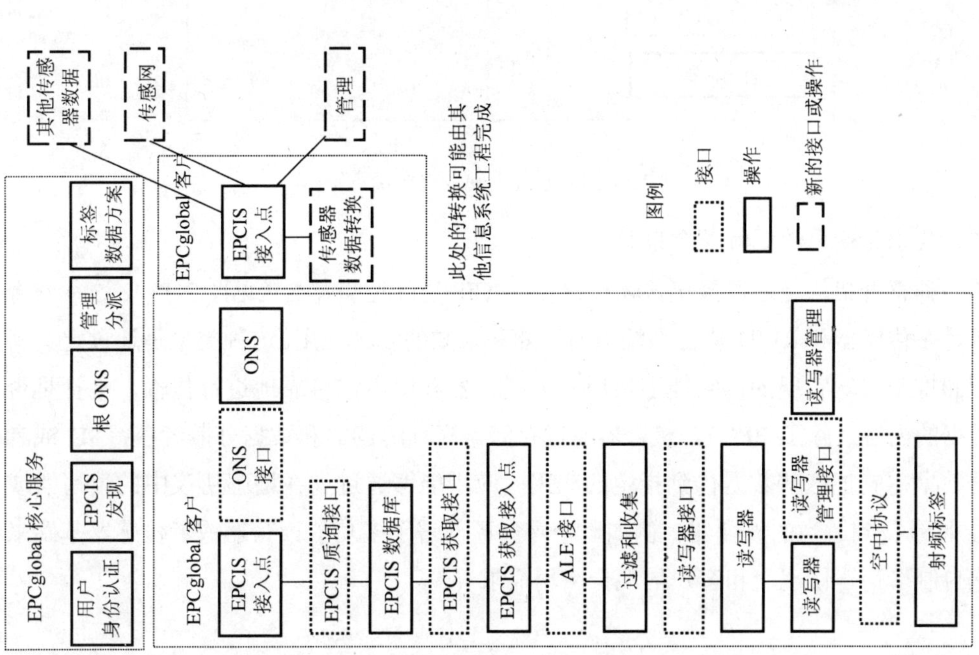

▲ 图 2-10　应用层逻辑整合示意图

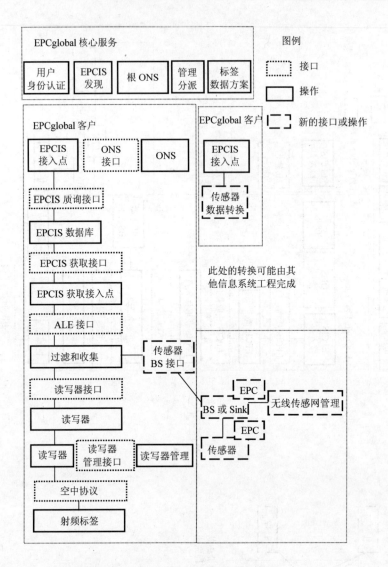

▶ 图 2-12　网络系统中硬件整合示意图

四、集中传输中的逻辑整合架构

第四种整合架构是通过聚集传输接口在 EPCIS 层的逻辑整合（见图 2-13）。这种整合可以满足在传感器和 RFID 整合系统中的已知和未知的多种应用。这种类型是通过定义新的作用和增强传输实现的，它能连接所有的整合器和应用，可靠地进行传输，不管是否知道数据的内容（除了 EPC）。整合器通过存储器序列解读器和数据分散者获得 ID 或者传感器数据，它把这些数据传到指定的应用。应用能够通过处在增强协议中的读写器或者 Sink 目录找到适当的整合器。例如一个零售商部署了多功能读写器或者传感器基站来满足来自制造商、修理商和客户的混合应用需求。

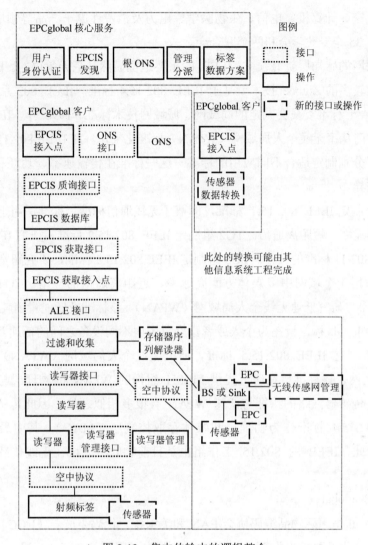

▶ 图 2-13　集中传输中的逻辑整合

2.3.3　标准

2.3.3.1　感知层标准

一、IEEE 802.15

美国电气和电子工程师协会（Institute of Electrical and Electronics Engineers，IEEE）1963 年由美国无线电工程师协会（IRE，创立于 1912 年）和美国电气工程师协会（AIEE，创建于 1884 年）合并而成，它有一个区域和技术互为补充的组织结构，以地理位置或者技术中心作为组织单位（例如 IEEE 费城分会和 IEEE 计算机协会）。它管理着推荐规则和执行计划的分散组织（例如 IEEE-USA 明确服务于美国的成员，专业人士和公众），总部在美国纽约市。IEEE 在 150 多个国家中拥有 300 多个地方分会。透过多元化的会员，该组织在太空、计算机、电信、生物医学、电力及消费性电子产品等领域中都是权威。专业上它有 35 个专业学会和两个联合会。

在物联网的感知层研究领域，IEEE 的重要地位显然是毫无争议的。目前无线传感网领域用得比较多的 Zigbee 技术就基于 IEEE 802.15.4 标准。IEEE 802 系列标准是 IEEE 802LAN/MAN 标准委员会制定的局域网、城域网技术标准。1998 年，IEEE 802.15 工作组成立，专门从事无线个人局域网（WPAN）标准化工作。在 IEEE 802.15 工作组内有 5 个任务组，分别制定适合不同应用的标准。这些标准在传输速率、功耗和支持的服务等方面存在差异。

TG1 组制定 IEEE 802.15.1 标准，即蓝牙无线通信标准。标准适用于手机、PDA 等设备的中等速率、短距离通信。TG2 组制定 IEEE 802.15.2 标准，研究 IEEE 802.15.1 标准与 IEEE 802.11 标准的共存。TG3 组制定 IEEE 802.15.3 标准，研究超宽带（UWB）标准。标准适用于个域网中多媒体方面高速率、近距离通信的应用。TG4 组制定 IEEE 802.15.4 标准，研究低速无线个人局域网（WPAN）。该标准把低能量消耗、低速率传输、低成本作为重点目标，旨在为个人或者家庭范围内不同设备之间的低速互联提供统一标准。TG5 组制定 IEEE 802.15.5 标准，研究无线个人局域网（WPAN）的无线网状网（MESH）组网。该标准旨在研究提供 MESH 组网的 WPAN 的物理层与 MAC 层的必要的机制。传感器网络的特征与低速 WPAN 有很多相似之处，因此传感器网络大多采用 IEEE 802.15.4 标准作为物理层和媒体存取控制层（MAC），其中最为著名的就是 ZigBee。因此，IEEE 的 802.15 工作组也是目前物联网领域在无线传感网层面的主要标准组织之一。

二、EPCglobal

EPCglobal 是国际物品编码协会 EAN 和美国统一代码委员会（UCC）的一个合资公司，是一个受业界委托的非营利性组织，负责 EPC 网络的全球化标准，以便更加快速、自动、准确地识别供应链中商品。EPC 网络由自动识别中心开发，其研究总部设在美国麻省理工学院，并且还有全球顶尖的 5 所研究型大学的实验室参与。EPCglobal 的主要职责是在全球范围内对各个行业建立和维护 EPC 网络，保证供应链各环节信息的自动、实时识别采用全球统一标准。通过发展和管理 EPC 网络标准来提高供应链上贸易单元信息的透明度与可视性，以此来提高全球供应链的运作效率[12]。

EPCglobal 的组织机构由以下几部分组成：（1）EPCglobal 管理委员会，由来自 UCC、EAN、MIT、终端用户和系统集成商的代表组成。（2）EPCglobal 主席，对全球官方议会组和 UCC 与 EAN 的 CEO 负责。（3）EPCglobal 员工，与各行业代表合作，促进技术标准的提出和推广、管理公共策略、开展推广和交流活动并进行行政管理。（4）架构评估委员会（ARC），作为 EPCglobal 管理委员会的技术支持，向 EPCglobal 主席做出报告，从整个 EPCglobal 的相关构架来评价和推荐重要的需求。(5)商务推动委员会（BSC），针对终端用户的需求以及实施行动来指导所有商务行为组和工作组。(6)国家政策推动委员会（PPSC），对所有行为组和工作组的国家政策发布（例如安全隐私等）进行筹划和指导。(7)技术推动委员会（TSC），对所有工作组所从事的软件、硬件和技术活动进行筹划和指导。(8)行动组（商务和技术），规划商业和技术愿景，以促进标准发展进程。商务行为组明确商务需求，汇总所需资料并根据实际情况，使组织对事务达成共识。技术行为组以市场需求为导向促进技术标准的发展。工作组是行为组执行其事务的具体组织。工作组是行为组的下属组织（可能其成员来自多个不同的行为组），经行为组的许可，组织执行特定的任务。(9)Auto-ID 实验室，由 Auto-ID 中心发展而成，总部设在美国麻省理工大学，与其他五所学术研究处于世界领先的大学通力合作研究和开发 EPCglobal 网络及其应用（这五所大学分别是英国剑桥大学、澳大利亚阿德莱德大学、日本庆应大学、中国复旦大学和瑞士圣加仑大学）。

2.3.3.2　传输层标准

IEEE 802.11/16 和 802.16/WiMAX

IEEE 802 委员会负责起草局域网草案，并送交美国国家标准协会（ANSI）批准和在美国国内标准化。IEEE 还把草案送交国际标准化组织（ISO）。ISO 把这个 802 规范称为 ISO 802 标准，因此，许多 IEEE 标准也是 ISO 标准。

IEEE 802 又称为 LMSC（LAN /MAN Standards Committee，局域网/城域网标准委员会），致力于研究局域网和城域网的物理层和 MAC 层规范，对应 OSI 参考模型的下两层。IEEE 802 委员会成立于 1980 年，该委员会分成三个分会：传输介质分会，研究局域网物理层协议；信号访问控制分会，研究数据链路层协议；高层接口分会，研究从网络层到应用层的有关协议。

IEEE 802 规范定义了网卡如何访问传输介质（如光缆、双绞线、无线等），以及如何在传输介质上传输数据，还定义了传输信息的网络设备之间连接建立、维护和拆除的途径。遵循 IEEE 802 标准的产品包括网卡、桥接器、路由器以及其他一些用来建立局域网络的组件。

IEEE 802.11 工作组于 1990 年成立，专门致力于无线 LAN，开发无线局域网 MAC 协议和物理媒体规范。经过 7 年的时间，在 1997 年 IEEE 推出 802.11 无线局域网（Wireless LAN）工业标准。此后这一标准又不断得到补充和完善，形成 802.11x 的标准系列。802.11x 标准是现在无限局域网的主流标准。IEEE 802.11 主要用于解决办公室局域网和校园网中用户与用户终端的无线接入，业务主要限于数据访问，速率最高只能达到 2Mb/s。由于它在速率和传输距离上都不能满足人们的需要，所以 IEEE 802.11 标准被 IEEE 802.11b 所取代。1999 年 9 月 IEEE 802.11b 被正式批准，该标准规定 WLAN 工作频段在 2.4～2.4835

GHz，数据传输速率达到 11Mb/s，传输距离控制在 15～45m。该标准是对 IEEE 802.11 的一个补充，采用补偿编码键控调制方式，采用点对点模式和基本模式两种运作模式，在数据传输速率方面可以根据实际情况在 11 Mb/s、5.5 Mb/s、2 Mb/s、1 Mb/s 的不同速率间自动切换，它改变了 WLAN 设计状况，扩大了 WLAN 的应用领域。

IEEE 802.11b 被多数厂商所采用，推出的产品广泛应用于办公室、家庭、宾馆、车站、机场等众多场合。1999 年，IEEE 802.11a 标准制定完成，该标准规定 WLAN 工作频段在 5.15～5.825 GHz，数据传输速率达到 54Mb/s/72Mb/s（Turbo），传输距离控制在 10～100m。该标准也是 IEEE 802.11 的一个补充，扩充了标准的物理层，采用正交频分复用（OFDM）的扩频技术、QFSK 调制方式，可提供 25Mb/s 的无线 ATM 接口和 10Mb/s 的以太网无线帧结构接口，支持多种业务如话音、数据和图像等，一个扇区可以接入多个用户，每个用户可带多个用户终端。

IEEE 802.11a 标准是 IEEE 802.11b 的后续标准，其设计初衷是取代 802.11b 标准。然而，工作于 2.4GHz 频带是不需要执照的，该频段属于工业、教育、医疗等专用频段，是公开的；工作于 5.15～5.825 GHz 频带在有些国家需要执照。一些公司仍没有表示对 802.11a 标准的支持，有些公司更加看好混合标准——802.11g。IEEE 推出 IEEE 802.11g 认证标准，该标准提出拥有 IEEE 802.11a 的传输速率，安全性较 IEEE 802.11b 好，采用两种调制方式，能够与 802.11a 和 802.11b 兼容。虽然 802.11a 较适用于企业，但 WLAN 运营商为了兼顾现有 802.11b 设备投资，选用 802.11g 的可能性极大[13]。

IEEE 802.11i 标准结合了 IEEE 802.1x 中的用户端口身份验证和设备验证，对 WLAN MAC 层进行修改与整合，定义了严格的加密格式和鉴权机制，以改善 WLAN 的安全性。IEEE 802.11i 新修订标准主要包括两项内容："WiFi 保护访问"（WiFi Protected Access：WPA）技术和"强健安全网络"（RSN）。WiFi 联盟计划采用 802.11i 标准作为 WPA 的第二个版本，并于 2004 年初开始实行。IEEE 802.11i 标准在 WLAN 网络建设中是相当重要的，数据的安全性是 WLAN 设备制造商和 WLAN 网络运营商应该首先考虑的头等工作。IEEE 802.11e/f/h：IEEE 802.11e 标准对 WLAN MAC 层协议提出改进，以支持多媒体传输，支持所有 WLAN 无线广播接口的服务质量保证 QOS 机制；IEEE 802.11f 定义访问节点之间的通信，支持 IEEE 802.11 的接入点互操作协议（IAPP）；IEEE 802.11h 用于 802.11a 的频谱管理。

1999 年，无线以太兼容性联盟（Wireless Ethernet Compatibility Alliance，WECA）成立，后来更名为 WiFi（Wireless Fidelity，无线保真）。这一组织建立了用于验证 802.11b 产品兼容性的一套测试标准。经过验证的 802.11b 产品使用的名称是 WiFi。WiFi 认证现已扩展到 802.11g 产品。无线 LAN 的最小构成块是基本服务集（Basic Service Set，BSS），它由站点组成。BSS 可以是独立的，也可以是通过接入点与分布式系统（DS）相连。BSS

对应于蜂窝区,由于 BSS 没有和其他 BSS 相连,则该 BSS 称为独立 BSS(Independent BSS,IBSS)。IBSS 是一个典型的自组织网络。在 IBSS 中,没有 AP。

虽然标准的制定是某项技术被广泛接纳的关键,但事实表明,一个标准的通过并不意味着这项技术就一定会被市场所接纳。要被市场广泛接纳,就必须克服诸如互操作性和部署成本等障碍,其中互操作性尤其重要。互操作性意味着最终用户可以购买自己偏好的品牌,拥有他们想要的特点,并知道它怎么与其他认证过的类似产品一起工作。要真正获得市场,产品必须首先被认证是符合标准的,然后还必须证明它们是可以互操作的。但克服上述障碍并不是 IEEE 的职能,需要由业界来做,WLAN 就是一个很好的例子。IEEE 802.11b 标准是在 1999 年得到批准的,但是在 WiFi 联盟引入互操作性认证之前,并没有被广泛接纳,可互操作的 IEEE 802.11b 设备到 2001 年才面世。出于同样的原因,在 2001 年 4 月成立了世界微波接入互操作性论坛(WiMAX: Worldwide Interoperability for Microwave Access),当时是为了 10~66GHz 频段的 IEEE 802.16 原始规范而成立的。WiMAX 是一个非营利性的工业贸易组织,主要由领先的通信元器件公司和通信设备公司所组成。

WiMAX 的主要职能是根据 IEEE 802.16 和 ESTI HIAPERMAN 标准形成一个可互操作的全球统一标准,保证设备商开发的系统构件之间具有可认证的互操作性。随着 IEEE 802.16 a 标准的推出,WiMAX 决定把重点放在 256 OFDM 物理层上,并与无任选项目的 MAC 结合,以保证所有的 WiMAX 实施项目有一个统一的基础。WiMAX 将制订一致性测试和互操作性测试的计划,选择认证实验室并为 IEEE 802.16 设备供应商主持有关互操作性的活动,采用早先由 Wi-Fi 倡导的方法,通过定义和开展互操作性测试以及授予供应商"WiMAXCertified"标签,把相同的好处带给 BWA 市场。WiMAX 将有助于无线城域网产业的形成。

为了把可互操作性引入 BWA 市场,WiMAX 论坛把重点放在建立一套独特的基本特点子集,可以在所谓的"系统轮廓"(System Profile)中加以分类。系统轮廓是所有合格系统必须满足的。这些系统轮廓结合一套测试协议将形成一个基本的可互操作的协议,允许多个供应商的设备互操作。初期有三个系统轮廓,包括不需牌照的 5.8GHz 频段以及需要牌照的 2.5GHz 和 3.5GHz 频段。现在还打算包括更多的系统轮廓,包括 2.3GHz 频段等。系统轮廓可以使系统适应各地运营商所面临的在频谱管理方面的限制。例如,若欧洲一个工作在 3.5GHz 频段的服务提供商分配到 14MHz 的频谱,它就很可能希望设备能支持 3.5 和(或)7MHz 的信道带宽,采用 TDD 或 FDD 工作方式,视管制需要而定。类似地,美国一个使用不需牌照的 5.8GHzUNII 频段的无线 ISP(WISP)就可能希望设备支持 TDD 和 10MHz 带宽。

目前,基于 ISO/IEC9646 规定的测试方法,WiMAX 正在制定一套结构式合格程序,其最终结果是一整套测试工具。WiMAX 将把它们提供给设备开发商，使其在早期产品开发阶段把一致性和互操作性考虑进去。最终，WiMAX 论坛的一整套一致性测试和互操作性测试方法将使服务提供商能够从多个生产符合 IEEE 802.16 标准的 BWA 设备的供应商那里选购最适合它们独特环境的设备。

2.3.3.3　应用层标准

一、FCC

于 1934 年建立的 FCC 是美国政府的一个独立机构。FCC 通过控制无线电广播、电视、电信、卫星和电缆来协调国内和国际的通信。许多无线电应用产品、通信产品和数字产品要进入美国市场，都要求获得 FCC 认证[14]。

2009 年 2 月，美国总统奥巴马发布的《经济复苏计划》中提出投资 110 亿美元，建设可安装各种控制设备的新一代智能电网。美国商务部和能源部已经共同发布了第一批智能电网的行业标准，美国智能电网项目正式启动。美国政府围绕智能电网建设，重点推进了核心技术研发，着手制定发展规划。

为推进智能电网的建设，美国积极探索组建相关的机构。能源部建立了一个智能电网特别行动小组，由能源部下属的电力提供和能源可靠性办公室（OE）领导，其主要任务是确保、协调和整合联邦政府内各机构在智能电网技术、实践和服务方面的各项活动。其具体职能包括：智能电网的研发；智能电网标准和协议的推广；智能电网技术实践与电子公共事业规范之间，与基础设施发展、系统可靠性和安全性之间，与电力供应、电力需求、电力传输、电力配送和电力政策之间等关系的协调。该小组在 2008—2020 年间通过政府的资金资助维持有效运转。在美国智能电网标准方面，主要由 FCC 牵头制定。

二、TIA TR-50

美国电信工业协会（TIA）TR-50 智能设备通信工程委员会，负责发展和维护与接入方式无关的接口标准的监测和双向沟通，以及智能设备、其他设备、应用程序或网络之间的信息传送。标准的发展涉及但不限于下列功能领域：系统架构、跨业界的沟通、充分利用现有（和未来）的物理基础设施、信息模型（状态图）、安全性（例如，数据的内容，相互验证）、端到端设备和网络的性能及可伸缩性、网络管理/操作、设备管理、协议、最低性能、一致性和互操作性测试。

TR-50 与其他电信行业协会工程委员会和非 TIA 标准论坛进行合作，努力为智能设备通信制定多个部分的标准，确保避免重复工作；同时，促进各组织间的智能设备通信系统能够相互协调兼容。

三、NIST

美国国家标准与技术研究院（National Institute of Standards and Technology，NIST）直属美国商务部，从事物理、生物和工程方面的基础和应用研究，以及测量技术和测试方法方面的研究，提供标准、标准参考数据及有关服务，在国际上享有很高的声誉[17]。

2010 年，NIST 公布了新一代输电网"智能电网"的标准化框架"NIST Framework and Roadmap for Smart Grid Interoperability Standards, Release 1.0"。其中包括智能电网的目的、设想、标准规格和规格方案、制定期限等内容。此后，美国的智能电网相关设备及装置必须符合该框架中的标准规格。

框架中的规格大多沿用了其他团体的规格和标准。比如，住宅内设备的无线通信采用了 ZigBee Alliance 的"ZigBee/HomePlug Smart Energy Profile 2.0"；输电网和配电网的通信采用了国际电气标准会议（IEC）的"IEC 61850"；为使各设备时间同步，采用了 IEEE 的"IEEE 1588"等。框架中共明确了 75 个标准规格、标准和指导方针。

2.3.4 知识产权

美国自 20 世纪 80 年代起，为恢复其在世界经济中的强势地位，陆续采取了一系列加强知识产权保护和管理的重大举措。对内，通过实施《拜—杜法》、《联邦技术转移法》、《技术转让商业化法》、《美国发明家保护法令》等法案，重新界定国家投资所形成的知识产权归属和权益分配政策，推进政府部门、国家实验室和大学普遍建立知识产权许可和管理机构，促进产、学、研合作开发高新技术；大力扶持高新技术的产业化，激励技术创新与进步，促进技术的转移与扩散，加快产业结构的优化升级，增强国家核心竞争力；对外，通过 TRIPS 协议谈判和对外知识产权双边或多边谈判，使美国知识产权权利人的权益在世界范围内得到更为有力的保护，包括制定和实施 301、337 条款，强化对外国企业侵犯知识产权行为的制裁。从目前情况看，美国知识产权的战略意图在很大程度上得以实现。美国近十年来 50% 的出口依赖于对知识产权的保护，如美国 2009 年知识产权出口额高达 370 亿美元，超过美国的飞机或通信设备的出口总额。所以，即使在产品贸易逆差的情况下，美国仍然有知识产权许可证贸易的顺差。

在物联网方面，美国将微纳传感技术列为在经济繁荣和国防安全两方面至关重要的技术，以物联网应用为核心的"智慧地球"计划也得到了奥巴马政府的积极回应和支持，其经济刺激方案将投资 110 亿美元用于智能电网及相关项目[15]。物联网的关键技术主要包括 RFID、无线传感技术、智能技术和纳米技术。

在 RFID 上，美国多年来处于领先的位置。截至 2008 年，其申请总量超过了欧盟、世界知识产权组织、日本以及中国大陆等多个区域专利申请总量的总和，高达 53%。近年来，随着 RFID 技术日益普及以及其研发的飞速发展，RFID 专利申请人和申请量逐年猛增。在美国，2000 年颁布的 RFID 专利为 118 件，2005 年为 300 多件，而 2009 年则达到 1400 件左右。此外，为数不多的公司持有很大比例的专利件数。15 家在 RFID 专利数量上领先的公司共拥有 1300 余件 RFID 技术专利，这些企业中，美国企业占据大多数，它们是国际商务机器公司（IBM）、美光公司（Micron）、摩托罗拉（Motorola）和讯宝科技（Symbol Tech，2006 年被摩托罗拉收购）、易腾迈（Intermec）、施乐（Xerox）、3M、惠普（Hewlett-Packard）、艾利丹尼森（Avery Dennison）、Impinj 公司、码捷（Metrologic）公司、保点系统（Checkpoint System）、泰科电子（Tyco）属下的先讯美资（Sensormatic）公司和 SAP 公司。就具体专利而言，RFID 专利可按标签、读写器、系统和应用方法四方面来划分。IBM 拥有 200 多件 RFID 专利，其中过半是应用方法专利；美光公司的 RFID专利近 200 件，其中以标签和读写器专利居多，但该公司的专利大多是 20 世纪 90 年代提交的 20 多项专利申请的衍生专利，所以其覆盖面并不与其数量相衬；摩托罗拉和讯宝科技合并后的专利组合十分强大，达 170 件，在数量上超过易腾迈；易腾迈则拥有一些关键专利，其质量与摩托罗拉和讯宝科技旗鼓相当，甚至略胜一筹（见图 2-14）。

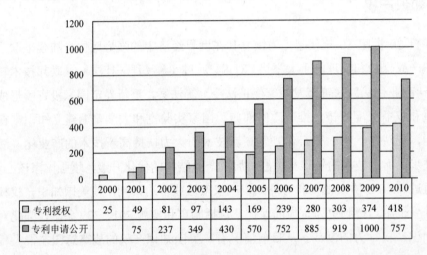

	2000	2001	2002	2003	2004	2005	2006	2007	2008	2009	2010
□ 专利授权	25	49	81	97	143	169	239	280	303	374	418
■ 专利申请公开		75	237	349	430	570	752	885	919	1000	757

▶ 图 2-14　WSN 美国专利年度趋势

在无线传感技术方面，依据美国专利局的数据显示，美国拥有最多的已授权的专利；日本其次，加拿大、韩国和法国随后（见图 2-15）。同时，美国也拥有最多的已公开的专利申请；韩国其次，日本、瑞典和中国台湾随后。美国颁布的专利总数依然逐年增加，2009 年颁布的专利是 2005 年的 2 倍以上，这表明无线传感器网络技术的研发活动在近几年十分强劲。将专利分布情况按照公司来分析，在无线传感器网络技术上领先的 15 个顶级公司中，美国公司几乎占据前 8 个席位，它们分别是：思科（Cisco）、费希尔罗斯蒙特（Fisher-Rosemount）、通用电气（GE）、霍尼韦尔（Honeywell）、IBM 公司、英特尔公司（Intel）、微软公司（Microsoft）和摩托罗拉（Motorola）。其中，摩托罗拉、英特尔和微软已拥有的美国专利数量较多；霍尼韦尔、微软、摩托罗拉已拥有的公开的美国专利申请数量较多。值得一提的是，IBM 公司是目前在物联网方面全面领先的公司之一。

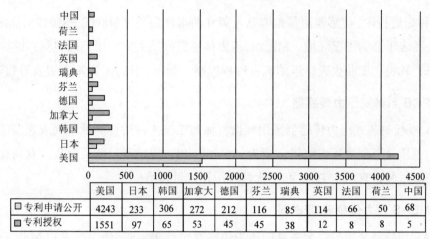

	美国	日本	韩国	加拿大	德国	芬兰	瑞典	英国	法国	荷兰	中国
□专利申请公开	4243	233	306	272	212	116	85	114	66	50	68
■专利授权	1551	97	65	53	45	45	38	12	8	8	5

▶ 图 2-15　WSN 美国专利国别分布

2.4　物联网企业及组织机构

美国物联网企业众多，产业链完整。从最基础的核心芯片、智能传感器，到射频识别 RFID、智能天线、软件与应用平台、物联网系统集成方案提供等均有企业涉及，并具有较强优势。下面逐一介绍美国物联网主要优势企业。

2.4.1　美国 MEAS 传感器公司

（一）公司简介

美国 MEAS 传感器公司（Measurement Specialties Inc.）掌握着世界领先的 MEMS 制造技术，专业生产压力及动态压力传感器、位移传感器、倾角及角位移传感器、霍尔编码器、磁阻传感器、加速度传感器、振动传感器、湿度传感器、温度传感器、红外传感器、光电传感器、压电薄膜传感器、智能交通传感器。产品广泛应用于航天航空、国防军工、机械设备、工业自动控制、汽车电子、医疗、家用电器、暖通空调、石油化工、空压机、气象检测、仪器仪表等领域。该公司在行业内第一个实现硅 MEMS 批量加工技术，第一个将 LVDT 商业化，第一个将 Piezo Film 技术转化为低成本的商业化传感器及生命特征传感器。

美国 MEAS 传感器公司旗下拥有世界最知名的传感器品牌：Schaevitz®，ICSensors，Piezo Film，Microfused™，Humirel，Entran®，Elekon Industries，Encoder Devices，MWS，Atex，HL Planar，YSI 和 BetaTHERM。

（二）主要物联网产品

1. 压力传感器

MEAS 传感器公司，在压力传感器和压力变送器质量和产量上一直是世界工业的领导者，集多种先进技术，传感器测量范围从几英寸的水柱到超过 300 00 PSI（1PSI=6.895kPa）的压力，适应于恶劣工况环境。MEAS 压力传感器产品主要应用范围包括：医疗仪器、汽车电子、轧机、工业仪表、压缩机、过程控制、制冷、HVAC、军事航天等领域。

2．PCB 封装式压力传感器

PCB 板载封装式压力传感器采用硅微机械加工技术，适合测量空气或非腐蚀性气体的压力、差压及有创血压，测量范围为 1～500 PSI。传感器封装类型有：双列直插式封装、表面贴封装、TO-5、TO-8 和一次性血压计式封装结构。

3．MEAS 压力传感器/变送器

MEAS 传感器公司提供全系列的压力传感器/变送器，包括微熔技术的 MSP 系列压力传感/变送器，Entran 动态压力传感器和悬臂梁硅 MEAS 技术的高精度、高过载保护能力的压力变送器，可适应于最苛刻的要求、最恶劣的工况环境。

4．隔离膜片压力传感器

MEAS 传感器公司生产的充硅油不锈钢隔离式压力传感器适合于恶劣环境下的液体和气体压力的测量。主要特点是采用了性能优秀的超稳型扩散硅压阻式传感器芯体，为压力变送器和生化仪器的 OEM 客户量身定做。

5．静压式液位传感器

MEAS 传感器公司生产的 LM 系列及 LP 系列静压式液位传感器采用超稳系列硅压阻芯体，适应于水箱液位和其他液位测量。

2.4.2　霍尼韦尔国际公司

（一）公司简介

霍尼韦尔（Honeywell International Inc.）创立于 1885 年。霍尼韦尔是一家年销售额超过 300 亿美元，在多元化技术与制造领域处于世界领导地位的跨国公司。为全球范围内一百多个国家提供产品与服务，是世界 500 强企业之一，道琼斯工业指数 30 家构成公司之一，也是"标准普尔 500 指数"的组成部分。现在全球有 12 万员工，拥有包括航空航天、自动化控制（住宅、楼宇与工业）、发电与运输系统、特殊化学品、纤维塑料等先进材料业务部门，为全球上亿的家庭与数百万商业楼宇提供控制产品与服务。

公司发展史
- 1885 年，Al Butz 开发了熔炉控制系统，将此系统作为产品成立公司；
- 1886 年，发明世界上第一个温控器，成立 Butz 电子温度调节器公司；
- 1893 年，更名为电子供热调节器公司；

- 1906 年，马克·霍尼韦尔创立了霍尼韦尔特种加热器公司；
- 1921 年，公司更名为明尼艾普利斯供热调节器公司（MHR）；
- 1927 年，MHR 公司和霍尼韦尔特种加热器公司合并，组成明尼艾普利斯霍尼韦尔调节器公司，从此开始了在控制领域购并企业及在全球扩展业务；
- 1929 年，公司股票上市；
- 1963 年，公司正式更名为霍尼韦尔公司；
- 1969 年，霍尼韦尔的仪表帮助美国宇航员首次成功登月；
- 1974 年，霍尼韦尔研制开发了世界上第一套集散控制系统（DCS），并成为一种规范沿用至今；
- 1998 年，霍尼韦尔营业收入达到 84 亿美元；
- 1999 年，霍尼韦尔公司与美国联合信号公司合并，合并后公司仍称为霍尼韦尔公司。主要的传感器产品：扩散硅压力传感器和变送器、陶瓷电容式压力变送器、扩散硅和陶瓷电容式液位变送器、数字式压力表、压力校验仪等。

（二）主要物联网产品

1．汽车传感器

汽车传感器用于管理发动机的速度和位置传感器、轮速传感器，以及可使发动机控制更加便捷的位置传感器。

2．电流传感器

电流传感器具有可调节线性度、零点平衡、数字输出和线性输出的电流传感器，主要用于监测直流电流或交流电流。

3．超声波传感器

超声波位置传感器主要用于目标物体的存在性检测，以及精确的距离检测或追踪。尤其是在其他检测技术遇到困难的时候，例如要检测光泽或发光物体、雾状的或充有气体的物体、喷洒液等物体的时候，更加能显示出该产品的优越性。

4．触力传感器

FS 系列触力传感器具有商业级的封装，用于要求高精度、高可靠性的场合。

5．湿度传感器

湿度传感器包括相对湿度/温度一体化传感器和相对湿度传感器，具有化学防护包装，可用于恶劣的环境。

6．红外传感器

红外传感器包括标准的光电红外发射二极管（IREDs）、传感器及其组件，主要用于监控目标物体及其轮廓、运动轨迹和位置编码，还能进行位置变化的测算。

7．液位传感器

基本的工业液位传感器（设计目的是为了在恶劣的工业环境中使用），主要用于检测液体是否泄漏。

8．气体质量流量传感器

气体质量流量传感器具有放大型与非放大型微桥气流传感器，对芯片上的空气或其他气体气流有着敏锐、快速的反应。

9．磁阻传感器

磁阻传感器提供磁场传感元件和相关解决方案，包括一维和二维磁阻传感器、三维组合模块、数字磁场计、电子罗盘、线性和角度位置传感器、车辆检测、GPS 导航以及更多。

10．位置传感器

多种类型的位置传感器，可以满足不同需要。这些类型包括霍尔效应传感器、磁阻传感器和电位计等，主要用于监测磁场或线性和旋转位移。磁位置传感器产品系列包括：霍尔效应叶片传感器、齿轮传感器和霍尔效应微动开关。

11．压力传感器

提供不锈钢压力传感器和硅压力传感器，以及多种高纯度压力传感器。

12．铁路产品

它包括铁路上的接近开关和传感器、接触面模块、火车离站控制系统、固态传感器、压力传感器以及机电开关，主要是为了满足机车上和机车外的铁路工业应用的该系列需求。

13．温度传感器

温度传感器包括铂金和硅薄膜电阻温度设备（RTDs）、双金属温度控制器、热敏电阻、热熔断器、加热器及温度组件等，可满足实际应用中的小封装尺寸、高精确度、线性及开关量输出等要求。

14．氧传感器

霍尼韦尔的氧传感器是从传统的 Lambda 结构氧化锆氧传感器基础上发展起来的。

15．温湿度变送器

霍尼韦尔温湿度变送器选用已经获得客户广泛认可的 HIH3610 热固聚酯电容式湿度传感器和 HEL700 系列 PT1000 铂电阻，经过信号放大、补偿等处理，为系统集成商、温湿度变送器生产厂家以及相关设备生产商提供的高性价比的 OEM 增值产品。

16. 高温芯片传感器

高温芯片可以在 200℃温度下可持续操作 10 年以上，主要应用于油田深井钻探的下井仪器，及飞行器中使用的涡轮引擎或内燃机引擎里的监控仪器[16]。

17. RF 无线传感器

霍尼韦尔通过使用绝缘硅（SOI）CMOS 技术生产制造一系列数字控制的 RF 衰减器和开关，广泛应用于手机基站设备、直放站、天线开关、有线电视机顶盒等无线网络覆盖产品。

2.4.3　斑马技术公司

斑马技术公司（Zebra Technologies）是提供坚固可靠的专业打印解决方案的全球领先供应商，其产品主要包括按需热敏条码标签和票据打印机及耗材、塑料卡打印机、RFID 智能标签打印机/编码器、证件智能介质以及数字照片打印机。作为自动标识行业最著名的品牌，再加上最全面的产品线，Zebra 的解决方案被财富 500 强以及全球 2000 强中 90%以上的企业广泛应用，用以改进业务流程、提高生产力并加强安全性。斑马打印机在全世界范围内已经售出了 600 多万台。

1. 历史

Zebra 总部位于伊利诺依州 Vernon Hills，其前身是成立于 1969 年的一家高速机电产品制造商 Data Specialties Inc.。这家公司于 1982 年将其业务重点转移到按需标签和票据系统上，并于 1986 年更名为斑马技术公司（Zebra Technologies Corp.）。Zebra 于 1991 年公开上市，其股票在纳斯达克股票交易市场上市交易，交易代码为 ZBRA。目前，Zebra 的年度销售额超过 6.5 亿美元，所有产品都由公司设于伊利诺依州 Vernon Hills 和加利福尼亚州 Camarillo 的工厂生产。Zebra 还通过设在威斯康星州、罗得岛州、加利福尼亚州以及英格兰普雷斯顿的工厂生产和销售原装 Zebra 耗材。为强调对于质量和可靠性的承诺，Zebra 的所有设计和生产部门都通过了 ISO 9000 国际质量管理标准认证。

2. 全球布局

Zebra 的国际分销网络覆盖 90 多个国家。斑马技术（欧洲）公司（Zebra Technologies Europe Ltd）总部设在英国，负责为欧洲和中东广大地区提供产品和专业标签产品的销售和支持，包括管理设在法国、德国、意大利、丹麦、瑞典、西班牙、南非以及阿拉伯联合酋长国的销售和支持办事处。设在美国佛罗里达州迈阿密的斑马技术拉丁美洲公司（Zebra Technologies Latin America，LLC）总体负责公司在拉丁美洲的业务运营。此外，

Zebra 在墨西哥、巴西和阿根廷还设有产品销售和支持办事处。设在新加坡的斑马技术亚太公司（Zebra Technologies Asia Pacific，LLC）负责公司在本地区的活动，包括管理设在中国、日本、韩国和澳大利亚的销售和支持机构。

2.4.4　意联科技

美国意联科技（Alien Technology）在零售、消费品、制造、国防、运输和物流、制药以及其他行业的客户提供 UHF 射频识别产品和服务。意联科技的产品和服务可以提高供应链、物流和固定资产跟踪业务的效率、效能和安全性。意联科技的产品包括 RFID 标签、RFID 读写器和相关培训和专业服务。意联科技的专利"流控自组装（FSA）"技术以及相关专有的制造工艺专门设计用来大批量低成本制造 RFID 标签。

美国意联科技成立于 1994 年。意联科技包括：加州摩根黑尔的总部，北达科他州法戈的 RFID 标签制造厂，在旧金山国际机场（SFO）的 Quatrotec 办公地点，还有在美国、欧洲和亚洲的销售办公室。Alien 还是 EPC Global 成员。意联科技致力于制造可靠、低成本 RFID 标签，为托盘、箱子和单品即标签提供一个宽范围的 EPC 兼容的 UHF 解决方案。使用意联科技的 Higgs 系列 UHF RFID 芯片可以大批量低成本地制造高性能的 EPC（电子产品编码）Cass1 Gen2 标签。

2.4.5　Intermec

Intermec 公司是世界上唯一的一家在自动识别领域提供全面解决方案的公司。Intermec 的产品范围包括条形码打印机、条码形扫描器、手持数据采集终端、固定式工业终端、车载数据终端、无线网络产品、数据采集服务器、条形码标签与色带、移动电脑、移动打印机、通信服务器、无线射频（RFID——爱创）标签、无线射频（RFID——爱创）标签打印机、无线射频（RFID）读写器和各种应用软件和工具软件。自 1966 成立以来，Intermec 在自动识别领域具有许多重要的技术发明和创新，领导和推动了自动识别技术在全世界的应用和发展。在无线射频（RFID）技术正如火如荼地推向全世界的时候，Intermec 以拥有 137 项关键技术发明和知识产权再次傲视群雄，引领这场技术革命。

Intermec 的历史是以辉煌的技术发明和创新写成的。

1969 年：Intermec 发明第一台手持数据终端。

1971 年：推出第一台便携式条形码扫描器。

1971 年：推出第一台现场条形码打印机。

1972 年：发明交叉 2/5 码（Interleaved 2 of 5）；目前仍在民航和物流行业广泛使用。

1974 年：发明 39 码（Code 39），目前是世界上最广泛使用的可表达数字和字符的条码。

1978 年：发明 11 码（Code 11）；目前仍是电信行业最广泛使用的条码。

1981 年：推出第一台热敏方式的现场条形码打印机。

1982 年：发明智能电池技术，广泛用于笔记本电脑、便携式录像机、手持电脑等。

1983 年：发明 IRL 语言，第一次使条形码数据终端可以现场编程而无需大型机支持。

1984 年：发明可移动硬盘，目前广泛用于笔记本电脑和服务器。

1985 年：开发了第一套无线数据网络，成为领先的无线局域网供应商。

1986 年：布局亚洲市场，分发代理证——马来西亚 Grand-flo、新加坡、泰国、中国香港 CL、中国台湾。

1987 年：发明世界上的第一个二维条码——49 码（Code 49）。

1989 年：发明了"Pocket RF"产品。

1990 年：推出了第一个高速、大面积扫描技术。

1990 年：首先将扩频无线电技术用于数据采集，并得到 FCC 的认证。

1990 年：发明了低成本的无线个人网技术，使便携式终端可以无线联结外设。

1993 年：利用最新的 PC 技术，推出了 Janus 系列工业级数据采集终端。

1993 年：推出了第一台具备台式 PC 性能的笔触式的手持电脑。

1994 年：首先将 2.4GHz 无线局域网技术用于数据采集。

1994 年：推出了第一台也是唯一一台集成全自动数字成像技术的电脑，用于非接触图像采集和解码。

1995 年：推出了 406DPI 精度的热转印打印技术。

1995 年：推出了第一台手持二维矩阵条码形扫描器，并命名为"Imager"。

1996 年：发明了多无线电模块的无线接入点，并同时支持两种无线技术。

1999 年：推出了第一个符合 IEEE 802.11 标准的无线局域网系列产品。

1999 年：推出了世界上第一台基于 Windows CE 数据采集 PC。

1999 年：推出了第一套符合 ANSI 物品管理标准的无线射频（RFID）产品 Intellitag 系列。

1999 年：发明了第一个可同时扫描条形码和读写无线射频（RFID）标签的读写器。

1999 年：Intermec 推出了第一台基于 Windows 并具有无线射频（RFID）能力的手持数据采集电脑。

Intermec 公司的客户包括 75%的 Fortune 500 和 60%的 Fortune 100。此外，Intermec 还是美国联邦政府和美国国防部在自动识别领域最主要的长期供应商。

2.4.6　迅宝科技公司

（一）公司简介

美国讯宝科技有限公司（Symbol Technologies Inc.）公司是移动数据采集和输送设备

的制造商和全球供应商，总部设在美国纽约的 Holtsville。2006 年 9 月 25 日，摩托罗拉公司和美国讯宝科技公司在美国总部宣布，摩托罗拉以每股 15 美元的价格现金收购讯宝所有已发行股票，此次交易的总金额约为 39 亿美元。此后讯宝科技正式成为美国摩托罗拉公司的全资子公司，并成为摩托罗拉移动业务的核心。该公司专门从事条形码扫描仪、笔记本电脑、RFID 系统和无线局域网基础设施。迅宝技术公司是世界领先的激光条形码扫描和移动数据采集解决方案供应商，提供的产品包括扫描仪、便携式移动终端和网络组件等。迅宝科技的产品能够读取 RFID 和条形码，广泛应用于全球零售业、制造业、仓储和其他应用领域。

（二）物联网相关产品

在物联网应用方面，Symbol 公司提供了全面的无线射频识别（RFID）解决方案，其RFID 产品涵盖了在企业内部成功部署 RFID 所需的全部组件和服务。其固定读取器和移动读取器、天线、标签及成套解决方案完善了可以简化部署、实现投资回报最大化的可伸缩基础架构平台。从最初评估和推出，直至培训和支持，都可以吸取运用其在 RFID 领域丰富的实际经验。

1．Symbol RFID 固定读取器

使用企业级的多协议读取器更好地监控运营情况，能够根据 IT 系统来调整资产识别信息和状态信息（型号：XR480、XR400、AR400）。

2．Symbol RFID 手持读取器

使用企业级的多协议手持读取器能更好地观察运营情况，并够根据 IT 系统来调整资产识别信息和状态信息（型号：MC9000-GRFID）。

3．Symbol RFID 天线

通过使用 Symbol 的无线射频识别（RFID）天线，可以拥有从企业任意位置准确跟踪库存变化的灵活性及性能，建立可以精确、不间断读取器标签通信的读取范围。高性能面状天线可以进行长距离、大范围 RFID 标签读取，将 RFID 操作效率带到那些由于此前范围过大而无法支持高级无线数据通信应用的工作环境（型号：高性能面状天线、双向天线、通用户内/户外天线）。

4．Symbol RFID 标签与嵌体

利用 Symbol 无线射频识别（RFID）标签和嵌体所包含及传递的信息提高运用效率、制定赢利决策。Symbol 提供了一整套双全工通信协议 RFID 嵌体和标签，它们符合电子产品代码（EPC）的规定，具有只读型和读写型，构成了端到端 RFID 解决方案不可或缺的一部分，能够加快任何应用中的准确数据通信。

5．Symbol RFID 读取器系统

使用 Symbol 专业包简单、快速地部署无线射频识别（RFID）解决方案（型号：DC600 端口系统 、DC400 端口系统）。

6．RFID 套件

Symbol Technologies 推出的 RFID 套件是一个功能全面、先进的数据采集系统，可迅速先行部署，应用于中小规模的数据采集。

2.4.7　麦哲伦 GPS 导航定位公司

（一）公司简介

美国麦哲伦 GPS 导航定位公司（Magellan GPS）是消费产品、测绘产品、GIS 和 OEM GPS 导航及定位产品市场中的领导者。公司的总部设在美国加利福尼亚州的圣克拉拉市，欧洲区的总部设在法国南特的 Carquefou。公司前身为美国泰雷兹导航定位公司，2001 年 5 月从美国轨道公司（Orbital Corp）成功收购麦哲伦与阿什泰克卫星定位部分业务，同时成立美国泰雷兹导航定位公司新的业务。在 2006 年 9 月重新命名为麦哲伦导航定位公司。麦哲伦是全球第一个手持 GPS 商标，1989 年便推出了消费类的手持 GPS，至今保持着在消费类 GPS 领先的地位。

麦哲伦导航定位公司的大事年表。

1965 年：Sercel 公司在法国成立，主要经营电子产品。

1978 年：美国国防部为军事应用建立 NAVSTAR（全球卫星导航系统），又称 GPS（全球定位系统），有 11 颗卫星在轨。

1980 年：卫星上安装了 GPS 原子钟。MLR Electronique ，一家无线电导航公司（后来改为经营 GPS 产品）在法国成立。

1982 年：前苏联发射了第一颗 GLONASS 卫星。

1983 年：一架韩国客机被前苏联士兵击落之后，美国里根总统宣布 GPS 不再作为机密的服务，GPS 从单纯的军用系统变为面向公众提供服务。

1985 年：Sercel 公司研制出了欧洲的第一台 GPS 接收机。

1986 年：麦哲伦系统有限公司下属的 GPS 消费产品公司在加利福尼亚成立。

1987 年：Ashtech 有限公司，一家专业的 GPS 产品公司，在加利福尼亚成立。

1989 年：麦哲伦开发了世界上第一台商用手持 GPS 接收机 NAV 1000。Ashtech 公司研发出第一台差分 GPS 接收机。

1994 年：轨道科学有限公司收购了麦哲伦系统有限公司。

1995 年：由 24 颗 GPS 卫星组成的星群全部在轨运行；GPS 系统宣布全面运行。

1996 年：Sercel 将旗下的无线定位公司卖给了 Dassault 电子，成立了一家合资的

Dassault Sercel 导航定位公司。美国总统克林顿批准将在全世界范围内取消 SA 干扰以提高 GPS 精度。1996 年美国总统克林顿宣布取消 SA 码干扰政策之后，民用精度达到 10～15m，较之从前 100m 的精度已经有了很大的提高，这对于 GPS 工业和 GPS 用户来说都是一个重大的突破。

1997 年：麦哲伦推出了第一款手持全球卫星通信机——GSC 100。麦哲伦系统与 Ashtech 有限公司合并为麦哲伦有限公司。麦哲伦将全世界第一款手持 GPS 接收机推入市场，定价不到 100 美元。

1998 年：Dassault 电子公司获得了 Dassault Sercel 导航定位公司的全部股份。

1999 年：Dassault 电子公司与 Thomson-CSF 集团下属的两家公司合并以后，成立了 Thomson-CSF Detexis。这次合并之后，Dassault Sercel 导航定位公司更名为 DSNP。

2000 年：DSNP 收购了 MLR 电子。同年，Thomson-CSF 改名为 Thales 集团。

2001 年：作为 Thales 集团的下属公司，DSNP 更名为 Thales 导航定位公司。Thales 集团将麦哲伦纳入到 Thales 导航定位公司，成为了全球 GPS 行业的领军人物。

2006 年：Thales 导航被一家 Shah Capital Partners 领导的投资集团收购，公司又重新更名为麦哲伦。

（二）物联网相关产品

作为公认的行业创新者，公司开发了一流的 Magellan Road Mate 系列便携式车辆导航系统、Magellan eXplorist 野外手持导航设备、Hertz NeverLost 车辆导航系统以及市场上最畅销的单频 GPS 测量生产线 ProMark 。通过麦哲伦的品牌，公司得到了全世界的认可。GPS 技术在消费市场和商业应用中迅速增长的同时，公司营业额有了大幅度的增长。

2.4.8　惠普

（一）公司总体发展情况

惠普研发有限合伙公司（Hewlett-Packard Development Company，L.P.）（简称 HP）位于美国加州的帕罗奥多，是一家全球性的资讯科技公司，主要专注发展打印机、数码影像、软件、计算机与资讯服务等业务。目前全世界有超过十亿人正在使用惠普技术，客户遍及电信、金融、政府、交通、运输、能源、航天、电子、制造和教育等各个行业。惠普在全球维持一年 3 万个左右专利，每年新增 3000～4000 个专利，研发投入高达 35～40 亿美元。

惠普依旧是服务器市场和 PC 市场的龙头企业。2010 财年，净收入为 1260 亿美元，同比增长 10%。GAAP 运营利润为 115 亿美元，非 GAAP 运营利润为 144 亿美元，比 2009 年同期的 121 亿美元有大幅增长。惠普目前的资金状况良好，下一步将增加对 WebOS2.0 系统研发方面的投放。

2010 年，惠普通过收购，加强了市场竞争力。4 月，惠普完成了对 3Com 的收购，并将 3Com 的网络产品和安全产品与其现有的 HP ProCurve 产品进行了整合，惠普因此扩展了以太网交换机产品范围，增加了路由解决方案，并且通过 3Com 旗下的杭州华三通信技术有限公司（H3C）显著提高 HP 在中国的地位。9 月，惠普战胜戴尔，成功竞购美国 3PAR 公司，扩充了自己在此存储领域的实力，并且有助于惠普云计算基本平台的建设。

（二）公司在物联网领域的研究及产品

目前，惠普公司正在加紧建立"地球中枢神经系统（CeNSE）"。该科研项目的目标是：通过数十亿个"微型、廉价、结实和异常敏感的探测器"形成一个全球感应网络。这个项目大约需要一万亿个传感器。惠普公司现阶段的主要任务是将传感器的成本降低到微乎其微，并且可以全面感知。

该计划幕后的技术支持是由惠普实验室的纳米感应研究提供的。这些传感器和 RFID 芯片类似，不同的是这些微型加速器可以发现移动和振动。惠普实验室第一个 CeNSE 传感器的敏感度大约为 Wii、iPhone 或汽车气囊系统的敏感度的 1000 倍。随后他们还将推出感应光、温度、气压、气流和湿度的传感器。惠普实验室称 CeNSE 传感器可实现即时数据收集、分析，帮助用户更好地进行决策。

研究达到成熟阶段后，传感器网络将应用于各类案例。如：把这些网络节点固定在大桥和建筑物上，对结构应变和天气情况等进行监测；或将节点安装在马路上，用来检测交通、天气和路面情况；其他应用还包括跟踪电子设备、医疗设备、嗅出食物中的害虫和病菌等。

2.4.9　思科

（一）公司总体发展情况

思科系统公司（Cisco Systems，Inc.）总部设在加州硅谷圣荷塞。1984 年 12 月由斯坦福大学几个计算机专业的学生创办，1990 年上市，是全球领先且生产规模最大的互联网硬件和相应软件提供商。思科公司的产品涉及各种服务器、各类软件、不同规模的集线器、与网络运行界面相关的处理器、调制器以及适配器、基于光纤的网络平台、大规模网络中的集团电话等 20 多类。

2010 财年，思科公司的营业收入和净利润都有不同程度的上升。思科全年业绩报告显示，净销售额为 400 亿美元，同比上升 10.9%，净收入为 78 亿美元。1～4 季度净利润分别为 18 亿美元、19 亿美元、22 亿美元和 19 亿美元。

在业务动态方面，思科完成了对数字信号处理解决方案的设计提供商 CoreOptics 公司、设计顾问机构 MOTO Development Group 以及天地数码（控股）有限公司机顶盒业务的收购。同时，思科承诺将在俄罗斯投资超过 10 亿美元以鼓励创业和可持续创新，作为合作伙伴以帮助实现其国家目标。

（二）公司在物联网领域的研究及产品

在物联网产业发展的大趋势下，思科一直致力于成为云计算和云服务方面的引领者与核心驱动者，与业界众多企业、研究机构开展了广泛合作，打造由云构建商、云应用与业务开发商、云提供商等各方面组成的全新云生态系统。

思科公司的战略理念认为，云计算的真正价值在于其可以基于计算能力的虚拟化和资源调配的自动化，来为用户提供虚拟的计算、存储和网络资源。因此，网络基础设施必须要变得更加智能，以支持 IT 工作负载的快速变化和物理基础设施的调配。同时，在云计算时代，将会出现不同类型、不同规模、不同行业的"云"相汇聚的局面。这些"云"并非彼此孤立，而是通过网络相互依存、相互连通。因此，思科对现有网络架构进行革新，打造高性能、高吞吐量、高可扩展性的"云化"网络平台。

思科的云战略建立于具有领先性、智能性和灵活性的网络核心基础设施之上，并针对云业务和服务的部署，提供包含数据中心、虚拟化等技术与产品的完备解决方案；同时也开发和推广协作、视频等丰富多样的应用，帮助运营商、企业及政府机构建立前所未有的云服务平台，以实现更大的商业增值、更高效的公共服务水平以及全新的用户体验。

2011 年，思科发布了其物联网应用图示，作为大规模部署物联网和云计算的第一步。

2.4.10　高通

（一）公司总体发展概况

美国高通公司（QUALCOMM）成立于 1985 年 7 月，总部驻于美国加利福尼亚州圣迭戈市。公司以其 CDMA（码分多址）数字技术为基础，开发并提供富于创意的数字无线通信产品和服务。业务涵盖技术领先的 3G 芯片组、系统软件以及开发工具和产品，技术许可的授予，BREW 应用开发平台，QChat、BREWChatVoIP 解决方案技术，QPoint 定位解决方案，Eudora 电子邮件软件，包括双向数据通信系统、无线咨询及网络管理服务等的全面无线解决方案， MediaFLO 系统和 GSM1x 技术等。

高通公司拥有所有 3000 多项 CDMA 及其他技术的专利及专利申请，这些标准已经被全球制定标准机构普遍采纳或建议采纳。目前，高通已经向全球 125 家以上电信设备制造商发放了 CDMA 专利许可。

（二）公司在物联网领域的研究及产品

高通公司已与美国移动通信运营商 Verizon 无线公司组建合资企业，为医疗、建筑以及公用事业部门提供机器到机器（M2M）的无线连接服务。

合资公司于 2010 年开始服务，采用高通的无线技术和软件。Verizon 在此前已经开始对公用事业提供机器到机器连接的服务。此次合作进一步拓展了该业务，使手机行业以外的客户能更方便地开发无线应用，如电子书下载、远程遥控电表或水表等。两家公司的合作，在为客户提供单一来源的 M2M 服务的同时，降低了成本，提升了效能，开创出新的商业模式。

2.4.11　摩托罗拉

（一）公司总体发展情况

摩托罗拉公司（Motorola Inc.），原名 Galvin Manufacturing Corporation，成立于 1928 年。1947 年，改名为 Motorola，总部设在美国伊利诺伊州绍姆堡，位于芝加哥市郊。摩托罗拉因在无线和宽带通信领域的不断创新和领导地位而闻名世界，与诺基亚以及爱立信并称为世界通信三巨头。

近年来，摩托罗拉公司的移动电话业务开始下滑。2010 年，摩托罗拉的全年损失降低到 8600 万美元，较 2009 年的 13 亿美元有了极大好转。2011 年 1 月 4 日，摩托罗拉正式分拆为两个部门，即摩托罗拉移动（Motorola Mobility）和摩托罗拉解决方案（Motorola Solutions）部门，前一个部门主营智能手机和机顶盒业务，后一个部门则主营公共安全无线电和手持式扫描仪业务。目前，摩托罗拉期待通过采用了 Tegra 2 双核处理器的智能手机 Atrix、CDMA 网络表现出色的 Droid Bionic、首款搭载了 Android3.0 系统的超强平板 Xoom 这些高端产品来继续巩固公司领先的 Android 智能手机制造商的地位。

（二）公司在物联网领域的研究及产品

摩托罗拉确立了其物联网业务的发展构架，借助新一代的 Android 平台重揽市场，重点突破四大业务方向，包括系统集成业务、无线对讲机业务、企业移动业务和无线网络业务。

系统集成业务服务于交通、治安等；无线对讲机业务重点推出 Mototrbo 手台、车台、中继台等产品的体验业务，以及多基站 IP 网络互连和漫游、Capacity Plus 智能信道共享、GPS 以及短信发送等创新应用；企业移动业务主要的应用在于一是超市、商场的物品与仓库管理，二是物流、分销领域的供应链管理；无线网络业务则包括一对一、一对多的无线宽带连接，以及 802.11 无线网络设备等。

2.4.12　AT&T

（一）公司总体发展概述

美国电话电报公司创建于 1877 年，曾长期垄断美国长途和本地电话市场。目前，AT&T 是美国最大的本地和长途电话公司，总部位于得州北部大城市达拉斯。美国电话电报公司有 8 个主要部门，即：贝尔实验室、商业市场集团、数据系统公司、通用市场集团、网络运营集团、网络系统集团、技术系统集团和公司国际集团。

公司的主要业务包括：为国内国际提供电话服务。利用海底电缆、海底光缆、通信卫星可联系 250 个国家和地区，在 147 个国家和地区可直接拨号；提供商业机器、数据类产品和消费类产品；提供电信网络系统；各种服务及租赁业务。

（二）公司在物联网领域的研究及产品

AT&T 公司投建了一个新的 M2M 实验室，专门用于研究测试网络兼容性、测试设备（包括上网本、电子读写器、便携式导航设备、公用事业产品和医疗相关的追踪设备）的数据性能和语音质量。同时，AT&T 还与 Numerex 公司合作，共同研发解决企业级的 M2M 业务需求。此前，AT&T 还曾与另外一家 M2M 全球领导者 Jasper Wireless 签订过类似的合作协议。

2.4.13　SGSN

ISO（国际标准化组织）和 IEC（国际电工委员会）在 2007 年建立了国际传感器网络研究组（SGSN），主要成员国为美国、德国、韩国、英国和中国。SGSN 在 2007 年底召开的全会上，制定了明确的工作任务：确定传感网络独特的特点及其功能上的体系结构，基于可以用于传感网络的现有标准，确定可被看做传感网基础设施的范围，制定传感网所支持的接口和服务的相关规范等。

2008 年，SGSN 召开了两次会议和一次技术研讨会，主要以讨论并编写《传感器网络技术报告》为主。该技术报告从传感器网络的定义和标准化范围入手，通过分析各种传感器网络的应用从而得出传感器网络的技术需求；报告还介绍了建立传感器网络参考模型的方法，为将来传感器网络的标准化工作提供了指导性方法；最后，阐述了传感器网络的标准体系。

2009 年，SGSN 就技术报告的内容更大范围地征集意见，进一步完善了技术报告的内容。同时，在 SGSN 内部展开了传感器网络标准化长期工作建议的讨论。经过两年的研究表明：传感器网络的标准化涉及多个领域，不可能由 JTC1 下现有的任何一个委员会所独立开展；传感器网络的标准化工作必然是结合了标准制定、标准协调以及标准采纳等多种工作方式。因此，SGSN 在 2010 年的全会上决定，向 JTC1 建议成立新的工作组（WG）专门负责传感器网络的标准协议。

2.4.14　Oracle

Oracle 公司（甲骨文股份有限公司）是全球大型数据库软件公司，是仅次于微软的全球第二大软件公司，总部位于美国加州红木城的红木岸（Redwood Shores），现任首席执行官为公司创办人劳伦斯·埃里森（Lawrence J. Ellison）。Oracle 向遍及 145 个国家的

用户提供数据库、工具和应用软件以及相关的咨询、培训和支持服务。全球员工超过 40000
名。自 1977 年在全球率先推出关系型数据库以来，甲骨文公司已经在利用技术革命来改
变现代商业模式中发挥了关键作用。甲骨文公司同时还是世界上唯一能够对客户关系管
理—操作应用—平台设施进行全球电子商务解决方案实施的公司。

从 Oracle 的网站上，我们不难看到 Qracle 的发展轨迹。

（一）Oracle 发展历程

20 世纪 70 年代，一间名为 Ampex 的软件公司，正为中央情报局设计一套名叫 Oracle
的数据库，Ellison 是程序员之一。

1977 年，艾利森与女上司 Robert Miner 创立"软件开发实验室"（Software
Development Labs），当时 IBM 发表"关系数据库"的论文，艾利森以此造出新数据库，
名为甲骨文。

1978 年，公司迁往硅谷，更名为"关系式软件公司"（RSI）。两年后，共有 8 名员工，
年收入少于 100 万美金。最先提出"关系数据库"的 IBM 采用 RSI 的数据库。1982 年再
更名为甲骨文（Oracle）。

1984—1986 年，先后进军加拿大、荷兰、英国、奥地利、日本、德国、瑞士、瑞典、
澳洲、芬兰、法国、中国香港、挪威、西班牙。1986 年上市时，年收入暴升至 5500 万美
元；同年 3 月招股，集资 3150 万美元。

1987 年，收入达到 1.31 亿美元，甲骨文一年后成为世界第四大软件公司。两年内再
进军墨西哥、巴西、中国、塞浦路斯、马来西亚及新西兰。一年后，收入再升一倍至 2.82
亿美元。

1990—1991 年，甲骨文两年内挥师进入智利、希腊、韩国、葡萄牙、土耳其、委内
瑞拉、中国台湾、比利时、阿根廷、哥伦比亚、哥斯达黎加及菲律宾等地，但当年甲骨
文的业绩首次发生亏损，市值急跌 80%，艾利森首次安排资深管理人员参与经营。

1992 年，旗舰产品 Oracle7 面世，使该公司业务重新步入正轨，年收入达到 11.79 亿
美元。曾被视为甲骨文接班人、但后来被踢出局的 Raymond Lane 担任首席运营官。

1995 年，艾利森宣布 PC 已死，把全数产品推向互联网发展，并另组"网络电脑公
司"（Network Computer），销售"网络电脑"，最终以被淘汰收场。

2000 年，科网接近尾声时，推出 E-Business Suite，抢占应用产品市场，与昔日的生
意伙伴构成严重利益冲突。同期微软及 IBM 数据技术提升，此后 Oracle 新增订单数目的
占有率在两年内下跌 6.6%，业务倒退 10%。

2003 年，敌意收购仁科软件公司，引起业界轰动。两公司的争议新闻层出不穷。同
年美国司法博客案阻止甲骨文收购。

2004 年，历经 18 个月的拉锯战，终于成功购并仁科软件公司。

2007 年，收购 BEA Systems。

2009 年 4 月 20 日，甲骨文公司宣布将以每股 9.50 美元，总计 74 亿美金收购 SUN 公司。

2010 年，推出全球首款集成式中间件机 Oracle Exalogic Elastic Cloud。Oracle Exalogic Elastic Cloud 是一种硬件和软件集成式系统，是甲骨文为以极高性能运行 Java 和非 Java 应用而设计的，并为运行 Java 和非 Java 应用进行了测试和调整。

Oracle 提供了完整、开放、集成的业务软件和硬件系统，Oracle 产品战略为客户提供了跨其整个 IT 基础架构的灵活性和可选择性。现在，有了 Sun 服务器、存储、操作系统、虚拟化、嵌入式系统、中间件等技术，Oracle 基本能够提供完整的解决方案，其中的每一层被集成到一起，从而能够像一个单一系统那样协同工作。此外，Oracle 的开放架构和多个操作系统选项使客户能够从行业领先的产品中获得无与伦比的收益，包括卓越的系统可用性、可伸缩性和能源效率、强大的性能以及低成本。

（二）物联网中间件

Oracle 公司在 2010 年甲骨文全球技术与应用大会上宣布推出 Oracle Exalogic Elastic Cloud。Oracle Exalogic Elastic Cloud 号称全球首款集成式中间件机，是硬件和软件集成式系统，是 Oracle 为以极高性能运行 Java 和非 Java 应用而设计的，并为运行 Java 和非 Java 应用进行了测试和调整。该系统提供全面的云应用基础设施，合并了类型最为丰富的 Java 和非 Java 应用及工作量，并能满足最苛刻的服务级别要求。

Oracle Exalogic Elastic Cloud 以大获成功的 Oracle Exadata 数据库机为基础，采用领先的 64 位×86 位处理器、基于 InfiniBand 的 I/O 架构和固态存储系统，并结合了业界领先的 Oracle Weblogic Server 以及其他基于企业级 Java 的 Oracle 中间件产品，并可选择使用 Oracle Solaris 或 Oracle Linux 操作系统软件。这些软件已经为利用 Oracle Exalogic Elastic Cloud 机的 I/O 架构进行了调整，以提供比标准应用服务器配置高 10 倍的性能。

Oracle Exalogic Elastic Cloud 为大型、关键任务部署而设计，为企业级多重租用或云应用奠定了基础。该系统能以不同的安全性、可靠性和性能支持上千个应用，从而成为在全企业范围内进行数据中心合并的理想平台。

无论采用 Oracle Linux 还是 Oracle Solaris 11 操作系统，Oracle Exalogic Elastic Cloud 都提高了整个 Oracle 融合中间件产品线的性能，并提高了在 Oracle WebLogic Server 上运行的应用的性能。该系统还为实现与 Oracle 数据库 11g、Oracle 真正应用集群以及 Oracle Exadata 数据库机的集成而进行了优化。包括 Oracle 电子商务套件、Oracle Siebel CRM、Oracle PeopleSoft Enterprise、Oracle JD Edwards 和 Oracle 针对行业的企业管理软件在内的任何 Oracle 应用软件都将在 Oracle Exalogic Elastic Cloud 上透明地运行，而无需任何修改。

（三）云计算平台及管理体系

在 2011 年举行的 Oracle 融合中间件 11g 媒体沟通会上，Oracle 亚太及日本区融合中间件产品管理总监李国东表示："为了最大化利用云计算所带来的发展契机，实现云计算的真正落地，企业需要通过四种方式完成 IT 模式的转变——组织和分配 IT 资源、开发应用和管理关键业务流程、协作和开发界面、保护和管理基础设施。全面、集成、开放的 Oracle 融合中间件技术及产品可有效帮助企业适应云计算的发展，加快完成向云计算的模式转变，降低企业 IT 投入，从而提高云计算投资回报。"

针对企业实现云计算的一系列 IT 模式转变需求，Oracle 公司凭借全面的解决方案和集成设计的系统为企业提供了云计算平台和管理体系，并贯彻既支持公有云又支持私有云的云计算战略目标，为客户提供全面、可供自由选择的云产品。其中，Oracle 融合中间件 11g 套件是企业云计算部署的理想基础构件，为企业的私有云搭建和部署提供了强而有力的支持。

Oracle 融合中间件 11g 是业界领先的应用架构基础，并针对云计算进行了大量开发，可以帮助企业创建和运行灵活、智能的业务管理软件，同时通过优化集成的软硬件架构最大限度地提升其 IT 效率。Oracle 融合中间件 11g 拥有众多领先的组件，如 Oracle Weblogic 服务器、应用网格、Oracle Exalogic 中间件云服务器、Oracle 企业管理器、SOA、BPM、Oracle Webcenter，以及商务智能、身份管理、数据集成等。

Oracle Weblogic 服务器连同业界领先的数据存储网格产品 Oracle Coherence，可帮助企业构建高性能、高可扩展、高灵活性的数据中心，并为应对云计算的大量事务处理奠定坚实的基础。Oracle Weblogic 服务器与 Oracle Coherence 组合提供了无限制的可扩展性、无与伦比的性能以及绝对有保障的可靠性，在此基础上与其他 Oracle 产品一起部署，可帮助企业实现最高可扩展性、可伸缩性和灵活性的云计算平台。

除了这种构建数据中心的方式外，在 Oracle 融合中间件 Oracle Tuxedo、Oracle 数据集成（Data Integration）和 Oracle GoldenGate 的帮助下，那些投入大量资源利用大型机进行应用软件管理的企业，可以轻松将数据和数据逻辑迁移到开放平台及云环境并获得实时同步，实现虚拟化的数据中心。

有了坚实的数据基础，如何能在最合理的资源配置下开发出最佳应用，同时使所有应用充分利用数据，也是企业构建云计算的一个重要考量。Oracle 公司推出的 Oracle Exalogic 中间件云服务器，包括最新高性能的硬件、行业领先的 Oracle WebLogic 服务器和 Exalogic 软件，所有这些产品由甲骨文专门设计，旨在以最小成本获得最高的性能。由于是为大规模、关键任务部署而设计，Oracle Exalogic 中间件云服务器能为企业级多种云应用提供基础。它可以对具有不同安全性、可靠性和性能要求的数千种应用程序提供支持——这使它成为企业级数据中心整合的理想平台。Oracle Exalogic 中间件云服务器既可以运行企业 Java、Oracle 融合中间件和 Oracle 融合管理软件的优化产品，同时也可以支持部署了众多第三方和定制 Linux 及 Solaris 应用的优秀环境。

在 Oracle 融合中间件 11g 组件中，Oracle 企业管理器是重要的管理类产品。它可以满足 IT 人员的所有管理需求，如自助服务、资源管理和资源测算等，以确保企业以最高的服务水平和最低运营成本来实现云计算。除此之外，Oracle 企业管理器还能模拟云环境，管理用户体验和应用程序的性能，并提供全面的测试。通过 Oracle 企业管理器的集成化管理，企业可以快速获得对云计算的投资回报，并将投资回报率最大化。

安全性和协作性是云计算实施过程中非常重要的因素。今天的企业用户随着 IT 的发展提出了越来越细致的要求，例如网络应用能够具备类似社交网络和协作平日工作所能提供的用户体验等。Oracle Webcenter 作为全面、标准化的用户交流平台满足了这一点，为企业用户提供了安全、灵活的用户体验。

此外，Oracle 融合中间件 11g 的其他组件也以优异的性能满足了企业各方面的需求，Oracle 身份和访问管理（IDM）在大量用户访问或网络威胁时提供了一个面向服务的安全服务层；Oracle SOA 套件和 Oracle SOA 治理可帮助企业实现共享服务层；Oracle 业务流程管理（BPM）套件能够帮助业务分析人员组合现有应用程序，从而帮助企业快速获得丰厚的投资回报，推动实现卓越的客户服务和运营。

Oracle 融合中间件 11g 为企业提供了从数据基础、运行、开发、管理到安全环境的多样化云计算产品，是其搭建云计算的理想基础构件。随着企业不断应用 Oracle 融合中间件产品，"甲骨文全面、开放、集成以及同类最佳"的产品战略优势将更加凸显，企业也将因构建高性能、高可扩展性、高灵活性的云计算而获得显著的 IT 投资回报，从而进一步推动企业业务创新，提升企业业务价值。Oracle 智能商务技术架构、Oracle 智能商务平台见图 2-16、图 2-17。

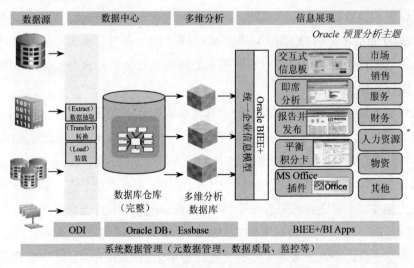

▶ 图 2-16 Oracle 智能商务技术架构

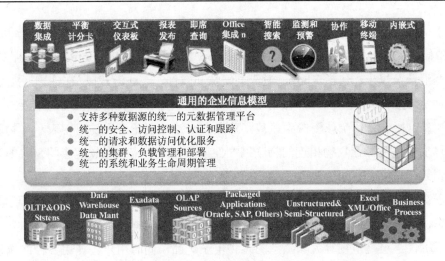

▶ 图 2-17　Oracle 智能商务平台

2.4.15　Microsoft

对于 Microsoft，我们大都很熟悉了，从 DOS 操作系统一直到现在的 Windows 7，Microsoft 一直与普通用户走得很近。

1975 年，19 岁的比尔·盖茨从哈佛大学退学，和他的高中校友保罗·艾伦一起卖 BASIC（Beginners'All-purpose Symbolic Instruction Code），BASIC 意思是"初学者的全方位符式指令代码"，是一种设计给初学者使用的程序设计语言。后来，盖茨和艾伦搬到阿尔伯克基，并在当地一家旅馆房间里创建了微软公司。1977 年，微软公司搬到西雅图的贝尔维尤（雷德蒙德），在那里开发 PC 编程软件。1980 年，IBM 公司选中微软公司为其新 PC 机编写关键的操作系统软件，这是公司发展中的一个重大转折点。IBM-PC 的普及使 MS-DOS 取得了巨大的成功，因为其他 PC 制造者都希望与 IBM 兼容。MS-DOS 在很多家公司被特许使用，因此，在 20 世纪 80 年代，它成了 PC 的标准操作系统。到 1998 年，比尔·盖茨的个人资产总值超过了 500 亿美元大关，成为全球首富。直到今天，微软在业界的地位仍然非同小可，占据着 PC 操作系统的大部分市场。

（一）微软的主要产品

Windows 客户端：包括 Windows XP、Windows 7，以及 Windows 嵌入式操作系统等。

信息工具：包括 Office、Publisher、Visio、Project，以及其他独立的平台应用软件。

商业解决方案：整合了 Great Plains 及 Navision 商业处理应用程序，和 bCentral 商业服务。

服务器平台：包括 Windows 2000 Sever、NET Enterprise Sever、软件开发工具以及微软开发网络。

Windows CE 及移动应用系统：提供包括 Pocket PC、the Mobile Explorer microbrower

及智能手机软件平台。

MSN 包括 MSN 网络：MSN 网络接入服务、MSNTV、MSN Hotmail 网络服务。

家庭消费及娱乐：包括 Xbox、消费类硬件和软件、在线游戏以及电视平台。

软件是微软的特长，因此，在物联网方面，微软更加重视信息处理的重要技术之一——云计算。微软公司全球资深副总裁张亚勤在一次接受记者采访时曾表示：物联网就是云计算加传感网，让物物相连的物联网产业前景无限，未来微软也会将80%的研发力量投入到云计算中。

基于在软件及桌面的竞争优势，微软提出"云+端"的组合。在这个以"云"为中心的世界里，用户可以便捷地使用各种"端"访问云中的数据和应用。这些"端"可以是电脑和手机，甚至是电视等大家熟悉的各种电子产品，同时用户在使用各种终端设备访问"云"中的服务时，得到的是完全相同的无缝体验。与此同时，云计算平台也将随着现有 IT 和互联网技术以及业务模型逐渐演变。一个成功的云计算平台可以最大限度地共享现有软件开发经验、能力和各种资源。长期以来，微软致力于云计算技术和服务的不断创新，在动态数据中心、私有云以及公共云等方面开展了卓有成效的探索和实践，并坚持让这一切的不懈努力，最终转化为企业切实可用、触手可及的新推动力——云的力量。

（二）云计算战略

微软有自己的云计算战略，共包括三大部分，为客户和合作伙伴提供三种不同的云计算运营模式。

1. 微软运营

微软自己构建及运营公共云的应用和服务，同时向个人消费者和企业客户提供云服务。例如，微软向最终使用者提供的 Online Services 和 Windows Live 等服务。

2. 伙伴运营

ISV/SI 等各种合作伙伴可基于 Windows Azure Platform 开发 ERP、CRM 等各种云计算应用，并在 Windows Azure Platform 上为最终使用者提供服务。另外一个选择是，微软运营在自己的云计算平台中的 Business Productivity Online Suite（BPOS）产品也可交由合作伙伴进行托管运营。BPOS 主要包括 Exchange Online、SharePoint Online、Office Communications Online 和 LiveMeeting Online 等服务。

3. 客户自建

客户可以选择微软的云计算解决方案构建自己的云计算平台；微软可以为用户提供包括产品、技术、平台和运维管理在内的全面支持。

微软的云计算战略具有以下特点：

1．软件+服务

即企业既会从云中获取必需的服务，也会自己部署相关的 IT 系统。

在物联网与云计算时代有两个极端的现象，企业不用部署任何的 IT 系统，一切都从云计算平台获取；或者企业还是像以前一样，全部的 IT 系统都部署在企业内部，不从云中获取任何的服务。很多企业认为有些 IT 服务适合从云中获取，如 CRM、网络会议、电子邮件等；但有些系统不适合部署在云中，如自己的核心业务系统、财务系统等。因此，微软认为理想的模式将是"软件+服务"，即企业既会从云中获取必需的服务，也会自己部署相关的 IT 系统，如图 2-18 所示。

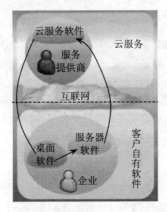

▶ 图 2-18　微软的软件+服务战略

"软件＋服务"可以简单描述为两种模式：

（1）软件本身架构模式是软件加服务。例如，杀毒软件本身部署在企业内部，但是杀毒软件的病毒库更新服务是通过互联网进行的，即从云中获取。

（2）企业的一些 IT 系统由自己构建，另一部分向第三方租赁，从云中获取服务。例如，企业可以直接购买软硬件产品，在企业内部自己部署 ERP 系统，而同时通过第三方云计算平台获取 CRM、电子邮件等服务，而不是自己建设相应的 CRM 和电子邮件系统。

"软件+服务"的好处在于：既充分继承了传统软件部署方式的优越性，又大量利用了云计算的新特性。

2．平台战略

为客户提供优秀的平台一直是微软的目标。在云计算时代，平台战略也是微软的重点。

在云计算时代，有三个平台非常重要，即开发平台、部署平台和运营平台。Windows Azure Platform 是微软的云计算平台，其在微软的整体云计算解决方案中发挥关键作用。它既是运营平台，又是开发、部署平台；上面既可运行微软的自有应用，也可以开发部署用户或 ISV 的个性化服务；平台既可以作为 SaaS 等云服务的应用模式的基础，又可以与微软线下的系列软件产品相互整合和支撑。事实上，微软基于 Windows Azure Platform，在云计算服务和线下客户自有软件应用方面都拥有了更多样化的应用交付模式、更丰富的应用解决方案、更灵活的产品服务部署方式和商业运营模式（见图 2-19）。

▶ 图 2-19　微软的公有云计算平台 Windows Azure Platform

3. 自由选择

微软可以根据企业自身的具体需求和特征，为用户提供自由选择的机会。

为用户提供自由选择的机会是微软云计算战略的第三大典型特点。这种自由选择表现在以下三个方面：

（1）用户可以自由选择传统软件或云服务两种方式。自己部署 IT 软件、采用云服务、或者两者都用。无论是用户选择哪种方式，微软的云计算都能支持。

（2）用户可以选择微软不同的云服务。无论用户需要的是 SaaS、PaaS 还是 IaaS，微软都有丰富的服务供其选择。微软拥有全面的 SaaS 服务，包括针对消费者的 Live 服务和针对企业的 Online 服务；也提供基于 Windows Azure Platform 的 PaaS 服务；还提供数据存储、计算等 IaaS 服务和数据中心优化服务。用户可以基于任何一种服务模型选择使用云计算的相关技术、产品和服务。

（3）用户和合作伙伴可以选择不同的云计算运营模式。微软提供多种云计算运营模式，用户和合作伙伴可直接应用微软运营的云计算服务；用户也可以采用微软的云计算解决方案和技术工具自建云计算应用；合作伙伴还可以选择运营微软的云计算服务或自己在微软云平台上开发云计算应用。

2.4.16　VeriSign 公司

目前全球的 ONS 服务是 EPCglobal 委托世界最大的 DNS 营运商 VeriSign 营运。

VeriSign（纳斯达克上市代码：VRSN）总部位于美国加利福尼亚的山景（Mountain

View），是一个以提供智能信息基础设施服务为主要业务的上市公司，业务包括域名服务、DDoS 防护、托管 DNS 或 iDefense Security Intelligence 服务。此外，VeriSign 还通过 SSL 证书和代码签名等为众多公司提供可靠性解决方案，确保网上沟通和在线金融服务的安全。

VeriSign 的数字信任服务主要通过 VeriSign 的域名登记、数字认证和网上支付三大核心业务，在全球范围内建立起一个可信的虚拟环境，使任何人在任何地点都能放心地进行数字交易和沟通。而数字证书业务是其起家的核心业务，其 SSL 证书在全球 500 强中有 93%的企业选用，在 EV SLL 中占有 75%的市场，全球前 40 大银行都选用，全球 50 大电子商务网站中有 47 个网站使用，共有超过 50 万个网站选用 VeriSign 的 SSL 证书来确保网站机密信息安全。VeriSign 面向网站、软件开发商和个人提供信任服务，这其中包括签发专门应对网站鉴别和加密的 SSL 服务器证书，世界 500 强企业中超过 93%的企业使用来自 VeriSign 的 SSL 服务器证书。VeriSign 通过强大的加密功能和严格的鉴权措施，保护着全世界超过 500 000 台 Web 服务器的安全，包括亚马逊、雅虎购物、美国在线在内的全球众多知名网站均安装了 VeriSign 的 SSL 服务器证书加强网站安全防护。为了扩展服务领域和范围，VeriSign 与 American Express、Checkpoint、Microsoft、RSA 建立了战略合作关系，包括英国、法国、德国、意大利、澳大利亚、巴西、南非、中国、日本、韩国等几十个国家和地区在内的 50 多家数字信任服务提供商加入了 VeriSign 的信任网络。VeriSign 是全球最大的数字证书颁发机构，于 2000 年初以 5.76 亿美元完成收购 Thawte，当时 Thawte 已经占领全球约 40%市场份额。又于 2006 年 9 月以 1.25 亿美元完成收购 GeoTrust，当时 GeoTrust 约占全球 25%的市场份额。

VeriSign 数字证书产品是目前市场上最完整的支持应用最多和设备最多的数字证书产品，主要包括 SSL 证书和代码签名证书。

VeriSign SSL 证书主要有 4 种：Secure Site Pro、Secure Site、Secure Site Pro with EV 和 Secure Site with EV。

（1）Secure Site Pro，中文名称为 128 位强制型服务器证书或 SSL 证书（SGC），是支持 SGC 强制 128 位加密技术的高端 SSL 证书，不管用户使用支持 40 位、56 位、128 位加密的浏览器都能强制成 128 位加密传输，确保机密信息的安全。

（2）Secure Site，中文名称为 128 位支持型服务器证书或 SSL 证书（非 SGC），是不支持 SGC 技术的 SSL 证书。值得提醒用户的是：国内翻译的"安全服务器证书（40 位）"称此 SSL 证书为 40 位证书是不准确的，此证书支持 40 位/56 位/128 位加密，但其加密强度依赖于浏览器所支持的加密位数。如果浏览器只支持 40 位或 56 位，则是按照 40 位或 56 位来加密传输信息的，而不能像 Secure Site Pro 那样强制实现 128 位加密。

（3）Secure Site Pro with EV，中文名称为 EV128 位强制型服务器证书，就是全球统一标准的严格身份验证的 EV SSL 可扩展证书。是 Secure Site Pro 的升级产品，使浏览器地址栏为绿色，增强在线用户信任。

（4）Secure Site with EV，中文名称为 EV128 位支持型服务器证书，区别于 Secure Site Pro with EV，该证书不支持 SGC 强制加密技术。

VeriSign 代码签名证书又分为支持 PC 应用软件的代码签名证书和支持移动设备应用软件的代码签名证书两大类。

（1）代码签名数 ID（Code Signing Digital Ids）。主要包括：①微软代码签名证书（Microsoft Authenticode Digital ID），数字签名 .exe, .dll, .cab, .ocx(ActiveX)。②Java 代码签名证书（Sun Java Signing Digital ID），数字签名 Sun J2SE/J2EE 的 Java Applet 文件、数字签名 J2ME MIDlet Suite 文件、支持业界最多型号和最多品牌的手机。

（2）微软产品徽标认证证书（"Designed for Windows logo" Digital IDs）。用于数字签名微软 Windows Logo 认证的各种软件、硬件驱动程序等，提交已经签名的软件给微软测试认证，还包括微软 Windows 硬件质量实验室测试计划（Windows Hardware Quality Labs testing programs，WHQL）认证。

（3）微软移动代码签名证书（Authenticated Content Signing for Microsoft Windows Mobile，ACS）：支持使用微软 Windows Mobile 和 SmartPhone2002/2003 移动终端操作系统的移动应用软件的非特权签名和特权签名，以确保移动下载的软件代码在移动终端（如智能手机和 PDA）的安全。

2010 年 5 月 19 日，赛门铁克宣布与 Verisign 签署了最终收购协议，收购了该公司的身份验证业务，包括 SSL 认证服务、公钥基础架构（PKI）服务、VeriSign 信任站点认证服务和 VeriSign 身份保护（VIP）验证服务。

2.4.17　TrustChip®芯片产品

KoolSpan 公司是位于美国马里兰州贝赛斯达市的一家私营企业，成立于 2001 年。该公司的创建者 Tony Fascenda，是一个拥有一系列专利的发明家和企业家，他之前也曾建立过其他的创新型公司，并分别卖给了莲花和摩托罗拉公司。KoolSpan 公司主要是为关键网络设备提供简单安全无缝连接解决方案。

Trustchip®是 KoolSpan 开发的一款安全产品。通过一个 MicroSD 封装的内置加密处理器，KoolSpan 的 TrustChip®能够很容易地将一个标准的智能手机或者任何计算设备变成一个安全的通信设备，使安全通信成为一种固有的用户体验。

另外，KoolSpan 的 TrustChip®提供一套完整的安全服务，包括密钥管理、认证和加密。这些功能可由应用程序开发者和 OEMs 的开发人员通过 TrustChip®工具组件来实现。由于整个芯片是固化在自己的优化硬件环境中，因此，KoolSpan 的高性能 TrustChip®能够免受来自外部开放平台和移动主机设备的威胁，从而真正实现安全通话和其他相关的安全应用。

2.5　物联网典型应用

物联网用途广泛，遍及智能交通、环境保护、政府工作、公共安全、平安家居、智能消防、工业监测、环境监测、老人护理、个人健康、花卉栽培、水系监测、食品追溯、敌情侦察和情报搜集等多个领域。美国作为物联网应用最广泛的国家，已在工业、农业、建筑、医疗、环境监测、空间和海洋探索等领域使用物联网技术，其 RFID（射频识别技术）应用案例占全球的 59%。其中智能电网和云计算已成为美国物联网发展的重点领域。

2.5.1　物联网应用的重点——智能电网

智能电网是工业化和信息化的典型结合，是物联网技术大规模发展应用的典型案例。目前，世界对智能电网并没有一个统一的定义，随着各国研究和建设智能电网进程的推进，形成了以下具有代表性的智能电网定义。

美国能源部（Grid2030）的定义是：一个完全自动化的电力传输网络，能够监视和控制每个用户和电网节点，保证从电厂到终端用户整个输配电过程中所有节点之间的信息和电能的双向流动。

美国电科院的 IntelliGrid 定义是：一个由众多自动化的输电和配电系统构成的电力系统，以协调、有效和可靠的方式实现所有的电网运作：具有自愈功能；快速响应电力市场和企业业务需求；具有智能化的通信架构，实现实时、安全和灵活的信息流，为用户提供可靠、经济的电力服务。

智能电网的核心内容是以先进的计算机、电子设备和智能元器件等为基础，通过引入通信、自动控制和其他信息技术，创建开放的系统和共享的信息模式，整合系统数据，优化电网管理，使用户之间、用户与电网公司之间形成网络互动和即时连接，实现数据读取的实时、双向和高效，将大大提升电网的互动运转，提高整个电网运行的可靠性和综合效率。在电源侧，智能电网可以支持多样化的电源，改变传统的单一集中发电模式，方便各类电网并入，实现可靠消纳。在电网侧，电网运行将实现可视化、数字化、智能化，电网企业的规划、调度、交易、生产等综合业务水平能够大幅度提升，并实现有效集成，形成智能网络。在用电侧，用户能够与电网进行双向通信，根据电网运行信息和用户需求实时调整，提供高效优质的服务。

美国的智能电网又称统一智能电网，是指将基于分散的智能电网结合成全国性的网络体系。这个体系主要包括：通过统一智能电网实现美国电力网络的智能化，解决分布式能源体系的需要，以长短途、高低压的智能网络连接客户电源；在保护环境和生态系统的前提下，营建新的输电电网，实现可再生能源的优化输配，提高电网的可靠性和清洁性；这个系统可以平衡跨州用电的需求，实现全国范围内的电力优化调度、监测和控制，从而实现美国整体的电力需求管理，实现美国跨区的可再生能源提供的平衡。这个体系的另一个核心就是解决太阳能、氢能、水电能和车辆电能的存储，它可以帮助用户出售多余电力，包括解决电池系统向电网回售富裕电能。实际上，这个体系就是以美国的可再生能源为基础，实现美国发电、输电、配电和用电体系的优化管理。

美国发展智能电网重点在配电和用电上，推动可再生能源发展，注重商业模式的创新和用户服务的提升。它的四个组成部分分别是：高温超导电网、电力储能技术、可再生能源与分布式系统集成（RDSI）和实现传输可靠性及安全控制系统。这个电网发展战略的本质是开发并转型进入"下一代"的电网体系，其战略的核心是先期突破智能电网，之后营建可再生能源和分布式系统集成（RDSI）与电力储能技术，最终集成发展高温超导电网。

2.5.1.1　美国智能电网的演进过程

一、电网 2030 规划

2003 年 2 月，美国时任总统布什提出"电网 2030 规划"，指出要建设现代化电力系统，以确保经济安全，同时促进电力系统自身的安全运行。该规划的主要内容有：为所有用户提供高度安全、可靠、数字化的供电服务，在全国实现成本合理、生产过程无污染、低碳排放的供电，经济实用的储能设备，建成超导材料的骨干网架。

二、能源独立与安全法案 2007

为有效促进智能电网建设，美国于 2007 年 12 月颁布《能源独立与安全法案 2007》，确立了国家层面的电网现代化政策，设立新的专责联邦委员会，并界定其职责与作用，建立问责机制，同时建立激励机制，促进股东投资。

三、奥巴马政府施政计划

美国总统奥巴马为振兴经济，从节能减排、降低污染角度提出绿色能源环境气候一体化振兴经济计划，智能电网是其中的重要组成部分。

2.5.1.2　美国智能电网发展现状

2009 年 2 月，美国总统奥巴马发布的《经济复苏计划》中提出投资 110 亿美元，建设可安装各种控制设备的新一代智能电网。美国商务部和能源部已经共同发布了第一批智能电网的行业标准，美国智能电网项目正式启动。新一届美国政府将智能电网项目作为其绿色经济振兴计划的关键性支柱之一。奥巴马政府将智能电网视做降低用户能源开支、实现能源独立性和减少温室气体排放的关键措施。随着配电系统进入计算机时代，现代化的数字电网将使美国能耗降低 10%，温室气体排放量减少 25%，并节省 800 亿美元新建电厂的费用。据美国能源部西北太平洋国家实验室的研究结果表明，仅使用数字电表设定家庭温度及融入价格信息，每年可减少 15%的能耗。

美国政府围绕智能电网建设，重点推进了核心技术研发，着手制定发展规划。美国政府为了吸引各方力量共同推动智能电网的建设，积极制定了《2010—2014 年智能电网研发跨年度项目规划》，旨在全面设置智能电网研发项目，以进一步促进该领域技术的发展和应用。（1）技术领域研发项目。主要集中在传感技术、电网通信整合和安全技术、先进零部件和附属系统、先进控制方法和先进系统布局技术、决策和运行支持等方面，包括建立"家用配送水平"、"低耗"、"安全通信"的概念，发展配送系统和客户端传感系统技术，发展电网与汽车的互联技术，在创造高渗透性能源配送和充电网络条件的过程中发展安全、高效和可靠性强的保护和控制性技术，发展运作支持工具技术等。（2）建模领域研发项目。主要集中在准确建立电网、从发电到运输、再从运输到配送的整个过程中，其运作情况、配送成本、智能电网资产以及电网运行所产生的各种影响的模型构建等方面，包括建立电力配送工程方面的智能电网元件和运行模型，建立智能电网电力运输和发电系统的准恒定和动态反应的降维模型，发展和示范整合通信网络的模型、批发市场模型和可再生能源模型等。

为推进智能电网的建设，美国积极探索组建相关的机构。从功能上而言，大致包括以下几类：（1）政策制定和咨询。按照美国政府的要求，能源部建立了一个专门致力于智能电网领域研究的咨询委员会（SmartGrid-Advisory Committee），用于为政策制定提供咨询建议。该委员会的责任是：向有关官员就智能电网的发展、智能电网技术的应用和服务、智能电网技术和使用标准及协议的制定与改革（以支持智能电网设备间的互联），以及联邦政府使用何种激励手段来促进这些领域的发展等方面提供咨询意见。在实际操作中，这项任务由电力咨询委员会（Electricity Advisory Committee）执行。（2）协调、组织和运行。能源部还建立了一个智能电网特别行动小组（SmartGrid Task Force）。该小组由能源部下属的电力提供和能源可靠性办公室（OE）领导，其中的专家成员分别来自美国能源部（DOE）、商务部（DOC）、国防部（DOD）、国土安全部（DHS）、环境保护局（EPA）、联邦通信委员会（FCC）、联邦能源管制委员会（FERC）和农业部（USDA）等七个联邦机构。其主要任务是：确保、协调和整合联邦政府内各机构在智能电网技术、实践和服务方面的各项活动。其具体职能包括：智能电网的研发；智能电网标准和协议的推广；智能电网技术实践与电子公共事业规范之间，与基础设施发展、系统可靠性和安全性之间，与电力供应、电力需求、电力传输、电力配送和电力政策之间等关系的协调。该小组在 2008—2020 年间通过政府的资金资助维持有效运转。

智能电网建设是一项耗资大、跨时长的巨大工程，在建设正式实施前进行标准的制定以及各项评价体系的完善，对于智能电网的大规模推广是至关重要的。美国政府要求美国标准与技术研究院（NIST）为主管单位，建立智能电网相关协议和标准，以提高智能电网设备和系统应用的灵活性；同时要求美国能源部在实施智能电网研发和部署工作时制定相关评价方法来评估节能成效、研发项目及各方面工作的落实情况。此外，在《2010—2014 年智能电网研发跨年度项目规划》中也涉及了有关标准制定和评价体系建立的研究内容。美国能源部考虑到标准制定对于电子和通信互联、电网整合、电网协同、统一测试和推广运行等各环节的重要性，配合 NIST 进行了一项关于制定发展维护电网互联、整合、协作和符合网络安全并且能够在能源配送方面进行统一检测手续的国家和国际标准的研发项目[17]。在评价体系方面的研发项目主要集中在智能电网部署和投资进程的评估、客户端设施中使用的能源管理设备的能效影响的评价、政府出台的商业政策和规则的考评、研发新部件和系统协议及方法的测试评价、消费者学习和接受各种政府实施项目（包括需求反应项目、现场发电项目、插入式电动汽车项目、储能项目和提高能效项目等）的评价等。

2.5.2　物联网在医疗领域的应用

医疗信息化是物联网在健康与医疗方面最大的应用。医院间的 IT 系统共建、共享和推广开放数据标准是未来医疗信息系统发展的两大趋势，医疗信息化在国家医疗系统转型中必将起到巨大推动作用。电子处方可以有效避免医疗事故并实现对用药成本的控制。医生用计算机或是数字手持设备，通过一个加密网络将处方直接传送至后台，通过在医院、药店和卫生管理当局联网共享的数据平台上进行统一登记和共享查询。智能医疗系统可以借助简易实用的家庭医疗传感设备，对家中病人生理指标进行自测，并将生成的生理指标数据通过电信的网络或 3G 无线网络传送到护理人或有关医疗单位，有关的医疗单位将为病人提供终生健康档案管理服务。

2.5.2.1　智能医疗房间

美国罗彻斯特大学的科学家使用无线传感器创建了一个智能医疗房间，使用微尘来测量居住者的重要征兆（血压、脉搏和呼吸）、睡觉姿势以及每天 24 小时的活动状况。

2.5.2.2　英特尔的无线传感器网络的家庭护理技术

英特尔公司也推出了无线传感器网络的家庭护理技术。该技术是作为探讨应对老龄化社会的技术项目 Center for Aging Services Technologies（CAST）的一个环节开发的。该系统通过在鞋、家具以及家用电器等生活用品和设备中嵌入半导体传感器，帮助老龄人士、阿尔茨海默氏病患者以及残障人士的家庭生活。利用无线通信将各传感器联网可高效传递必要的信息从而方便接受护理，而且还可以减轻护理人员的负担。英特尔主管预防性健康保险研究的董事 Eric Dishman 称，在开发家庭用护理技术方面，无线传感器网络是非常有前途的领域。

2009 年 6 月 8 日，苹果公司也展示 iPhone 手机的新功能——生命体征监视器。通过一个外置传感器和应用软件的配合，它可以让医生利用手机来随时跟踪病人的病情，在有问题的时候自动通知要求医疗帮助。另外它还像动态心电图一样随时记录用户的生命体征情况。

美国加州大学洛杉矶分校的研究人员发现了人体细胞生物传感器分子的机制，为复杂的细胞控制系统提出了新的阐述。相关内容刊登在了 2011 年 6 月出版的《生物化学杂志》上，该成果有望帮助人们开发出应对高血压病和遗传性癫痫症等疾病的特殊疗法。人体细胞控制系统能够引发一系列的细胞活动，而生物传感器是人体细胞控制系统的重要组成部分。被称为"控制环"的传感器能够在细胞膜上打开特定的通道让钾离子流通过细胞膜，如同地铁入站口能够让人们进入站台的回转栏。钾离子参与了人体内关键活动，如血压、胰岛素分泌和大脑信号等的调整。然而，控制环传感器的生物物理功能过去一直不为人们所了解，如同能够监视周围环境并能发出声信号的烟雾报警器，生物传感器能够通过了解变化和产生反应的分子传感器来控制细胞内的环境。

2.5.2.3　IBM 的智慧医疗

在 2010 年医疗卫生信息与管理系统协会亚太区卫生信息（HIMSS）大会上，IBM 公司全面展示了"智慧医疗"整体解决方案。IBM 在会上宣布，将分别与飞利浦、SAP 及天健科技在不同医疗领域展开合作，携手打造创新医疗解决方案，共建智慧医疗，推动医疗信息化发展。"这次 HIMSS 大会将是 IBM 自发布'智慧医疗'以来，再次在医疗信息化领域对其实践成果和创新思路的全面展示。"IBM 中国区医疗与社保部门总经理刘洪先生在会上表示，"我们希望利用自身在医疗信息化方面的积累和研究，携手合作伙伴继续推进'智慧医疗'的开拓与落地。通过联袂合作伙伴展示我们在医疗行业的前沿技术和最佳实践，我们将向业界证明，'智慧医疗'不仅勾勒了医疗信息化的美好未来，还涵盖了一系列洞悉行业需要、切实可行、覆盖从区域医疗协同到医院信息化改革的全面解决方案。"

作为协作创新的积极倡导者，IBM 不仅携手多家合作伙伴共同进行解决方案演示，还宣布将与国内外三家重要合作伙伴在不同医疗领域中实现优势互补，强强联手推进国内医疗信息化建设。

IBM 与飞利浦打造 IT 与临床技术的完美融合。IBM 通过与飞利浦形成优势互补，将使信息技术与临床技术实现更紧密的融合，特别是在医学影像存档和通信解决方案（PACS）方面，IBM 的动态基础架构及虚拟技术将为这家全球最大的医疗设备制造商打开新的技术应用局面，全面助力中国医院信息化和区域医疗发展。

IBM 与 SAP 缔造智慧的整体医院运营。作为 IBM 的全球合作伙伴，SAP 将把双方的合作关系延伸至国内，并致力为医院的整体运营提供全面的解决方案。而 IBM 不仅为 SAP 贡献自身在项目咨询和管理实施方面的领先能力，还将为其提供动态基础架构以开拓创新医院管理解决方案，助力医疗机构实现智慧的医院整体运营。

IBM 与天健科技基于云计算的区域医疗信息化。中国领先的医疗信息化解决方案提供商天健科技集团与 IBM 将正式进行战略合作，联手打造基于 IBM 云计算架构的区域医疗信息化解决方案，提供低成本、易管理且可以按需灵活扩展的信息共享平台，共同致力于我国区域医疗数据中心新模式的开发与探索，为新医改的实施提供有力的技术支持。

IBM 一直积极配合中国医疗改革深化的步伐，切实推动"智慧医疗"的落地进程。在过去的一年里，IBM 围绕电子病历和临床路径、医院资源规划、医院 IT 优化、电子健康档案、协同医疗五大医疗信息化热点议题，提出了自己的领先理念以及创新技术，并推出了一系列面向医院改革和区域医疗建设需求的端到端智慧解决方案。

在医院改革方面，IBM 致力于将信息技术全面融合到医院的整体业务运营，帮助打造新一代数字化医院。IBM 倡导建立电子病历和临床路径、推行医院资源规划和医院 IT 优化。北京大学人民医院是此领域的最佳实践之一：IBM 成功为其实现了医院资源规划（Hospital Resources Planning）及业务智能分析系统，使全医院后勤系统能实现数据流、业务流、财务流的三流合一，并从海量数据中挖掘有效管理信息，助力医院管理层优化决策，让院长可以了解医院每一分钱的具体流向，实现高效智慧运营。

在区域医疗方面，IBM 构建以电子健康档案为核心的区域医疗协同体系，而立足区域、基于标准的电子健康档案将为各种医疗机构的人员及系统提供集成与协作环境。以目前在应用中的云南省卫生厅"大卫生"资源整合平台为例，IBM 帮助云南省卫生厅构建信息中枢，协同省内各个医疗卫生体系的应用系统，实现服务整合和信息共享。

当今，越来越多诸如北京大学人民医院、云南省卫生厅这样的"智慧案例"日益涌现，比如北京市西城区医疗卫生服务共同体、广东省中医院临床科研一体化平台、中山大学附属八家医院信息共享工程等，为"智慧医疗"在中国落地、惠及大众提供了实践范本和例证。

IBM 在中国的智慧实践同样体现在对开放标准的推动之上。多年来，IBM 一直坚持合作与创新，积极推动医疗信息化行业标准的研究、建立和推广应用，以确保信息系统的灵活性能实现不同系统的整合和互操作。目前，IBM 已经通过了 IHE-C Connectation 首次在国内进行的跨机构文档共享（XDS）测试，进一步引领了国内医疗信息系统之间的交互、集成与共享趋势。此外，IBM 更参与由中国电子病历委员会、CHIMA 牵头，北京市公共卫生信息中心、协和医院、301 医院和宇信公司携手合作组成的联合技术验证小组，并在业界专家的指导下开展联合技术试点工作，以实践区域医疗信息平台中的技术和相关互操作标准。

2.5.3　家庭的信息化与智能化

智能家居（Smart Home）是以住宅为平台，综合利用网络通信技术、自动控制技术、综合布线技术、安全防范技术以及音视频技术等，将与家居生活有关的设施进行集成，构建高效、安全、便利、舒适、环保的家居环境。与普通家居相比，智能家居不但具有传统的居住功能，提供舒适宜人的家庭生活空间，同时还能够实现全方位的信息交互功能，改善家庭与外部的信息交流，优化人们的生活方式，提升家居生活的安全性和环保性。作为家庭信息化的实现方式，智能家居已成为社会信息化发展的重要组成部分。

通常认为，一套典型的智能家居系统应具有以下功能。

安全监控：包括各种报警探测器的信息采集、开关门报警等功能，如门磁、紧急按钮、红外探测、煤气探测、火警探测等，并完成与住宅小区物业管理和 110 报警的联网。

家庭娱乐：在居室的任何房间内，包括厨房、卫生间和阳台等，体验美妙的背景音乐；通过计算机、电视、手机等，实现在线视频点播、交互式电子游戏等娱乐功能。

家居控制：利用计算机、手机、PDA 等电子终端通过高速宽带接入互联网，并对灯具、窗帘、空调、冰箱、电视、洗衣机等家用电器进行远程控制、定时控制。

家居商务和办公：通过互联网实现网上购物、网上订票等电子商务功能，以及网上商务联系、视频会议等家居办公。

信息服务：通过互联网获得和交换包括从静态文本、图形到动态的音频、视频等各种信息，并获取最新的股市行情、天气状况等信息。

社会服务：通过与智能社区及社会服务机构的合作，实现包括账户查询/缴费、远程医疗、远程教育、金融服务、社区服务等各种社会服务功能。

自 1984 年美国诞生第一座智能大厦以来，智能建筑发展迅速，已经从最初各种特殊功能的智能大厦，发展到近年的全面向居民住宅扩展。美国智能家居以数字家庭和数字技术改造为契机，注重豪华感，追求舒适和享受，能源消耗较大，但目前也在逐步融入世界范围内所追求的低碳、环保的理念。如得克萨斯州开发的 500 栋新型建筑物能够自己控制能源的消耗。它们利用微型计算机管理包括照明、加热、取暖、制冷和空调设备等在内的全部耗能系统，可比普通建筑物节约能源 20%左右[18]。

美国智能家居的典型应用涉及家庭安全监控、家电控制、养老服务等领域。AT&T 公司与杰尔系统公司的 True ONE 解决方案相结合，为用户提供电信级的手机或 PC 视频监控应用，将智能家居的监控服务送达远端的 PC 或手机上，支持无线和有线的视频监控方案。IBM 和贝尔大西洋电话公司与建筑商合作，开发了"计算机、通信、建筑"三合一的智能化住宅。该住宅墙壁内装有"家庭管理系统"网络设备，住户可通过预设的指令，遥控家中的任何电器。目前，能够辨认出主人并自动开启的自动门、自动启动一些家用电器的视听设备等已进入家庭。而养老服务护理监测系统则由一个与互联网连接的计算机、电视界面、电话和一系列的传感器组成。这些传感器被精心放置在老年人活动的关键地点，如浴室、厨房、出入口和卧室，用来监视老人家中情况并记录他们的行为，在情况异常时，系统会向家人发出警报。通过电视界面，家人还可以给老人发送短消息、天气预报等信息。

2.5.4　智能交通——实现安全、快速、便捷的出行

智能交通（Intelligent Transportation System，ITS），是智能交通系统或智能运输系统的简称。智能交通是现代交通系统的发展方向，它是将先进的信息技术、数据通信传输技术、电子传感技术、控制技术及计算机技术等有效地集成并运用于整个地面交通管理系统而建立的一种在大范围内、全方位发挥作用的、实时、准确、高效的综合交通运输管理及应用系统。

智能交通主要包括交通信息服务、交通管理、公交车辆控制、货运管理、电子收费、高速公路管理、紧急救援等要素。由于智能交通涉及道路、车辆、驾驶者和乘客、物流、信息等诸多因素，因此相关的子领域众多，并且还涉及法规、管理、标准、技术等若干个层面。

自从智能交通的概念产生之日起，便受到世界各国的广泛关注，尤其是世界发达国家和地区与国民经济高速发展国家和地区。1994年第一次智能交通世界大会在法国巴黎举行，其后逐步演变成了一年一度的智能交通的全球盛会，并且在欧洲、亚太地区、美国轮流召开，世界各国、各地的相关团体（政府、研究机构、企业）在大会上通过技术论文、展示会、技术展览等形式，交流智能交通相关技术，公布并展示最先进的研究成果和产品。2010年10月25日至29日在韩国釜山举行的智能交通世界大会已是第十七届。时至今日会议规模越来越庞大，与会国家和代表越来越多，探讨的议题也越来越广泛和深入，由此可见智能交通在全球受重视的程度越来越高。

美国是智能交通的先行者和先进国家，而且政府对智能交通的重视程度极高。1995年3月美国交通部首次正式发布了《国家智能交通系统项目规划》。目前，美国已经成为一个智能交通系统大国，智能交通在美国的应用已达80％以上，而且相关的产品居全球前列，智能交通系统的相关技术已经产生了显著的效益。美国智能研究领域中的出行及交通管理系统涵盖的范围较广，主要包括驾驶员信息系统、路线引导系统、出行者服务信息系统、交通控制系统、交通突发事件管理系统及车辆排放物的检测与控制系统和公铁交叉口管理系统（见图2-20）。

美国的智能交通的发展模式，引领着世界的发展潮流。以下简要介绍美国的发展模式与过程。

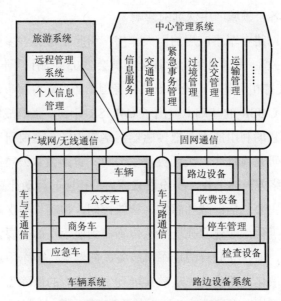

▶ 图 2-20　美国智能交通框架

美国将其智能交通发展划分为三个阶段：（1）出行信息管理时代（1997—1999 年）；（2）运输管理时代（2000—2005 年）；（3）增强型车辆时代（2006—2010 年）。在第一阶段：建立公共部门与私人公司共享的交通运输信息数据库平台，通过这一平台有效地将交通运输与安全服务信息进行系统集成，并能够将其所集成的信息以一种及时、有效的方法提供给公众。在第二阶段：公共机构所提供的信息越来越可靠、运输基础设施越来越稳定，有效的私人与公共运输管理系统出现，政府机构与私人公司联合以最有效的方法传播信息，在此基础上，实现实时的交通控制系统。电子支付系统被用于收取过路费、停车费以及进行其他财务结算。在第三阶段：高新技术的研究与开发以及先进的汽车电子技术将把智能交通导入到一个支持车内更加先进的事故避免系统、视觉增强系统、刹车帮助系统的时代。依靠前面所建立起来的基础设施与数据库，自动化公路系统即将形成。

2.5.5　国防与军事领域——物联网新应用

在军事领域，物联网被专家称为"一个未探明储量的金矿"。它为提高军队作战能力提供了难得的机遇，孕育着军事变革深入发展的新契机。可以设想，若是在国防科研、军工企业及武器平台等各个要素设置标签读取装置，通过无线和有线网络将它们链接起来，那么每个国防要素甚至国家整个军事力量都将处于全数字化、全信息化状态。大到卫星、导弹、飞机、舰船、坦克、火炮等装备系统，小到轻武器和弹药，物联网的感知性能让"冷冰冰的装备有了思想"。从通信技侦系统到后勤保障系统，从军事科研试验到军事装备工程，物联网的应用将遍及战争准备与实施的每一个环节。可以说，物联网扩大了未来作战的时域、空域和频域，将引发一场划时代的军事技术革命和作战样式的变革，必将对国防建设各个领域产生深远的影响。

鉴于无线传感器网络在军事应用的巨大作用，引起了世界许多国家的军事部门、工业界和学术界的极大关注。美国自然科学基金委员会 2003 年制订了传感器网络研究计划，投资 3400 万美元，支持相关基础理论的研究。美国国防部和各军事部门都对传感器网络给予了高度重视，在 C4ISR 的基础上提出了 C4KISR 计划，强调战场情报的感知能力、信息的综合能力和信息的利用能力，把传感器网络作为一个重要研究领域，设立了一系列的军事传感器网络研究项目[19]。美国英特尔公司、美国微软公司等信息工业界巨头也开始了相关传感器网络方面的工作，纷纷设立或启动相应的行动计划。

物联网军事应用主要包括：战场感知、智能控制、精确作战保障等各系统要素的有机协同。战场感知精确化，即建立战场"从传感器到射手"的全要素、全过程综合信息链。武器装备智能化，即建立联合战场军事装备、武器平台和军用运载平台感知控制网络系统。综合保障灵敏化，即建立"从散兵坑到生产线"的保障需求、军用物资筹划与生产感知控制，以及"从生产线到散兵坑"的物流配送感知控制。

一、战场感知精确化：全维预警体系

在信息化战争中，战场感知能力的强弱直接影响军队的战斗力，增强战场感知能力是建设信息化战场的核心内容之一。战场情况瞬息万变、战机稍纵即逝，战场的主动权在很大程度上取决于谁能"先敌发现"，而"先机"的夺得依赖于"感知"的获得。

射频识别标签如图 2-21 所示。

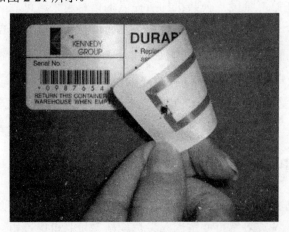

▶ 图 2-21　射频识别（RFID）标签，它的背面是 RFID 芯片和感应天线

目前，美军已建立了具有强大作战空间态势感知优势的多传感器信息网，这可以说是物联网在军事运用中的雏形。美国国防高级研究计划局已研制出一些低成本的自动地面传感器，它们与装在卫星、飞机、舰艇上的传感器有机融合，形成多维全方位、全频谱、全时域的情报侦察监视（ISR）体系。在伊拉克战争中，美军多数打击兵器都是依靠战场感知的目标信息而实施对敌攻击。有人甚至将信息化条件下作战称为"传感器战争"。

建立战术侦察传感信息网，往往采用无人飞机或火炮抛掷方式，向敌方重点目标地域布撒声、光、电磁、震动、加速度等微型综合传感器，近距离侦察感知目标地区作战地形地物、敌军部署、装备特性及部队行踪、动向等；可与卫星、飞机、舰艇上的各类传感器有机融合，形成全方位、全频谱、全时域的全维侦察监视预警体系，从而提供准确的目标定位与效果评估，有效弥补了卫星、雷达等远程侦察设备的不足，全面提升联合战场感知能力。目前，一些军事强国已在研究和实用化该类项目。智能微尘等新技术也将运用到联合作战保障体系中。如美军已建立了具备弱小作战空间态势感知劣势的多传感器信息网，可视为物联网在军事应用中的雏形。其研制出低成本的自动空中传感器，能够疾速散播在战场上并与设在卫星、飞机、舰艇上的所有传感器有机融合，通过情报、监视和侦探信息的散播式获取，构成全方位、全频谱、全时域的多维侦探监视预警体系。

与美军目前的传感网相比，物联网的最大优势是可以在更高层次上实现战场感知的精确化、系统化和智能化。物联网可以把处理、传送和利用战场目标信息的时间，从以往的几小时乃至更长时间压缩到几分钟、几秒钟甚至同步，各汇聚节点将数据送至指挥部，最后融合来自各战场的数据形成完备的战场态势图。物联网能够通过大规模部署节点而有效避免侦察盲区，为火控和制导系统提供精确的目标定位信息，同时实时实现战场监控、目标定位、战场评估、核生化攻击监测，并且不会由于某一节点的损坏而导致整个监测系统的崩溃。通过互联网协议第 6 版（IPv6）技术，完全可以为物联网每个传感器节点（甚至世间万物）分配一个单独的 IP 地址，真正实现对世界上每一个角落的感知。也可以通过飞机向战场撒布肉眼看不见的"尘埃"传感器，利用物联网实时采集、分析和研究其监测数据。因此，物联网将给予指挥员新的电子眼和电子耳，堪称信息化战场的宠儿。

战场感知不仅为作战取胜创造了先机，同时也催生了战场军事力量的一体化。要发挥战场感知效能、快速传递信息，就必须把实时化的战场感知系统、智能化的武器系统、自动化的指挥控制系统联为一体，构成一体化的作战体系，从而使"以平台为中心"的联合作战转向"以网络为中心"的一体化作战。

二、武器装备智能化：全自主式作战机器人

当今，信息化武器装备呈现出一体化、智能化和隐身化的趋势，武器装备的智能化成为各国军队梦寐以求的目标。智能化的精确制导武器是一种"会思考"的武器系统，可以"有意识"地寻找、辨别需要打击的目标；智能化的空中、陆上和水中无人作战系统将成为未来武器装备发展的主流；全自主式作战机器人将进入战场，但要制造出完全"智能"的作战机器人还有很多技术问题亟待突破。随着信息化武器装备的发展，必将建立起高度可控的新型智能系统，极大地提高武器装备的作战效能。

物联网可以将包括人在内的所有广义的"物品"相互连接，并允许他们相互通信。

新一代互联网协议因其海量地址，可以让每个物品都在互联网上占有"一席之地"；微机电技术和纳米技术可以使物品越来越小，嵌入式智能芯片还可以让它们拥有自己用来运算和分析的"大脑"。在不远的将来，不仅人可以与身边一切物品"对话"，而且物品之间也可以"交流"。在这种技术基础上，武器装备才谈得上高度智能化。

各种以物联网为"中枢神经"的自动作战武器将成为战场的主角。例如，具有一定信息获取和信息处理能力的全自主智能作战机器人将从科幻电影中步入现实。在战场上，这些机器人可代替作战人员钻洞穴、爬高墙、潜入作战区，快速捕捉战场上的目标、测定火力点的位置，探测隐藏在建筑物、坑道、街区的敌人，迅速测算出射击参数，保证精确打击的实施。机器人具有智能决策、自我学习和机动侦察的能力，以比士兵更快的速度观察、思考、反应和行动，可以在非常危险的环境中协同作战。操作人员只需下达命令而不需要任何同步控制，机器人就可以自动完成任务并自行返回。

三、综合保障灵敏化：动态自适应性后勤

物联网似乎是专为军队后勤"量身打造"的一项完美技术，可以弥补后勤领域的诸多不足：首先，物联网的应用可以有效避免后勤工作的盲目性。随着射频识别、二维条形码和智能传感等技术的突破，物联网无疑能够为自动获取在储、在运、在用物资信息提供方便灵活的解决方案。在各种军事行动过程中，物联网有助于在准确的时间、准确的地点向作战部队提供合适的补给，避免多余的物资涌向作战地域，造成不必要的混乱和浪费；同时还能够及时掌握物品更换和补充的精确时间，实时获知特殊物资的运输要求，恰当安排操作人员、工具和设施；并根据战场环境变化，有预见性地做出决策，自主协调、控制、组织和实施后勤行动，实现自适应后勤保障。

其次，物联网的应用能最大限度地提高补给线的安全性。基于物联网的后勤体系具有网络化、非线性的结构特征，具备很强的抗干扰和抗攻击能力；不仅可以确切掌握物资从工厂运送到前方"散兵坑"的全过程，而且可以优化运输路线、提供危险警报、在途中改变车辆任务；特别是可以把后勤保障行动与整个数字化战场环境融为一体，实现后勤保障与作战行动的一体化，使后勤指挥官随时甚至提前做出决策，极大地增强后勤行动的灵活性和危机控制能力，全面保障后勤运输安全。

建立以物联网技术为基础的军用物资在储、在运和在用状态自动感知与智能控制信息系统，在各类军用物资上附加统一的相关信息电子标签，通过读写器自动识别和定位分类，可以实施快速收发作业，并实现从生产线、仓库到散兵坑的全程动态监控；在物流系统中利用射频识别与卫星定位技术，可以完成重要物资的定位、寻找、管理和高效作业。目前，国际上已有沃尔玛等大型连锁零售机构建立起了相关的物流运行体系，其示范应用对国防和军队建设具有重要借鉴作用。在各类军用车辆、车载武器平台及飞机、舰船等加装单项或综合传感器，可构建起统一的"装备卡"识别体系。从而对军用车辆和武器平台等定位、分布与聚集地、运动状态、使用寿命周期等实现状态感知；对武器装备完好率、保养情况等实现状态感知；对联合作战信息系统，实现宏观监控与管理。目前发达国家智能工程计划已相继启动，这无疑对未来实现融合式发展具有重要推动作用。建立以单兵电子生命监测系统为基础的卫勤保障信息链，对于战场及突发事件现场实施伤病员定位搜救与身份确认具有重要价值。通过电子信息传感器，可有效实现生命体征动态监测和卫勤伴随保障，从而有针对性地做好应急救援准备，精确调度卫勤力量与资源，全面提升卫勤保障能力。

四、物联网将触发新一轮军事变革

物联网概念的问世，对现有军事系统产生了巨大冲击。它的影响绝不亚于互联网在军事领域的广泛应用，将触发新一轮军事变革，使军队建设和作战方式发生重大变化。当前，世界主要军事强国已经嗅到了这股浪潮的气息，纷纷制定标准、研发技术和推广应用，以期在新的军事变革中占据首发位置。虽然物联网的概念已经引起世界各国和军队的关注，但许多核心技术还有待攻克，发展之路仍然十分漫长。物联网的军事应用尚处于起步阶段，标准、技术、运行模式以及配套机制等还远没有成熟。例如，军事信息安全尚存在较大问题。

在未来的物联网中，每件装备的相关信息都被"贴"在网上，随时随地有可能被他人看到。如何确保信息安全、防止军事信息被他人利用，是物联网在军事领域推进过程中的最大障碍。物联网在很多场合都需要无线传输，美军认为"攻破无线系统是轻而易举的事情"，而类似"安全壳"（Secure Shell）和"安全套接层"（Secure Socket Layer）的基础安全技术目前还在试验中，恐怖分子很可能会利用射频识别技术来刺探美军武器装备的机密并加以利用。同时，物联网本身规模庞大，漏洞肯定不少。一旦遭到破坏，不但会影响到物联网本身的运行，而且会危及国家安全，甚至引发世界范围的互联网瘫痪，使人类社会陷入混乱，这是亟须引起注意的问题。

2.6　小结

物联网是世界信息产业的第三次浪潮，越来越多的国家和地区已将发展物联网确定为培育核心竞争力的战略重点。作为信息技术能力和信息化程度较高的地区，美国在物联网应用广度、深度以及智能化水平方面目前处于领先地位。美国拥有世界影响力巨大的跨国公司，其对物联网发展的战略布局及产业发展影响巨大。美国的物联网应用重点在智能电网、医疗、家居、交通以及国防军事等领域。

第3章

欧盟物联网发展纵览

内容提要

　　欧盟作为世界上最大的区域性经济体,其在物联网发展战略和政策规划方面形成了较为系统的体系。本章将从欧盟物联网的发展历史及整体发展情况着手,着重介绍欧盟物联网发展战略和政策,分析其物联网架构体系,并对欧盟的物联网技术、标准和知识产权、物联网典型应用情况进行分析。

欧盟在信息化发展中落后美国一步，但欧盟始终不甘落后。完善的物联网战略规划是欧盟物联网发展的重要特征。欧盟认为，物联网的发展应用将为解决现代社会问题作出极大贡献，因此非常重视物联网战略。

3.1　物联网发展概况

作为世界上最大的区域性经济体，欧盟建立了相对完善的物联网政策体系。从最初的信息化战略框架，到物联网产业逐渐成熟起来后出台的一系列行动计划、框架计划、战略研究路线图等，经过多年的发展积淀，欧洲地区的物联网政策已陆续出台了涵盖技术研发、应用领域、标准制定、管理监控、未来愿景等较为全面的报告文件。与此同时，为了配合政策实施，推动产业发展，欧盟还设立了专门的项目机构。比如，欧盟电信标准化协会下的欧洲 RFID 研究项目组的名称也变更为欧洲物联网研究项目组，致力于物联网标准化的研究工作。而欧盟第七框架计划研究系列则通过设立 RFID 和物联网研究项目组，来进一步促进欧盟内部物联网技术研究上的协同合作。

欧洲的信息社会之路可追溯到 20 世纪末。1994 年欧盟提出了"欧洲之路"计划，旨在加速开放电信业。此后，在看到社会的迅猛变革以及信息通信技术的突飞猛进后，欧盟认为"欧洲之路"计划已经现出无力和单薄。

1999 年欧盟在里斯本推出了"e-Europe"全民信息社会计划。它高调宣布信息社会将会给古老的欧洲带来无限利好。

2005 年 4 月，欧盟执委会正式公布了未来 5 年欧盟信息通信政策框架——Initiative "i2010：European Information Society 2010"，提出：为迎接数字融合时代的来临，必须整合不同的通信网络、内容服务、终端设备，以提供一致性的管理架构来适应全球化的数字经济，发展更具市场导向、弹性及面向未来的技术。旨在提高经济竞争力，并使欧盟民众的生活质量得到提高，减少社会问题，帮助民众建立对未来泛在社会的信任感。

2006 年 3 月，欧盟召开会议"From RFID to the Internet of Things"，对物联网做了进一步的描述。

2006 年 9 月，当值欧盟理事会主席国芬兰和欧盟委员会共同发起举办了欧洲信息社会大会，主题为"i2010——创建一个无处不在的欧洲信息社会"。

3.2　战略布局和发展政策

为了推动物联网的发展，欧盟电信标准化协会下的欧洲 RFID 研究项目组的名称也变更为欧洲物联网研究项目组，致力于物联网标准化相关的研究。

欧盟是世界范围内第一个系统提出物联网发展和管理计划的机构。2008 年在法国召开的欧洲物联网大会的重要议题包括未来互联网和物联网的挑战、物联网中的隐私权、物联网在主要工业部门中的影响等内容。欧盟委员会和欧洲技术专家们则将目光重点放在 EPCglobal 网络架构在经济、安全、隐私和管理等方面的问题上，他们希望能够建立一套公平的、分布式管理的唯一标识符。

3.2.1　欧盟第七框架计划

为整合各成员国的科研力量，提升欧洲总体研究水平，欧盟从 1984 年起已顺利实施了 6 个框架计划并取得了丰硕的成果。历经两年的精心准备，欧盟第七框架计划（以下简称 FP7）于 2007 年 1 月下旬正式启动，预计于 2013 年完成。"欧盟科技框架计划"作为当今世界上最大的官方科技计划之一，是欧盟成员国共同参与的重大科技研发计划，也是欧盟投资最多、内容最丰富的全球性科研与科技开发计划，以研究国际前沿和科技难点为主要内容。

FP7（2007—2013 年）经费投放与之前相比大幅增加，总金额达 532 亿欧元；重视"国际合作"和"人力资源流动"两大专项计划，更加鼓励第三国的高水平科学家与欧洲科学家共同参与框架计划，实现欧盟"更能吸引世界顶尖人才"的目标；着力提升基础研究的地位，增加基础研究项目立项的数量，促进欧盟多个大型科技研发平台的建设（如移动通信技术研究平台、纳米电子技术研发平台等）；加强"科学与社会"专项计划，推动欧盟实现其在 2010 年成为"世界上最具活动和竞争力的知识型经济体"的目标。

在此计划中，信息通信技术（Information and Communication Technologies，ICT）研发是最大的一个领域，达到 91 亿欧元，占合作计划总经费的 28.2%[20]。ICT 研究的主要目标是增进欧洲信息产业界的整体竞争力，使欧洲有能力掌握及开拓未来 ICT 技术发展的方向，以应对社会及经济发展的需求。研究活动将加强 ICT 领域的科技基础，借助各类产品的实际应用，刺激 ICT 的持续创新，并确保先进 ICT 技术能被快速转化为有益于欧洲公民、工商业以及政府部门活动的产品。研究方向着重于提升不同 ICT 类型的软硬件设备，协调各种相关技术的整合，及其应用于各种不同的领域的功能。主要研究方向为：

1. 纳米电子学、纳米光学以及微/纳米系统的整合

（1）随时随地且无容量限制的通信网络；

（2）嵌入式系统，计算与控制；

（3）软件、网络、安全与可靠性；

（4）知识认知与学习系统；

（5）虚拟、想象互动与混合实境；

（6）信息通信技术在其他科研领域中的应用（包括物理、生物技术、材料科学、生命科学以及数学等领域）。

2．技术整合

（1）个人环境：包含所有相关个人通信的技术与设备；

（2）居家环境：居家通信、监控与家庭服务系统；

（3）机器人系统：先进的机器人系统具有认知、拟人化的智能；

（4）智能基础设施建设：提高日常生活质量、更容易使用与控制的基础设备。

3．信息通信技术的应用研究

（1）信息通信技术面对的社会挑战：运用新颖系统、先进材质、设备与技术以提升医疗、环境、政府部门等与公众福利相关领域的质量与效率。

（2）数字内容、创意以及个人发展：①新媒体，发展新型电子媒体与范例，包含各种娱乐、创造交互式数字内容提要、充实使用者经验、增进信息传播效益、数字内容版权管理以及综合性媒体等。②新学习系统，运用 ICT 技术创造新型学习方式，并增进学习的效率与质量。③文化，以 ICT 技术为基础支持与提高数字文化的使用效益。

（3）支持工商业的 ICT 新型商务处理流程：创造新型特别是适用于中小型企业或组织的商业合作与交易模式。

（4）加强信任的 ICT 技术：提高身份管理、权限验证、隐私权保持以及电子数据保护、防范黑客入侵等的技术。

4．未来的新兴技术

支持发展各类 ICT 的尖端知识以及 ICT 与其他领域学科结合的相关研究，吸收各类新想法与创新应用，并且探索 ICT 研究路线上各种可能的新选择。

3.2.2　欧盟物联网行动计划

2000 年 3 月在葡萄牙的里斯本举行的欧洲首脑特别会议上，欧洲理事会提出了一个未来十年的战略目标——使欧盟成为世界上最有竞争力、经济最活跃的知识经济体。为了实现这个目标，需要一个全球性的战略，即建设"为所有人的信息社会（Information Society for all）"。在这个过程中，欧盟具体实施了一个行动计划——"e-Europe"行动计划，旨在充分利用欧洲的整体电子潜力，依靠电子业务和互联网技术及其服务，使欧洲在核心技术领域，例如移动通信方面保持领头羊的地位。

2005 年 6 月 1 日，欧盟委员会在比利时的布鲁塞尔公布了一个新的战略计划——Initiative "i2010：European Information Society 2010"，其目的在于促进欧盟经济增长和创造就业。"i2010-Initiative"是一个全面的战略计划和目标，是继 2000 年欧洲理事会制定的里斯本战略目标"到 2010 年把欧洲建设成世界上最有竞争力、经济最活跃的知识经济体"后，提出的又一个重要的战略计划，是欧盟为了应对现代信息社会的巨大挑战的一个产物。"i2010-Initiative"包括一系列措施和政策，计划在 2005—2010 年之间实现。在该战略计划中，欧盟最注重的是 ICT（信息通信技术）的创新和研发投入及其对国民经济发展的影响，关心 ICT 产业——信息服务业的发展所带来的巨大经济前景。

2006 年 3 月，欧盟召开会议"From RFID to the Internet of Things"，对物联网做了进一步的描述。2008 年在法国召开的欧洲物联网大会的重要议题包括未来互联网和物联网的挑战、物联网中的隐私权、物联网在主要工业部门中的影响等内容。欧盟委员会和欧洲技术专家们则将目光重点放在 EPCglobal 网络架构在经济、安全、隐私和管理等方面的问题上，他们希望能够建立一套公平的、分布式管理的唯一标识符。

2009 年 6 月，欧盟委员会向欧洲议会、理事会、欧洲经济和社会委员会及地区委员会递交了《欧盟物联网行动计划》，以确保欧洲在建构物联网的过程中起主导作用。

《欧盟物联网行动计划》提出了以下政策建议：

（1）加强物联网管理。包括：制定一系列物联网的管理规则；建立一个有效的分布式管理（decentralized management）架构，使全球管理机构可以公开、公平、尽责地履行管理职能。

（2）完善隐私和个人数据保护。包括：持续监测隐私和个人数据保护问题，修订相关立法，加强相关方对话等；执委会将针对个人可以随时断开联网环境（the silence of the chips），开展技术、法律层面的辩论。

（3）提高物联网的可信度（Trust）、接受度（Acceptance）、安全性（Security）。

（4）推广标准化。执委会将评估现有物联网相关标准并推动制定新的标准，持续监测欧洲标准组织（ETSI、CEN、CENELEC）、国际标准组织（ISO、ITU）以及其他标准组织（IETF、EPCglobal 等）物联网标准的制定进程，确保物联网标准的制定是在各相关方的积极参与下，以一种开放、透明、协商一致的方式达成。

（5）加强相关研发。包括：通过欧盟第 7 期科研框架计划项目支持物联网相关技术研发，如微机电、非硅基组件、能量收集技术（energy harvesting technologies）、无所不在的定位（ubiquitous positioning）、无线通信智能系统网（networks of wirelessly communicating smart systems）、语义学（semantics）、基于设计层面的隐私和安全保护（privac-and security-by design）、软件仿真人工推理（software emulating human reasoning）以及其他创新应用，通过公私伙伴模式支持包括未来互联网（Future Internet）等在内的项目建设，并将其作为刺激欧洲经济复苏措施的一部分。

（6）建立开放式的创新环境。通过欧盟竞争力和创新框架计划（CIP）利用一些有助于提升社会福利的先导项目推动物联网部署。这些先导项目主要包括 e-health、e-accessibility、应对气候变迁、消除社会数字鸿沟等。

（7）增强机构间的协调。为加深各相关方对物联网机遇、挑战的理解，共同推动物联网发展，欧盟执委会定期向欧洲议会、欧盟理事会、欧洲经济与社会委员会、欧洲地区委员会、数据保护法案 29 个工作组等相关机构通报物联网发展情况。

（8）加强国际对话。加强欧盟与国际伙伴在物联网相关领域的对话，推动相关的联合行动，分享最佳实践经验。

（9）推广物联网标签、传感器在废物循环利用方面的应用。

（10）加强物联网发展的监测和统计。包括对发展物联网所需的无线频谱的管理，对电磁影响等管理。该行动计划系统地提出了物联网发展的管理设想，在世界范围内尚属首次。其中，管理体制的制定、安全性保障和标准化是行动计划的重点。从该计划可以看出，欧盟力图掌握未来信息社会竞争的主动权，希望借助物联网的发展，实现"弯道超车"，改变互联网的发展落后于美国的局面。

针对上述 10 项建议，欧盟提出了以下 8 个方面 12 项具体的行动计划：

（1）管理方面的行动

随着物联网的发展，架构的识别、信息安全的保障等管理问题逐渐浮出水面，为了解决这些问题，欧盟委员会决定采取以下行动，即行动 1：

① 在各主要论坛讨论和决策与物联网管制相关的各种定义和原则；

② 制定独立的、非中心化的管制架构，在架构中要考虑透明性、竞争性和责任性。

（2）隐私及数据保护方面的行动

这一问题涉及两个方面：一是隐私和个人数据保护对物联网会产生影响。例如家庭安装医疗监控系统可获得病人比较敏感的数据，因此，要让人们信任并接受这一系统，适当的数据保护措施和防止个人数据错误使用、出现风险是关键因素。二是物联网可能会影响人们对隐私的理解。例如移动电话和在线交友网的出现，对人们的生活方式，特别是年轻人的影响是十分明显的。

为此，欧盟针对上述问题采取了两项行动：继续监控和"芯片沉默"的权利。

行动 2，继续监控：对于隐私和数据保护问题继续监控。最近，欧盟采取了一项建议——为 RFID 应用的运行中出现的隐私和数据保护区原则提供指导。2010 年，公布实施更广义的、面向无所不在的信息社会隐私方面的指导。

行动 3，"芯片沉默"的权利：欧盟委员会将开展是否允许个人在任何时候从网络分离的辩论。所谓"芯片沉默"的权利是指不同作者在不同名字下表述个人想法时，应可随时断开网络环境。公民应该能够读取基本的 RFID（射频识别技术）标签，并且可以销毁它们以保护公民的隐私。当 RFID 及其他无线通信技术使设备小到不易觉察时，这些权利将变得更加重要。

（3）信任、可接受度和安全方面的行动

在商业范畴，信息安全可解释为可实现性、可靠性、商业信息的保密性。对于一个企业来说，他们关注的是谁接入了他们的信息，这些信息会不会披露给第三方。这些看似简单的问题，却对商业运作产生深远的影响。考虑到物联网推出后对个人和商业产生的安全方面的影响，欧盟制订了两项行动计划：确定潜在危险和物联网是重要的经济和社会资源。

行动 4，确定潜在危险：欧盟委员会将按照 ENISA 已经开展的工作，采取进一步适当的行动，包括管制和非管制的措施，为物联网提出可能出现的信任、可接受性和安全性挑战提供政策框架。

行动 5，物联网是重要的经济和社会资源：物联网发展是否能达到期望的结果，将对经济和社会发展产生重要的影响。因此，欧盟委员会将密切跟踪物联网基础设施的发展，并将其纳入欧洲重要的资源之列，特别是要把相关活动与重要信息基础设施的保护联系在一起。

（4）标准化方面的行动

在物联网的发展中，标准化起着重要的作用。标准化过程一方面要实现与现有标准的对接，另一方面在需要时应发展新的标准。IPv6 的迅速部署，对物联网的普及意义重大。

行动 6，标准化：即对现有标准进行评价，包括与物联网相关的事宜或在必要时推出新的内容。此外，欧盟委员会还将对欧洲标准化组织（ETSI、CEN、CENELEC）、国际合作伙伴（ISO、ITU 和其他标准化组织和机构）的发展进行跟踪。欧盟将在开放、透明、统一的模式下审议物联网标准的发展，特别是在面向所有利益团体时，这种模式更为重要。

（5）研发方面的行动

行动 7，研发：欧盟委员会将继续在 FP7 研究项目中加大物联网的投入，关注重点技术，如微电子、非硅组件、能源获取技术、无所不在的定位、无线智能系统网络、安全设计、软件仿真等。

行动 8，公共与私人部门的合作：欧盟委员会正在准备建立四个公共和私人合作领域，分别是绿色汽车、能源效率建筑、未来工厂和未来互联网，其中物联网是重要的领域之一。这是欧盟复兴打包计划的一部分，目标是协调现有 ICT 研究和未来互联网发展的关系。

（6）面向创新开放方面的行动

物联网系统在设计、管理和使用上将由不同商业模式和各种利益方驱动，它将成为创新的催化剂。虽然与物联网相关一些技术已日趋成熟，但支持物联网的商业模式尚未建立。为此，欧盟委员会制定了创新和试验项目。

行动 9，创新和试验项目：除开展各项研究外，欧盟委员会将考虑通过推出试验项目来促进物联网应用的部署。这些试验将侧重于物联网应用，让社会能从中获取最大利益，比如电子医疗、气候变化、缩小数字鸿沟等。

（7）整体意识方面的行动

欧盟相关准备工作显示，业界和相关组织对物联网面临的机遇和挑战有整体了解的非常有限。有鉴于此，欧盟决定推出行动。

行动 10："整体意识"：欧盟委员会将定期向欧洲国会、理事会、欧洲经济和社会委员会、区域性委员会、数据保护工作组和其他相关机构通报物联网的发展情况。

（8）国际对话方面的行动

物联网系统和应用是无国界的，需要开展可持续的国际对话，包括管制、架构和标准等诸多方面。为此，欧盟委员会决定在国际对话方面采取以下两项行动：国际对话和对物联网推进进行评估。

行动 11，国际对话：欧盟委员会将加强在物联网所有领域与国际对话的力度，主要是与合作伙伴之间。目标是采取联合行动、共享经验、促进上述各项活动的实施。

行动 12，对物联网推进进行评估：在欧盟委员会层面，要采取多种机制监控物联网的演进、支持各种相关活动的执行。由欧洲公共局对各种措施进行评价。欧盟委员会将利用 FP7 来开展这一工作，汇集各方力量，确保与世界其他地区的定期对话和经验共享。

"Internet of Things – An action plan for Europe"的物联网行动方案，描绘了物联网技术应用的前景，并提出要加强欧盟对物联网的管理，消除物联网发展的障碍。欧盟提出物联网的三方面特性：第一，不能简单地将物联网看做互联网的延伸，物联网是建立在特有的基础设施基础上的一系列新的独立系统；当然部分基础设施要依靠已有的互联网。第二，物联网将与新的业务共生。第三，物联网包括物与人通信、物与物通信的不同通信模式。物联网可以提高人们的生活质量，产生新的更好的就业机会、商业机会，促进产业发展，提升经济竞争力。

2009 年 11 月，欧盟发布了《未来物联网战略》，提出要让欧洲在基于互联网的智能基础设施发展上领先全球，除了通过信息与通信技术研发计划投资 4 亿欧元、90 多个研发项目以提高网络智能化水平外，欧盟委员会还将于 2011—2013 年间每年新增 2 亿欧元进一步加强研发力度，同时拿出 3 亿欧元专款，支持物联网相关公私合作短期项目建设。2009 年 12 月 15 日，欧洲物联网项目总体协调组发布了《物联网战略研究路线图》，将物联网研究分为感知、宏观架构、通信、组网、软件平台及中间件、硬件、情报提炼、搜索引擎、能源管理、安全等 10 个层面，系统地提出了物联网战略研究的关键技术和路径。

3.3　物联网技术、标准和知识产权情况

目前，欧洲在物联网的技术架构和标准方面，已经建立起完备的架构体系，但在物联网知识产权方面，欧洲仍处于发展的初始阶段。

3.3.1　物联网技术体系架构

本节主要从 IOT-A 体系架构、SENSEI 架构、CASAGRAS 架构和 BRIDGE 架构四种架构体系，来分别介绍欧洲在物联网技术方面的发展情况。

3.3.1.1　欧洲 IOT-A 的体系架构

随着物联网技术及应用的快速发展，感知层的技术除 RFID 和传感器外，还包括有更多的技术，如无线传感器网络、GPS、多媒体信息采集等；传输层、处理层和应用层也是如此。因此，单一的 RFID 架构或者 RFID-传感器整合架构都不能满足物联网的需求，需要抛开具体的技术，建立一套完整、开放的架构体系来指导物联网的发展。2011 年，欧洲 IOT-A 发布了《物联网初始架构参考模型》的报告，分别从功能和安全的角度对物联网架构进行了分析和说明[59]。

一、功能角度的物联网架构

IOT-A 参考架构共分为七个功能组，如图 3-1 所示。第一个是应用程序功能组。该组描述了建立在 IOT-A 架构实施之上的应用程序所提供的功能。第二个是过程执行和服务编排功能组。该组组织并显示物联网资源，使它们对外部实体和服务具有可用性。通过这组功能以及显示它们的应用编程接口（API），物联网服务可为外部实体所用并且可由外部实体进行编排。第三个是虚拟实体和信息功能组。该组维护并组织与物理实体有关的信息，启用搜索服务，显示与物理实体有关的资源。该组还可以启用针对服务的搜索，这些服务以与它们相关的物理实体为基础。查询特定的物理实体时，该功能组将返回与该物理实体有关的服务地址。第四个是物联网服务和资源功能组。查询一个具体服务时，该组将返回其描述（说明），提供到显示资源的链接。该组还提供处理信息和通知应用软件的服务以及有关事件（这些事件与资源和对应的物理实体有关）的服务所需的功能。第五个是设备连通和通信功能组。该组提供了针对设备连通性和通信的方法和原语集合（第一个是指一个设备成为网络一部分的可能性，第二个是指该设备成为消息来源或目的的可能性）。另外，该组还包含针对基于内容的路由的方法（见表 3-1）。

除了这些"纵向"功能组以外，还确定了两个"横向"功能组。横向功能组提供之前讨论的每个纵向功能组所需的功能。支配横向功能组的政策不仅适用于它们自身，也与纵向功能组有关。当然，对于拟生效的一项安全政策来说，它必须保证没有任何一个

组件提供的功能会规避这项政策并提供未经授权的访问。这一条同样适用于"不要对有些组件过高而对其他组件过于宽松"的服务质量预期。第六个是管理功能组。为能有效管理计算资源，必须由单独的一组功能进行管理。第七个是安全功能组。安全功能必须由不同的功能组统一使用。具体说来，应统一使用存取控制政策，从而避免未经授权的应用程序获得访问敏感资源的权限。隐私也将通过假名强制执行，即访问物联网服务时，一个用户可使用不同的（一般）身份。

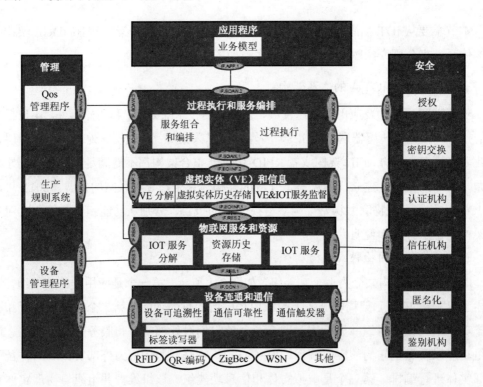

▶ 图 3-1   IOT-A 功能视角的物联网架构

表 3-1   纵向功能组说明

过程执行和服务编排	虚拟实体和信息	物联网服务和资源	设备连通和通信
服务组合和编排	虚拟实体解析	物联网服务解析	通信统一
在应用层执行由过程-建模应用程序定义的物联网-感知过程模型。这是通过利用按照服务-组合和编排组件编排的物联网服务而实现的。基本任务是：（1）部署针对服务执行规划的过程模型；（2）举例说明这些服务	此功能组件提供检索服务（这些服务将暴露与特定虚拟实体有关的资源）列表的功能。如果用户没有识别定义虚拟实体，该组件还将提供基于一个描述检索虚拟实体的功能	维护并提供有关一个确定的服务信息：（1）可使用该组件更新一个服务的描述；（2）检索该描述；（3）提供确定的服务地址	此功能组件提供对物联网设备的访问，该组件对设备技术一无所知。它还要保证所有设备都具有互操作性。达成这一目的的主要方案是在不同协议堆栈之间提供桥梁并识别收敛点

续表

过程执行和服务编排	虚拟实体和信息	物联网服务和资源	设备连通和通信
过程执行	虚拟实体&物联网-服务监督	资源历史存储	通信可靠性
利用物联网-服务-资源功能组提供的功能：（1）提高信息质量；（2）支持灵活的服务；（3）编排物联网服务	此功能组件维持虚拟实体、资源和暴露服务之间的联系	提供针对资源产生的测量值（资源历史）的存储能力，还提供有关存储信息处理的其他服务。对于部署问题，应该指出的是该组件和虚拟-实体历史存储宿主在相同实体的相同存储中	考虑到流经物联网的信息的异质性，此功能组件将为检索不同来源的数据提供统一的接口。它将按照延时敏感性通信使用最有效的通信协议
	虚拟实体历史存储	物联网服务	设备可追溯性
	公布综合背景信息（PE 背景信息-动态和静态）、PE 状态信息、PE 能力。对于部署问题，应该指出的是该组件和资源历史存储可以宿主在相同的实体上	根据用户/应用程序定义的规则或过程解释并处理信息。它甚至可能涵盖定期分析信息，并向服务消费者发送通知的数据挖掘过程	多数物联网设备都受到不同可用率的限制（占空比、被动 RFID 等）。此功能组件提供了增强设备可追溯性的方法，比如移交、访问日志等
			通信触发器
			根据政策、事件或计划触发通信的建立
			标签读写器
			读取标签值，并将其用做到标签的通信接口

1．应用组

应用组主要任务是过程建模，即提供物联网感知过程的建模环境。这些过程将在过程-执行功能组件中进行排序并加以执行。业务-过程-建模组件在应用层内，因为它是用于构建基于物联网-架构的应用程序的必要外部工具。具体包括两个子部分：一是过程-模型设计程序。该应用程序提供了创建可在过程-执行组件中执行的模型表示的能力。另一个是物联网业务-过程建模程序。使用标准化符号，即专门处理物联网生态系统风格的全新建模理念，提供业务过程建模所需的工具。

2．过程执行和服务编排组

过程执行和服务编排组包括服务组合和编排与过程执行两部分。

服务组合和编排部分的目的是利用物联网-服务和资源功能组提供的服务功能，提高信息质量、支持灵活的服务组合和编排物联网服务。提高信息质量：即可利用此功能组通过组合不同来源的信息提高信息质量。比如，可根据通过若干资源获得的信息计算原本不确定性较低的平均值。支持灵活的服务组合：即提供由其他服务组成的复杂服务的动态解析。这些可组合的服务是根据其可用性和申请用户的访问权限而选择的。编排物联网服务：即此处理物联网-用户请求的相关服务。如果需要的话，将建立保存中间结果的临时资源，这些中间结果将被送入服务组合或复杂事件处理过程中；并设置服务优先级，支持服务的优先级划分。

　　过程执行部分的目的是执行在应用层中由过程-建模定义的物联网-感知过程模型。执行是通过使用物联网服务实现的，这些物联网服务由服务-组合-编排组件组成。主要功能有：向执行环境部署过程模型，即物联网-感知过程模型的活动应用于相关执行环境，这些环境通过查找和调用相关物联网服务完成实际过程。使应用（程序）要求与服务能力一致，即为执行应用程序，必须在可以调用具体服务前解析物联网服务要求。在执行过程中，服务的调用将继续向前延伸。这样，就可根据服务调用的成果执行下一个适当的过程。

3．虚拟实体和信息组

　　虚拟实体和信息组包括虚拟实体解析、虚拟实体历史存储和虚拟实体与物联网-服务监督等三部分。

　　虚拟实体解析的目的是：此功能组件维持一个虚拟实体与有关该虚拟实体的资源之间的链接。通过这个组件，可以检索与虚拟实体相关的暴露资源的服务列表，这些服务要么已经被申请者所掌握，要么可能通过提供该虚拟实体的说明而被发现。具体功能有：发现虚拟-相关服务，即发现虚拟与相关服务之间的新（以动态为主）关联。对于发现，可以考虑诸如位置、极近等限定符以及其他背景（上下文）信息。查找虚拟-相关服务，即搜索与虚拟实体相关的暴露资源的服务。更新虚拟-关联性，即更新物理实体（及相关虚拟实体）和与该实体有关的物联网资源之间的关联性。

　　虚拟实体和物联网-服务监督的目的是：维持虚拟实体、资源和有关该物理实体的暴露服务之间的关联性。具体功能包括：监督虚拟实体-资源关联性，即监督虚拟实体与物联网资源（这些资源宿主在附属于该虚拟实体的设备上）之间的关联性。监督虚拟实体-服务关联性，即监督虚拟实体与服务之间的现有关联性。维持虚拟实体-服务关联性，即维持虚拟实体与服务之间的静态关联性。鉴于此关联性的静态本质，不一定必须对其监督。

　　虚拟实体历史存储的目的是，公布综合背景信息（物理实体背景信息-动态和静态）、物理实体状态信息、物理实体能力。对于部署问题，应该指出的是，该组件和资源历史存储可以宿主在相同的实体上。具体功能包括获得虚拟实体历史，即保存并检索记录的、有关虚拟实体的信息[21]。

4．物联网服务和资源组

　　物联网服务和资源组包括物联网-服务解析、资源历史存储和物联网服务等三部分。

物联网-服务解析的目的是：维护并提供有关已确定的（已识别的）服务的信息。该组件可用来更新服务的描述以及检索该描述。具体功能包括：更新服务描述，即修改被物联网服务暴露的资源的描述；解析服务，即解析一个物联网服务的地址；获得服务描述，即检索一个物联网服务的描述；获得暴露一个资源的服务，即检索暴露搜索资源的服务列表。根据设备描述评注资源，即根据设备描述对信息加以语义注释，此功能提供了解释该设备提供的有关该物理实体的信息所需的元数据。

资源历史存储的目的是：提供针对资源产生的测量值（资源历史）的存储能力，并提供有关存储信息处理的其他服务。对于部署问题，应该指出的是该组件和虚拟-实体历史存储宿主在相同实体的相同存储中。具体功能包括获得资源历史，即检索已被一个资源记录的信息列表（资源历史）。

物联网服务的目的是：根据用户/应用程序定义的规则或过程解释并处理信息。它甚至可能包括定期分析信息并向服务消费者发送通知的数据挖掘过程。具体功能为处理信息，即根据设备描述解释并处理信息。

5．设备连通和通信组

设备连通和通信组包括通信统一、通信可靠性、设备可追溯性和通信触发器四部分。

通信统一的目的是：使此功能组件提供对物联网设备的访问权限，该组件对设备技术一无所知。达成这一目的的主要方案是在不同协议堆栈之间提供桥梁并识别收敛点。具体功能包括：查找公共网关，即查找最下层（在物联网堆栈中）的两个实施可互操作技术的设备，并允许这两个设备间通信。标签公布，即与自主活动设备不同，标签需要发送/提供信息的读写器。此功能暴露了作为虚拟实体的标签。公布设备关联性，即在设备层上将当前聚合状态告知资源和信息功能组。监督设备关联性，即监督网关后面的设备关联性和分组。评估设备描述，即执行语义设备描述之间的承诺，使得这些设备之间可实现信息交换。当然，对于能够交换信息的设备来说，需要使用一种通用语言。这种语言用于描述信息并确保信息交换的一致性。此功能保证了设备描述用语与该通用语言的一致性。

通信可靠性的目的是：考虑到流经物联网信息的异质性，此功能组件将为检索不同来源的数据提供统一的接口。它将按照申请应用程序的数据敏感性和延时宽容度而使用最有效的方法。具体功能包括：获得某特定内容的路径，即按照消息内容确定其路径。传递延时敏感信息，即传递延时敏感信息。建立时间敏感通信，即支持时间敏感资源宿主设备之间的可靠通信。

设备可追溯性的目的是：多数物联网设备都受到不同可用率的限制（占空比、被动RFID 等）。此功能组件提供了增强设备可追溯性的方法，比如移交、访问日志等。具体功能包括：检查设备授权，即确认该设备已经注册且授权在网络上通信。检查传输活动，即提供传输活动的实时状态。初始化设备漫游，即当设备改变网络位置时，更新定位器。

通信触发器的目的是：根据政策、事件或计划触发通信的建立。

6. 管理组

管理组包括 QoS 管理程序、设备管理程序和生产-规则系统三部分。

QoS 管理程序的目的是：使用该架构不同组件提供的功能时管理 QoS，然后将该信息提供给利用该资源的服务和应用程序。具体功能包括：评估政策，即管理由不同功能组件表示及支持的 QoS 要求的一致性。获得 QoS 政策，即将申请应用程序需要/支持的 QoS 告知"过程执行和服务编排"及"设备连通性和通信"。

设备管理程序的目的是：使用该架构不同组件提供的功能时管理 QoS，然后将该信息提供给利用该资源的服务和应用程序。具体功能包括：设置设备默认配置，即设备初始化时，向该设备提供可以使用的默认配置。更新设备固件，即更新该设备的固件。

生产-规则系统的目的是：该组件将用来表示并执行一组条件。满足这些条件后，该组件会自动触发一些预定义的行动。可使用这种规则确认虚拟实体、服务和平台的完整性。通过触发一个报警信号来初始化信号故障。

7. 安全组

安全组包括授权、密钥交换、认证机关、鉴别机关、信用和声誉及匿名化六个部分。

授权目的是：根据某资源/服务的所有人/管理员制定的政策，此功能组件决定是否应该授予或拒绝一个访问申请。具体功能包括：检查访问授权，即根据申请人 ID，控制对不同功能组中功能和信息的访问（如直接/在 SOA 服务/应用程序中）。选择安全的（加密的）通信协议，即选择该设备支持的、适合资源敏感性的安全通信协议（设备资源/支持的协议/敏感数据）。把资源标注为敏感环境，即将敏感资源保存在一个安全环境中。管理这些敏感资源的数据库可通过复制资源实现可靠性。

密钥交换的目的是：此功能组件由一个可信实体提供。它分配针对 M2M 通信的对称密钥。对于匿名化和隐蔽聚合，这些密钥可以是临时性的。

认证机关的目的是：提供按以下规定属性约束一个虚拟实体的证书——IP 地址和公共密钥。此外，它还认定由另一认证机关提供的证书。

鉴别机关的目的是：鉴别用户，并提供对其身份或所选匿名的认定。可以对该认定添加其他属性，如角色（职务）。它可以使用在不同域之间进行鉴别的联邦机制。

信用和声誉的目的是：根据从其他设备收到的推荐和反馈以及对设备行为和测量精度的直接观察，维护每个设备或服务的声誉。对于特定的域，此功能可以集中化。具体功能包括：评估资源可靠性，即对于关键服务或应用程序所用的资源来说，认定宿主可用资源的设备是值得信任的。

匿名化的目的是：提供支持用户隐私所需的功能（主要通过匿名/假名）。包括针对以下匿名的创建和管理——鉴别期间或鉴别之后激活一个假名的用户。具体功能包括：消除数据集痕迹，即在指定数据集中或在访问该服务期间删除该用户的 ID 痕迹。

二、安全角度的物联网架构

安全角度的物联网参考架构分为通信层与基础服务内的安全和隐私问题两部分。下面分述实现系统级隐私和安全需求的基本通信安全手段、功能组件和联系。

（一）通信

通信安全模型是在物联网通信方案中实现安全功能的架构起点。保障物联网协议层以上的通信安全难度很大，因为这时的资源一般都是受到限制的[22]。所以必须均衡带宽、功率、处理能力和安全功能方面的要求。

IOT-A 提出的模型是基于这样一个假设而设计的，即物联网设备空间可分为两大类：受限设备和非受限设备。受限设备包含大量各种的通信技术（和相关的安全方案），这为设计包含所有这些技术的模型提出了一个重大的问题。此外，还存在连接设备与自动 ID 设备之间功能方式和通信方式不同的问题，这进一步加剧了这种情况的复杂性。

一种方案可能是提供一个高度抽象的安全模型，从而减轻上述异质性。可是高度抽象性有时是毫无用处的，因为它没有为定义参考架构提供足够的约束，在构建一个具体的架构时也会产生同样的问题。在以下的通信模型中，IOT-T 通过分离高度异质性的域或从更具同质性的域中查询约束条件来解决这个问题，同时提供这两者之间的标准接口，如图 3-2 所示。

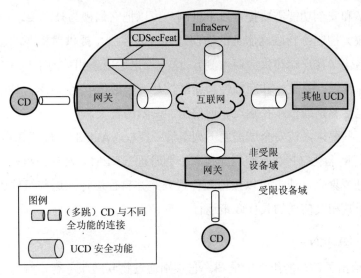

▶ 图 3-2 物联网通信安全

注：通过引入具有主动功能的网关，为每个物联网域的最底层提供最佳安全功能。CD—受限设备；UCD—非受限设备。CDSecFeat—针对受限设备的安全功能。

该方案是基于扩展网关设备功能的基础实现的。在非受限设备域与受限设备域之间的边缘上，在这两个域之间，网关起到了通信调整的作用。这通常涉及不同协议层实施直至网络层的调整。网关一般是非受限设备，这一事实意味着它们也可用于从 UCD 域功能缩减为 CD 域功能（如安全）。它们还可用于管理外设（受限设备）网络中的安全设置。为消除潜在的异质性，网关必须提供以下功能：不同网络之间的协议适配；网关本身与UCD 域其他节点之间的连通；管理外设网络所属的安全功能；描述与输出流量有关的安全选项；按照用户定义的政策过滤输入流量，这些政策将考虑输入流量的安全选项、目标节点偏好等[23]。

网关是不相关的，因此在端到端层上是不可见的。除了端到端安全，底层可以使用跨越网络子域或针对点对点通信的异质安全功能。这些层提供的安全设置对于需要及管理通信的应用程序应该是可用的。

尽管网关是最适合提供有关底层网络安全设置信息的元素，但这种方案也存在一些问题。所以，还要考虑并分析其他方案，特别是它们与现有标准和协议的交互方式。

（二）基础服务

为在应用层确保安全性及保护隐私，必须在安全功能的顶层提供一组安全功能：物联网基础组件的信任（如解析/查找、授权或认证机关）；物联网参与者的信任（物联网、服务调用者和供应商）；问责通过物联网执行的行动；基础设施处理的数据的隐私；向用户提供敏感资源时，与敏感资源有关的隐私。

虽然某些情况下问责和隐私功能之间可能存在矛盾，但仍需提供这两种功能的机制，而根据参考架构得出的具体架构应该平衡这些具体折中方案。

上述隐私和安全功能需要提供以下机制，可以把它们视为技术要求：解析/查找服务的访问（存取）控制；物联网服务的访问（存取）控制，提供对资源的访问；人和物联网服务的匿名化（客户端和供应商一侧），这一点也适用于相关的虚拟实体；用户鉴别；交换信息的保密性、完整性和新鲜性。新鲜性是一个通信-安全概念，是指重放攻击无法进行。它还包括鉴别通信路径端点和通信用加密术的含义。

为满足这些要求，该安全域需要下列组件：授权（AuthS）、信任和声誉（TRA）、鉴别（AuthN）、匿名化（PN）、密钥交换和密钥管理（KEM）及认证机构（CA）。这些组件可进行共址或聚合，或者可以按地理位置分布并自行运行。这些组件还有可能被不同的操作者按反映相关信任的具体政策运行。

1. 鉴别（AuthN）

图 3-3 给出了该功能组件的框图。它鉴别通过物联网服务客户端访问基于物联网的架构资源的用户。如果鉴别是基于认证的，该鉴别组件将利用认证机关。

在多数情况下，可代表一个特定用户触发信息请求或服务解析，这种情境对于自主运行的应用程序也有效。该用户必须经过鉴别，并且要提供服务客户端正在代表一个用户而行动的相关认定。此功能由鉴别组件提供且可在以下情况下调用：①需要 ID 认定以便与其他组件（如授权、信任和声誉等）交互或通过物联网-服务访问资源的用户。这种情况可能在离线状态下发生。在后一种情况下，该用户首先请求认定将要在第二步中使用的身份，以便从授权组件（连同密钥交换）申请需要的证书。这些证书可以在离线状态下使用。②从一个用户那里收到一个请求的物联网服务（供应商一侧）。该用户在请求中提供了一个 ID 认定。该物联网服务的任务是确认 ID 认定，为此它联系鉴别组件。该组件确认身份或所选假名的认定。③有效的且想要加入通过 Kerberos 协议加密的系统的物联网-服务提供商（供应商）。④在请求离线授权证书时需要确认由一个用户提供的 ID 认定的授权组件。

　　作为鉴别成功或失败的结果，鉴别组件还可触发关于密钥-交换-管理组件的动作。该组件可按照区域或企业定义的政策使用针对不同域之间鉴别的联邦机制。

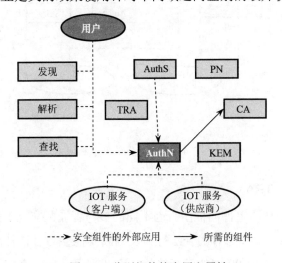

▶ 图 3-3　鉴别组件的应用和属性

2. 授权（AuthS）

　　图 3-4 给出了该功能组件的框图。授权组件根据资源/服务的所有人/管理员制定的政策控制对信息（包括解析和发现信息）的访问。授权决定是否准予或拒绝一个访问。

　　确定了下述两种基本方法：①实时方法：一个执行点拦截鉴别用户对资源/服务的所有访问，并触发授权组件评估访问政策；②基于证书的方法：用户呈递（提交）证明访问合法的证书。此外，请求中可以包括属性（如职务）。授权组件负责确定应该在证书中编码哪种访问权限。

　　第一种方法是一种针对各类资源访问（包括 Web 服务在内）的常规解决方案。第二种方法是在无法保证可用性或与所有实体的通信时使用，这种情况与流动用户有关。在这两种方法中，在决定准予或拒绝访问时还需具备其他信息或证书（如有关信任方面的）。

　　该组件也为对其资源提供离线访问的物联网服务所用。该做法的目的在于得到确认潜在用户离线证书的（加密）方法。保存和管理访问权限的变化也是授权组件的任务之一，这项任务对于每种方法是不同的。授权组件可以分割成与政策执行、决策和管理有关的子组件。

　　该组件可以按照区域或企业定义的政策使用针对不同域之间鉴别的联邦机制。

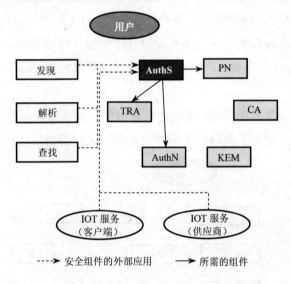

▶ 图 3-4　授权组件的要求和应用

3. 信任和声誉（TRA）

　　图 3-5 给出了该功能组件的框图。因不同的参与者彼此交互，需要一种建立信任的方法。这种信任包括一个参与者的合法行为及判断其他参与者信任度的能力的声誉。一个完全集中式的系统并非物联网的可行选择，因此需要具备一个能记录每个设备或服务声誉的功能组件。这种声誉既可以推荐为基础，又可以从其他设备、基础服务（如鉴别）处收到的反馈为基础。该设备也可基于对物联网服务的直接观察，或基于对提供的数据精度的衡量。同时，还要考虑协议底层上安全功能的存在以及安全功能的强度。此功能可以通过在小域中运行的联邦分布架构实现，但在这些域中它必须具有容错性。

4. 匿名化（PN）

　　图 3-6 给出了该功能组件的框图。该组件包括针对以下方面匿名（假名）的创建和管理：①以鉴别为目的或在稍后为与物联网服务交互而使用一个匿名的用户；②提供资源使用权的物联网服务，这些服务必须使用匿名来保护增加对象的所有者或使用者的隐私。匿名组件也为授权组件所用，用来判断提供匿名认定的用户是否有权访问指定资源/服务。

　　在创建一个经过认证的匿名期间，用于通过 CA 登记相关证书的密钥对由 KEM 创建。

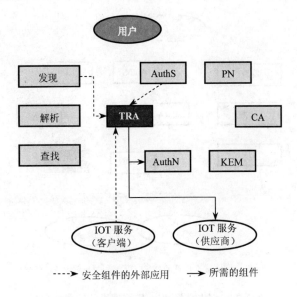

▶ 图 3-5　信任和声誉组件的属性和应用

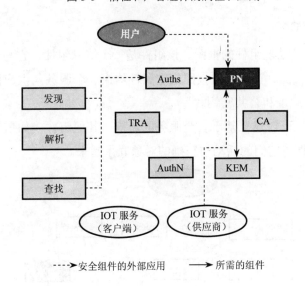

▶ 图 3-6　匿名化组件的属性和应用

5．密钥交换和管理（KEM）

图 3-7 给出了该功能组件的框图。该组件提供创建、分发和管理密钥的功能。这种密钥既可以是对称的（M2M 通信），也可以是非对称的（对于匿名化和隐蔽聚合）。生成的密钥可以是临时性的，从而用于单个时间区间有限的任务[24]。寿命更长的密钥必须在认证机关登记。

用于通信加密的密钥保存在密钥-交换-管理组件上，而用于鉴别的密钥则保存在认证机关。

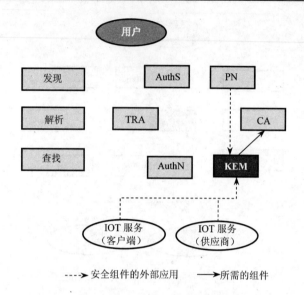

▶ 图 3-7　密钥-交换和密钥-管理组件的属性和应用

6. 认证机关（CA）

图 3-8 给出了该功能组件的框图。该组件是一个继承组件，它与认证机关提供的功能几乎相同。具体来说，它能提供按照规定属性约束一个服务（供应商一侧或客户端一侧）的证书，如 IP 地址和公共密钥。

根据这些证书，可以建立基于安全服务的通信。其他组件，如信任和声誉以及授权组件，要依靠该组件将它们的活动与正确的对象联系起来。

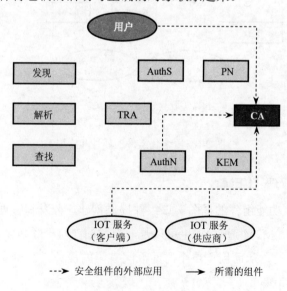

▶ 图 3-8　认证机关的使用

3.3.1.2　SENSEI 架构

未来网络中实际和虚拟世界集成项目（Integrating the Physical with the Digital World of the Network of the Future，SENSEI），是在欧盟第七框架计划下的一项工程，由芬兰、法国、德国、意大利、爱尔兰、荷兰、挪威、塞尔维亚、罗马尼亚、西班牙、瑞典、瑞士和英国的产业界、大学与研究中心联合执行的。欧盟第七框架计划资助了该项目 1490 万欧元（项目总经费为 2320 万欧元）。该项目于 2008 年 1 月开始，已于 2010 年 12 月结束。SENSEI 目标是解决各种异构无线传感器和执行器网络（Wireless Sensor & Actuator Network，WS&AN）与传统网络的融合问题。

为了在未来网络和服务环境中实现环境智能的愿景，必须将不同的 WS&AN 集成在一个全局规模的公共框架内，并通过通用服务接口供服务和应用使用。为了实现上述目标，SENSEI 建立了一个开放的业务驱动型架构，它基本上解决了大量全局分布式 WS&AN 设备的扩展性问题，基本架构如图 3-9 所示。它提供了必要的网络和信息管理服务，可以实现可靠、精确的上下文信息检索，以及与物理环境之间的交互。通过添加记账、安全、隐私和信任机制，它能为上下文感知和真实世界交互开启一个开放、安全的市场空间。

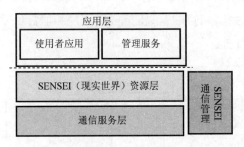

▶ 图 3-9　SENSEI 的物联网基本架构

SENSEI 项目分两步来定义架构。第一步是确定分析目标、原理和要求、设计功能性分解，并提出初步参考架构。第二步是对初步参考架构进行细化，定义了一个组件架构、SENSEI 资源概念、SENSEI 支持服务、系统交互、SENSEI 资源和信息建模等。SENSEI 架构考虑该项目多种不同的精髓，这就要求对主要方案进行组合。比如，SENSEI 架构可以是该系统 WS&AN 岛部分中定义的表征状态传输性，而在服务/应用中，该系统变得越来越面向服务。

SENSEI 项目的有形成果包括：（1）高度可扩展的架构框架，它具有一种协议方案，能够将相应的、能实现大量全局分布式 WS&AN 设备即插即用地集成在一个全局系统中——支持网络和信息管理、安全、隐私和信任，以及记账功能。（2）开放的服务接口和相应的语义规范，从而使系统为服务和应用提供的上下文信息和执行服务能够得到统一访问。（3）由一组交叉优化能源感知协议堆栈组成的有效的 WS&AN 小岛方案，包括瞄

准 5nJ/位的超低功率多模收发器。（4）泛欧测试平台，可以对 SENSEI 成果进行大规模实
验评估和现场试验提供了未来互联网中集成 WS&AN 的长期评估工具。

3.3.1.3　CASAGRAS 架构

全球RFID 运作及标准化协调支持行动项目（Coordination and Support Action for
Global RFID-related Activities and Standardization，CASAGRAS）隶属于欧盟第七框架计
划，目的是提供一个基础研究的框架，以帮助欧盟委员会和全球研究组织确认和协调与
无线射频识别相关的国际间存在的问题和新情况，特别是在新兴物联网出现的情况下。
CASAGRAS 于 2010 年 6 月启动，并将于 2012 年 6 月终止。这个联合体包括来自欧洲、
美国、中国、日本、巴西和韩国的合作伙伴。其宣称的目标是"解决实现物联网而需要
的基础和合作中的关键性国际问题"。该项目虽然目前没有提出可用的技术成果，但是收
集、评审和分析了物联网领域现有和新兴的建议和方案，如图 3-10 所示。

在 CASAGRAS 包容性（Inclusive）模型中，确认在物联网通信区域下面有三层。①
物理层：在这里识别实体，并交付传感器数据。根据具体的 AIDC 技术，对象可以安排
在网络中。为了提供互操作性，设想了一个通用数据捕获装置协议（UDCAP）。每种 AIDC
技术都将使用其自身的 UDCAP 实现。②问答器-网关层：用于对象、设备与信息管理系
统的连接。③信息管理系统：该层提供支持应用程序和服务的功能平台。该参考架构为
实现分布式架构提供了基础。

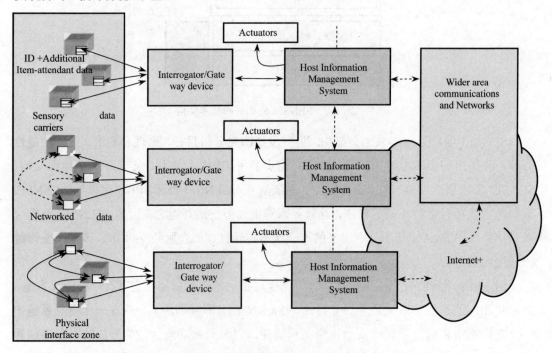

▶ 图 3-10　CASAGARAS 的物联网架构体系

3.3.1.4　BRIDGE 架构

建设面向全球环境的射频识别解决方案项目（Building Radio Frequency Identification Solutions for the Global Environment，BRIDGE）是欧盟第六框架计划的一个目标研究型项目，项目周期为 2 年（2007 年 1 月至 2008 年 12 月），总经费为 170 万欧元。项目牵头单位是德国夫琅和费应用研究促进学会，参加单位包括比利时、英国、德国、法国和中国的 12 个研究机构。BRIDGE 的目标是研究和开发能够应用于 EPCglobal 网络中的工具。

EPC 信息服务是 EPCglobal 网络架构框架中定义的一个角色，它对有关供应链内不同事件的、经过过滤和处理的信息提供存储和检索。EPCIS 提供两个接口：一个查询请求接口和一个获取操作接口。查询接口允许贸易伙伴查询保存在 EPCIS 库中有关任何事件数据的信息和业务背景。不过，对于这样一个分散式架构来说，由于有关个别对象的完整信息在多个组织上被分割成碎片，因此需要一个能定位所有信息片段提供者的安全查找服务，它将构成整个供应链，或一个对象的生命周期历史。

为了使无线射频识别技术和 EPCglobal 标准方案实用化，必须克服（尤其是安全方面的）技术、社会和教育各方面的约束。BRIDGE 通过扩展 EPD 架构解决了这些问题。这是通过能在欧洲部署 EPCglobal 应用的研发和实现工具完成的。"Enablement（实现）"是开发安全装置中最常见的词，包括硬件、软件和业务实践中。

有关物联网架构的 BRIDGE 核心问题之一，在于管理节点之间无线射频识别技术和聚集信息交换的发现服务。BRIDGE 的核心是通信中心，它涉及处理分布实体之间查询的问题。BRIDGE 项目明确强调了数据的保密性重于完整性和可用性。这是因为，大部分人都认为保密性是获得针对无线射频识别技术的 EPCglobal 标准认可的主要障碍。

BRIDGE 实现安全的途径是：存取控制和通过鉴别、保密和完整性（ACI）技术实现的实体之间的安全通信。BRIDGE 提出了两个针对查找和资源的发现服务架构原型，并对它们进行了测试。BRIDGE 提出，这项工作集中在同步"信息资源"方法上。"同步信息资源模型"——信息通过信息资源提供。"查询中继模型"——DS 仅限于由末端资源应答的查询过滤器。BRIDGE 将自身描述成具有以下特征的"分布式"（方法）：模块化、灵活、远程、并发、缺乏全局状态、异质的、自主的和移动的。无线射频识别技术网络组建被复制并分布在不同的位置上，以便防止 DOS 攻击。

3.3.2　物联网标准

本节围绕欧盟专门制定标准的行业协会及联盟，将着重介绍 ITU-T 标准、ETSI 在 M2M 方面的标准、WG7/SC27、CEN/CENELEC/ETSI、ITU-T 传输层标准和 ISO TC204 在物联网方面的标准制定情况。

3.3.2.1　ITU-T 架构标准

国际电信联盟（International Telecommunication Union，ITU）是联合国的一个专门机构，也是联合国机构中历史最长的一个国际组织，主管信息通信技术事务。下设无线电通信部（ITU-R）、电信标准化部（ITU-T）和电信发展部（ITU-D）及电信展览活动部，也是信息社会世界高峰会议的主办机构。ITU 总部设于瑞士日内瓦，其成员包括191 个成员国和 700 多个部门成员及部门准成员。ITU 的使命是使电信和信息网络得以增长和持续发展，并促进普遍接入，以便世界各国人民都能参与全球信息经济和社会并从中受益。

ITU-T 因标准制定工作而享有盛名，也是其最早开始从事的工作。来自世界各地的行业、公共部门和研发实体的专家定期会面，共同制定错综复杂的技术规范，以确保各类通信系统可与 ICT 网络与业务的多种网元实现无缝互操作。ITU-T 面临的主要挑战之一是不同产业类型的融合。随着传统电话业务、移动网络、电视和无线电广播开始承载新型业务，一场通信和信息处理方式的变革业已拉开序幕。

ITU-T 在物联网方面的研究主要集中在泛在网总体框架、标识及应用等方面。ITU-T 在泛在网研究方面已经从需求阶段逐渐进入到框架研究阶段，目前研究的框架模型还处在高层层面。ITU-T 在标识研究方面和 ISO 通力合作，主推基于对象标识（OID）的解析体系。ITU-T 在泛在网应用方面已经逐步展开了对健康和车载方面的研究。下面是 ITU-T 各个相关研究课题组的研究情况。

SG11 组成立有专门的问题组"NID 和 USN 测试规范"，主要研究节点标识（NID）和泛在传感器网络（USN）的测试架构、H.IRP 测试规范以及 X.oid-res 测试规范。

SG13 组主要从 NGN 角度展开泛在网相关研究，标准主导是韩国。目前标准化工作集中在基于 NGN 的泛在网络/泛在传感器网络需求及架构研究、支持标签应用的需求和架构研究、身份管理（IDM）相关研究、NGN 对车载通信的支持等方面。

SG16 组成立了专门的问题组展开泛在网应用相关的研究。目前由日、韩共同主导，内容集中在业务和应用、标识解析方面。SG16 组研究的具体内容有：Q.25/16 泛在传感器网络（USN）应用和业务、Q.27/16 通信/智能交通系统（ITS）业务/应用的车载网关平台、Q.28/16 电子健康（E-Health）应用的多媒体架构、Q.21 和 Q.22 标识研究（主要给出了针对标识应用的需求和高层架构）。

SG17 组成立有专门的问题组展开泛在网安全、身份管理、解析的研究。SG17 组研究的具体内容有：Q.6/17 泛在通信业务安全、Q.10/17 身份管理架构和机制、Q.12/17 抽象语法标记（ASN.1）、OID 及相关注册等。

3.3.2.2　ETSI M2M TC 架构标准

欧洲电信标准化协会（European Telecommunications Standards Institute，ETSI）是由欧共体委员会 1988 年批准建立的一个非营利性的电信标准化组织，总部设在法国南部的尼斯。ETSI 的标准化领域主要是电信业，并涉及与其他组织合作的信息及广播技术领域。ETSI 作为一个被 CEN（欧洲标准化协会）和 CEPT（欧洲邮电主管部门会议）认可的电信标准协会，其制定的推荐性标准常被欧盟作为欧洲法规的技术基础而采用并被要求执行[26]。

ETSI 采用 M2M 的概念对物联网总体架构方面进行研究，相关工作的进展非常迅速，是在物联网总体架构方面研究得比较深入和系统的标准组织，也是目前在总体架构方面最有影响力的标准组织。

目前虽然已经有一些 M2M 的标准存在，涉及各种无线接口、格状网络、路由和标识机制等方面，但这些标准主要是针对某种特定应用，彼此相互独立；如何将这些相对分散的技术和标准放到一起并找出不足，这方面所做的工作很少。在这样的研究背景下，ETSI 成立了 M2M TC 小组，从端到端的全景角度研究机器对机器通信，并与 ETSI 内 NGN 的研究及 3GPP 已有的研究展开协同工作。

M2M TC 小组的职责是，从利益相关方收集和制定 M2M 业务及运营需求，建立一个端到端的 M2M 高层体系架构（如果需要会制定详细的体系结构），找出现有标准不能满足需求的地方并制定相应的具体标准，将现有的组件或子系统映射到 M2M 体系结构中；M2M 解决方案间的互操作性（制定测试标准），硬件接口标准化方面的考虑，与其他标准化组织进行交流及合作。

3.3.2.3　ISO/IEC JTC1 WG7/SC27 传感网标准

ISO 英语全称是 International Organization for Standardization，即国际化标准组织，成立于 1947 年，负责除电工、电子领域和军工、石油、船舶制造之外的很多重要领域的标准化活动。ISO 现有成员 117 个，包括 117 个国家和地区。ISO 的最高权力机构是每年一次的"全体大会"，其日常办事机构是中央秘书处，设在瑞士日内瓦。ISO 的宗旨是"在世界上促进标准化及其相关活动的发展，以便于商品和服务的国际交换，在智力、科学、技术和经济领域开展合作"。ISO 通过它的 2856 个技术小组开展技术活动，其中技术委员会（简称 SC）共 611 个，工作组（WG）2022 个，特别工作组 38 个[27]。

国际电工委员会（International Electro technical Commission，IEC）成立于 1906 年，是世界上成立最早的国际性电工标准化机构，负责有关电气工程和电子工程领域中的国际标准化工作。IEC 的宗旨是：促进电气、电子工程领域中标准化及有关问题的国际合作，增进国际交流。目前 IEC 的工作领域已由单纯研究电气设备、电机的名词术语和功率等问题扩展到电子、电力、微电子及其应用、通信、视听、机器人、信息技术、新型医疗器械和核仪表等电工技术的各个方面[56]。

ISO/IEC JTC1 是在原 ISO/TC97（信息技术委员会）、IEC/TC47/SC47B（微处理机分委员会）和 IEC/TC83（信息技术设备）的基础上，于 1987 年合并组建而成的，此后在组织机构、运行模式、标准制定、电子化手段等方面进行了成功改革，使其面貌有了很大的改观，从而推进了国际信息技术标准化的进程。JTC1 建立了一个较完善的组织机构，由 17 个分委员会（SC）和 2 个报告小组组成，各设有秘书处。17 个分委员会分别处于不同的 12 个技术领域。JTC1 的工作范围限于信息技术的国际标准化。信息技术包括系统和工具的规范、设计和开发，涉及信息的采集、表示、处理、安全、传送、交换、显示、管理、组织、存储和检索等内容。JTC1 一共制定了 1000 多项国际标准，尤其是近年来，每年都制定出 100 多项，供各国和各种组织的广泛应用，满足商务和用户的需求。JTC1 的成员类型分为三种：参加成员（P-MEMBER）、观察成员（O-MEMBER）和联络成员。P 成员或 O 成员应是 ISO 的成员国或 IEC 的成员国（NB）。P 成员有表决权并应履行规定的义务；O 成员无表决权，但可参加会议、发表意见和获得文件；联络成员无表决权，但可有选择地参加某些会议和获得一些文件。

JC1 的第七工作组 WG7 专门负责传感网的标准制定。

SC27 主要负责信息安全技术领域的标准制定，迄今已经发布 96 项标准。SC27 秘书处设在德国，参加国有 46 个，中国属于其中之一；观察国有 16 个。下设 6 个工作组，其中 WG1 负责信息安全管理系统方面的标准研究，WG2 负责密码和安全机制方面的标准研究，WG3 负责安全评估方面的标准研究，WG4 负责安全控制和服务方面的标准研究，WG5 负责识别管理和隐私技术方面的标准研究。

3.3.2.4　ISO TC104 SC4 WG2 集装箱 RFID 标准

ISO 关于集装箱的标注集中在两个方面。一是集装箱箱号的自动识别，采用 RFID 技术来实现集装箱箱号的自动识别，即"集装箱 RFID 身份电子标签"。在 RFID 作为一门技术被挖掘并推广之前，"集装箱身份自动识别电子标签"在 1991 年就已经制定了基于 RFID 技术的国际标准，即 ISO 10374 标准《海运集装箱 - 自动识别/Freight containers-Automatic identification》，并于 1995 年修订。但是由于 20 世纪 90 年代连电脑都不普及，更不用谈网络了，而物品的 RFID 自动识别必须依赖于电脑和网络的大规模普及，所以该国际和国家标准并没有有效应用推广起来。2003 年，随着 RFID 技术与应用的热潮，基于 RFID 技术的新的内容的出现，特别是 EPC 的推动，集装箱自动识别问题重新被提出，集装箱身份电子标签标准的修订重新提上议事日程。集装箱标准化国际 ISO 组织 TC104 SC4 专门成立了工作组 WG2 来负责 RFID 技术在集装箱上的应用和相关标准制订问题。工作组基于集装箱本身的行业需求和 EPC 的整体架构和技术考虑，形成了全面的标准体系，即：（1）修订 ISO 10374，形成新的集装箱身份自动识别 RFID

电子标签标准 ISO 10374.2《海运集装箱-RF 自动识别 /Freight Containers-RF Automatic Identification》，解决集装箱箱号的自动识别问题。（2）与 TC122 联合制定 ISO 17363 —17367 系列标准，本系列标准中与集装箱相关的是 ISO 17363《Supply chain applications of RFID -Freight containers /RFID 供应链应用-海运集装箱》，即实现集装箱物流信息的自动识别，集装箱装载了什么货物，发货人是谁，收货人是谁，运输公司是谁，要经过哪些主要的港口等信息都写在 RFID 电子标签中，这样沿途可以被识别到集装箱物流的相关信息，提升物流处理的效率。（3）制定 ISO 18185《Freight containers - Electronic seals/ 海运集装箱-电子铅封》标准，即实现集装箱机械铅封的电子化、集装箱铅封的自动识别，从而实现对集装箱在供应链中门的开关有无异常的自动判断，确保货运安全。

2009 年，ISO 委员会出台一套新标准——ISO/TS10891：2009 绿色印刷，货运集装箱 -RFID-托盘标签，专门针对贴在货运集装箱上的 RFID 电子标签。集装箱在海上、公路或铁路的运输过程中经常会受到恶劣环境的影响，该标签标准的出台将会确保电子标签在这些环境中正常运行。供应链中集装箱的自动识别需要一批 RFID 设备，而这个标准就可以为这些 RFID 设备提供相关规格以及测试方法。这个标签是具有永久粘贴性的只读标签，其存储的数据是有限的拼版，只包括物理识别以及对其所附着的集装箱的描述。 ISO/TS10891 的目的是优化设备控制系统的工作效率，包括选择性使用符合 ISO18185 标准的电子封条产品。ISO/TS10891：2009 确定的内容如下：（1）一系列关于利用电子标签将集装箱信息传送到自动处理系统的要求。（2）针对集装箱识别和电子标签中信息的数据编码系统。（3）将集装箱识别及电子标签信息传送到自动数据处理系统的数据编码系统。（4）在标签信息传送到自动数据处理系统过程中，对这些信息数据所作的描述。（5）为确保电子标签操作符合国际运输协会标准，所做的必要性能标准。（6）集装箱上电子标签的物理位置。（7）在将电子标签安装在集装箱时，有关防止恶意或者无意篡改/或删除标签内容的规定。

3.3.2.5　CEN/CENELEC/ETSI 智能仪表通信标准

CEN 与 CENELEC 和 ETSI 一起组成信息技术指导委员会（ITSTC），在信息领域的互联开放系统（OSI）制定功能标准。

欧洲委员会发布了智能仪表功能和通信标准化指令，适应于欧洲的供电、供气、供热和供水。三家欧洲标准组织（CEN/CENELEC/ETSI）负责欧洲委员会指令的实施。

接口标准由欧洲电信标准研究所和欧洲智能计量产业工作组合作制定。这两个机构审查建议用于智能仪表系统的各种通信技术，包括短程无线通信、移动通信和无线传感网络通信。

2011 年 4 月，欧盟委员会发布了一份通报文件 《智能电网：从创新到部署》 ，确定了推动未来欧洲电网部署的政策方向。通报指出，将信息通信技术和电网发展的最新进展相结合，组建的智能电网能够为消费者带来实际利益。欧盟委员会将促进智能电网在欧洲和地区层面部署的协调工作。为推动智能电网从创新示范阶段转向部署阶段，欧盟委员会提议采取以下行动：制定欧盟层面的通用技术标准，保证不同系统的兼容性；任何连接到电网的用户都可以交换和说明可用数据，以优化电力消费和生产。欧盟委员会已向欧洲标准化组织提出了一项指令，要求其制定并发布欧洲和国际市场快速发展智能电网所需的标准体系。首套智能电网标准体系应在 2012 年底前完成。在电力指令中除增加智能电表的目标之外，欧盟委员会还要求成员国制定旨在实施智能电网的行动计划；保证零售市场的透明性和竞争力；欧盟委员会将监测一体化能源市场立法的执行情况；将通过能源服务指令引入对用户信息的最低限度需求的条款；在 2011 年 6 月提出指令的修订提案；促进进一步的技术创新等。

3.3.2.6　ITU-T 传输标准

NGN 的物联网国际标准化的情况如下。

（1）目前 SG13 组已经颁布了 5 个物联网相关标准。①Y.2002：泛在网概述及 NGN 对泛在网的支持。该建议给出了泛在网总体描述，包括泛在网的定义、目标、基本特征、通信类型，以及支持泛在网对 NGN 的能力需求以及抽象架构模型。②Y.2221：NGN 中支持泛在传感器网络（USN）业务应用的需求。该建议主要给出了 USN 的总体描述、通用特征以及 USN 应用和业务，同时分析了支持 USN 业务应用对 NGN 的能力需求。③Y.2213：基于标签标识的业务应用对 NGN 的业务和能力需求。该建议给出了支持基于标签标识的业务应用的通用业务应用需求以及对 NGN 的能力需求。④Y.2016：NGN 环境下支持基于标签标识的业务应用的功能需求和架构。该建议给出了在 NGN 环境下，支持基于标签标识类业务应用的功能需求和功能架构。⑤Y.2281：基于 NGN 的车载网络业务应用框架。该建议主要在 NGN 环境下提供车载网络业务应用的特征和需求，同时给出了相应的框架模型。

（2）SG13 组正在推进中的标准有 4 个。①Y.MOC：NGN 中支持面向机器通信类应用的需求。该建议的目标主要是给出关于面向机器通信（MOC）的描述、一般特征、业务需求和对 NGN 能力需求。②Y.IOT-Term：物联网相关术语。该建议于 2011 年 1 月份会议上立项，主要给出物联网相关的术语定义，如物联网本身的定义、传感器节点等。该建议计划的会议通过时间为 2011 年 10 月。③Y.UbiNet-hn：基于泛在网的面向物体到物体通信框架。该建议拟对物与物通信的概念和需求进行描述，给出物体与物体通信的机制以及基于物与物通信的泛在网业务应用。同时，该建议试图给出物体的类型以便分析和明确不同物体类型的特性，如是物理实体还是逻辑实体、移动性、标签、尺寸、电源特性、可管理性、网络能力等。④Y.WOT：基于 Web 的物联网（Web of Things）的框架。该建议拟给出对基于 Web 的物联网（WOT：Web of Things）的需求分析、参考模型、能力、功能架构和应用场景等[28]。

3.3.2.7　ISO TC204 智能交通标准

1993 年，ISO 相继成立了一些新的技术委员会，TC204 便是其中之一。TC204 技术委员会称为交通信息和控制系统（TICS），是对路面运输的计算机通信和控制技术的应用，其范围是城市和郊外地面运输领域的信息、通信和控制系统的标准化，包括在运输信息和控制系统领域的双向和多层间的运输信息、交通管理、公共运输、商业化运输、紧急服务及商业服务。ISO/TC204 的主要职责在于交通信息和控制系统（TICS）状况的总体目标和结构，以及与 ISO 整体计划的协调，并考虑现有的国际标准化组织的工作。

ISO/TC204 建立了 14 个工作组，主要集中在全部系统应用领域及其相关技术。各个工作组涉及研究领域见表 3-2。

表 3-2　ISO/TC204 17 个工作组研究领域

工作组	研究领域
第 1 工作组	体系框架
第 2 工作组	质量和可靠性要求
第 3 工作组	智能交通系统数据库技术
第 4 工作组	自动车辆识别
第 5 工作组	收费
第 6 工作组	一般车队管理及商用车辆/货运
第 7 工作组	公共运输/紧急事件
第 8 工作组	集成的交通运输信息，管理与控制
第 9 工作组	旅行者信息系统
第 10 工作组	路线诱导和导航系统
第 11 工作组	车辆/车道警示和控制系统
第 12 工作组	应用于 ITS 的专用短程通信
第 13 工作组	广域通信/协议和接口
第 14 工作组	为智能交通系统提供服务的便携式移动装置

3.3.3　物联网知识产权情况

在 RFID 上，通过对美国 RFID 专利的检索和分析可以发现，截至 2009 年底，欧盟中的德国是专利持有人拥有 RFID 专利排名世界第三位的国家（排在美国和日本之后），数量近 100 件。在国际专利申请（PCT 专利申请）方面，国际知识产权组织（WIPO）的数据库中共有 2500 多件 RFID 公布的 PCT 专利申请。位于申请持有量前 10 位的公司中，欧盟企业占据 4 个席位，分别是西门子公司（第 5 位）、恩智浦（第 7 位）、诺基亚（第 8 位）和飞利浦（第 10 位）；在以国家排名的专利申请持有量中，德国以 200 件的申请持有量排名第二（位于美国之后）。

在无线传感技术方面，法国在拥有的已授权专利数量的排名中，位于美、日、加、韩之后，排名第五；瑞典则在拥有的已公开的专利申请数量排名中表现突出，排名第四（在美、韩、日之后）。将专利分布情况按照公司来分析，在无线传感器网络技术上领先的 15 个顶级公司中，爱立信、诺基亚、飞利浦和西门子四家代表了欧盟在无线传感技术方面的顶级水平，其中，诺基亚拥有的已授权的专利数量最多。

3.4　物联网企业及组织机构

重振欧洲不仅是欧洲人多年的梦想，也是欧盟多年来的行动。提升欧洲在科学技术上的竞争力已成为欧盟实现"成为世界最具活力和竞争力的知识型经济体"这一宏伟目标的重要举措。

欧洲的企业发展也不例外，欧洲有电子信息领域的领先企业，在物联网大潮袭来的今天，各自在物联网领域都有不俗的发展。本节将着重介绍下面的企业以及组织机构，从其各自的发展透视出欧洲在物联网方面的发展情况。

3.4.1　爱立信

3.4.1.1　公司总体发展情况

爱立信公司（Telefonaktiebolaget LM Ericsson）1876 年成立于瑞典的斯德哥尔摩。从早期生产电话机、电话交换机发展到今天，爱立信的业务已遍布全球 140 多个国家，是世界最大的移动系统供应商，能够为世界所有主要移动通信标准提供设备和服务。爱立信拥有先进的无线技术、强大的网络系统以及互联网协议（IP）方面的丰富技术成果，为实现未来的战略和巩固其在新电信世界中的领先地位奠定了坚实的基础。爱立信在无线技术和移动通信领域已具有领先地位，在建设安全可靠的网络方面拥有丰富的经验。爱立信正在加强 IP 技术方面的研究，以保证在未来的通信领域中继续保持其领先地位。目前，爱立信的业务体系包括：通信网络系统、专业电信服务、技术授权、企业系统和移动终端业务等。

一、网络

爱立信是全球重要的移动网络供应商。全球约 50%的商用移动宽带网络运营商选择爱立信为他们提供产品和服务。在网络中引入移动宽带业务极大增强了最终用户的体验，这也是目前移动宽带业务在全球范围快速普及的原因。

尽管如此，大多数移动用户目前仍在使用 GSM 网络，而且每月都有 3000～4000 万新用户加入 GSM 阵营。爱立信是少数几家仍在为 GSM 开发新技术的厂商之一，提供各种经济高效的创新型解决方案，以一种切实可行和可持续的方式服务低收入人群[29]。

爱立信的 GSM 和 WCDMA/HSPA（3G）网络共用一个通用核心网，这意味着，随着运营商将以语音为主的网络演进至以多媒体为主的网络，他们此前的各项投资将得到保护。爱立信目前正在推动下一步演进——长期演进（LTE）和多媒体电话（MMTel）的标准化进程，这些标准将进一步提升消费者的沟通和娱乐体验。

除了移动网络之外，爱立信还将目光瞄准了固定宽带市场。收购马可尼、Redback Networks 和 Entrisphere，增强了接入网、传输网和互联网协议（IP）网络产品组合。通过拓展固定宽带产品组合，更好地支持运营商客户的各类新型多媒体业务（如 IPTV 传送），从而迈向一个真正的融合网络。

爱立信领先业界的网络解决方案包括：无线接入网解决方案（GSM、WCDMA、HSPA、LTE 无线基站）、核心网解决方案（如软交换、IP 基础设施、IMS、媒体网关等）、传输解决方案（如微波无线和光纤解决方案等）以及铜缆和光纤固网接入解决方案。所有这些解决方案均能经济高效地管理语音和数据业务，帮助运营商进一步降低固定和移动网络的成本。网络业务约占爱立信净销售额的 2/3。

二、电信服务

爱立信公司的电信服务组合包括网络部署和各项专业服务，如电信管理服务、咨询和培训、系统集成和客户支持等。爱立信是电信管理服务领域的行业领袖，所管理的网络正服务于超过 1.2 亿的全球用户。此外，作为一家领先的托管服务提供商，爱立信助力运营商便捷、经济、高效地推出各种多媒体业务。

爱立信很早就意识到电信服务的战略意义，并在 20 世纪 90 年代末在业内率先组建了电信服务业务部。目前，爱立信的电信服务部门引领行业，在 140 个国家拥有 2.4 万名专业服务人员。爱立信利用自身的经验、技能和规模优势为客户提供支持，帮助其拓展业务。爱立信可以帮助运营商集成多家厂商的设备，实施技术变革计划，设计并集成新的解决方案，从而将风险降至最低。电信专业服务的销售额占公司净销售额的 22% 以上，并在财报中单列。

三、多媒体

爱立信多媒体业务部成立于 2007 年，其业务根据不同的市场驱动力分为以下三大运营领域：业务支持系统（BSS）、电视与媒体、个人与企业应用。爱立信帮助这三个领域的客户为最终用户开发各种具有吸引力的差异化服务。

就市场规模而言，业务支持系统是多媒体业务部最大的一个运营部门。爱立信在该领域占据了牢固的市场地位，收入管理解决方案正在为超过 12 亿用户提供计费服务，供应解决方案正在为 10 亿用户服务。

电视与媒体是第二大业务。爱立信的电视解决方案及服务能够让媒体公司和运营商（有线电视、卫星电视、电信和地面广播运营商）高效可靠地传送电视内容。全球数字电视市场正呈现强劲增长的势头，到 2015 年，数字电视家庭数量有望翻番。

爱立信的个人与企业应用可为最终用户提供新的交互和协作方式，从而帮助运营商增加收入。解决方案涵盖消息、社交网络、位置服务、广告、互联网商务、企业应用等领域。爱立信的业务主要是软件业务，而且正在向纯软件业务的方向发展。多媒体业务部在全球拥有约 4000 名员工。

2010 年爱立信全年共实现净销售额 2033 亿瑞典克朗，同比下降 2%。2010 年全年实现毛利 38%，而 2009 年全年的这个数字为 36%。2010 年全年整体 EBITA 利率为 14%，与 2009 年全年持平。2010 年全年共实现运营收入 244 亿瑞典克朗，基本与 2009 年全年持平。2011 年第一季度，爱立信公司实现净销售额 530 亿瑞典克朗，同比增长 17%。本季度实现毛利 38.5%，与上年同期持平。2011 年第二季度，爱立信公司实现净销售额 548 亿瑞典克朗，同比增长 14%。2011 年上半年共实现净销售额 1077 亿瑞典克朗，同比增长 16%。

爱立信公司拥有移动通信领域最强大的专利组合——2.7 万项获批专利。这些专利组合涵盖了 2G、3G、4G 技术。与此同时，爱立信还拥有 90 多个专利许可协议的专利使用费净收入。

3.4.1.2　公司在物联网领域的研究及产品

2011 年，爱立信推出了设备连接平台，即帮助世界各地运营商实现物联网通信的技术平台。该平台采用软件形式提供，有利于运营商降低投资和加快产品开发进度。

爱立信公司预计到 2020 年全球互联的设备总数将达到 500 亿。为了适应这一发展，爱立信正同物联网领域的主要供应商展开合作，共同打造一个世界领先的可持续的物联网业务模式。当前，移动互联已经在智能电表等领域获得应用。未来，更多的应用将会出现，如所有带有软件的产品都可以通过移动互联网进行升级等。

基于爱立信的物联网平台，运营商可以开发他们自己的业务和价格方案。爱立信可以提供包括业务接口、灵活的计费、充值等在内的完整的物联网解决方案。

3.4.2　诺基亚西门子

3.4.2.1　公司总体发展情况

诺基亚西门子通信（Nokia Siemens Networks，NSN）是一个电信解决方案供应商，由西门子公司的通信集团（Siemens COM）[不包括企业业务（Enterprise）单位]与诺基亚的网络事业部（Network Business Group）合资合并而成。该公司于 2006 年 6 月 19 日成立，2007 年 4 月 1 日开始营运，其总部位于芬兰大赫尔辛基都市区埃斯波；欧洲总部与五个部门中的三个位于德国慕尼黑，并在世界上所有主要地点拥有业务。诺基亚西门子通信为客户提供全面的移动、固定和融合网络技术，以及包括咨询、系统集成、网络实施、维护和管理在内的专业服务。

2010 年全年，诺基亚西门子净销售额为 126.61 亿欧元（173.77 亿美元），较 2009 年的 125.74 亿欧元微增 1%；经营利润为 9500 万美元，较 2009 年的 2800 万美元大幅增长 239%；经营利润率为 0.8%，2009 年为 0.2%。公司的主要研究成果及产品涉及宽带连接、融合核心、网络管理 OSS、无线接入等领域。

2011 年第一季度，诺基亚西门子通信全球销售额达 31.71 亿欧元，年同比增长 16.7%。其中，诺西大中国区销售额达 3.22 亿欧元，比去年同期增加 17%。这也是诺基亚西门子通信大中国区连续两个季度达到两位数的年同比增长率。同时， 诺西宣布，同意以 9.75 亿美元的新价格收购摩托罗拉解决方案公司的网络资产。

2011 年第二季度，诺基亚西门子净销售额达 36.42 亿欧元，同比增长 20%，占诺基亚总销售额的 39%。诺西收入的同比增长主要由大多数地区的产品和服务业务同时增长推动，以及来自收购的摩托罗拉网络资产的贡献。扣除摩托罗拉网络资产，该公司净销售额同比增长 13%、环比增长 8%。摩托罗拉网络资产对诺西收入的拉动尤其表现在北美地区，本季度净销售额为 3.11 亿欧元，同比大幅增长了 72%。而大中国区依然表现稳健，本季度净销售额为 4.03 亿欧元，同比增长 13%。

3.4.2.2　公司在物联网领域的研究及产品

2011 年，诺基亚西门子在技术、业务流程和服务领域都有了最新的突破。诺基亚西门子通信重点突出了在诸多领域的领导地位，如 LTE（包括日趋重要的 TD-LTE）、云计算、托管服务（包括能源解决方案和客户体验）等。

在移动宽带领域的研究，如 10 Gb/s Flexi Multiradio 10 和 Flexi Lite 基站解决方案、智能 WLAN 和 LTE 高级载波聚合技术，以及独特的端到端智能网络方案，从接入到数据传输及核心网。

在云计算领域的新工作，包括：运营商允许开发者进入其资产，如充值和计费功能，以推出新服务的电信资产市场；为运营商提供使用社交媒体渠道交付信息服务的信息门户；帮助运营商按需出售和购买连接和容量的连接交易市场；以及一个基于云的物联网平台。

在智能对象方面的工作主要连接从人际之间扩展到"物联网"，包括家用和工业设备如何实现远程连接和控制。实例应用有城市智能运输和交通管理、智能能源计量和电动车辆的管理。

3.4.3　阿尔卡特-朗讯

3.4.3.1　公司总体发展情况

阿尔卡特-朗讯（Alcatel-Lucent），是一家提供电信软硬件设备及服务的跨国公司，总部设于法国巴黎。由美国的朗讯科技（Lucent Technologies）以及法国的阿尔卡特

（Alcatel）于 2006 年 12 月 1 日起正式合并而成。在合并后的新集团中，阿尔卡特和朗讯分别持有 60％和 40％的股份。两家公司合并后成为仅次于美国思科公司的全球第二大电信设备制造企业。

阿尔卡特-朗讯为全世界的服务提供商、企业和政府提供解决方案，帮助其为终端用户提供语音、数据和视频服务。阿尔卡特-朗讯在固定、移动、融合宽带市场、IP 技术、应用和服务领域占据全球领先地位。其端到端的解决方案，使用户能够在家中、工作时、移动过程中享受到丰富的通信服务。目前，阿尔卡特-朗讯拥有 7.7 万名员工，业务遍及130 个国家。

阿尔卡特-朗讯将公司在全球范围内划分为美洲区，欧洲、中东和非洲区，亚太区三大区域。同时，阿尔卡特-朗讯还成立了 4 个新的集团：运营商产品集团、网络服务集团、应用软件集团和企业网络产品集团。2011 年 7 月，阿尔卡特-朗讯对企业内部结构进行了改组，全新的软件、服务及解决方案集团由原先的服务及网络应用部门构成，而企业网络产品集团则包括原企业应用相关部门。

在 CDMA 及 LTE 业务的带动下，2011 年，IP 业务作为阿尔卡特-朗讯重要的优势部门增长最快，无线业务紧随其后。有线业务中，PON 技术保持强势发展势头，抵消 IP DSLAM 及传统产品收入下滑后仍保持盈余。光网络业务中，陆基及海基光网络遭遇高个位数下滑。软件、服务及解决方案则出现低个位数下跌，其中，在网络及系统集成和管理服务业务的拉动下，抵消网络应用业务收入下滑后，服务业务仍呈现小幅增长。在Genesys 和数据网络业务的拉动下，企业网业务实现强势增长。从区域角度看，北美地区的业务发展势头依然强劲，销售额同比增长 10%；全球其他地区，特别是中美及拉丁美洲地区保持两位数增长率。但亚太及欧洲地区呈现两位数下降。据阿尔卡特-朗讯 2011年第三季度财报，期内实现营业收入 53 亿美元，同比下跌 6.8%；净利润 2.67 亿美元，同比增长 676%。

2011 年，阿尔卡特-朗讯的研发投入资金达 25 亿欧元，其在全球拥有约 2.8 万项专利技术。阿尔卡特-朗讯的技术核心依托于贝尔实验室。贝尔实验室美国总部位于新泽西默里·希尔，是晶体管、激光器、太阳能电池、发光二极管、数字交换机、通信卫星、电子数字计算机、蜂窝移动通信设备、长途电视传送、仿真语言、有声电影、立体声录音，以及通信网等许多重大发明的诞生地。自 1925 年以来，贝尔实验室共获得 2.5 万余项专利。目前，贝尔实验室保持平均每个工作日获得 4 项专利的研究能力。贝尔实验室的工作可以大致分为三个类别：基础研究、系统工程和应用开发。在基础研究方面主要从事电信技术的基础理论研究，包括数学、物理学、材料科学、行为科学和计算机编程理论；系统工程主要研究构成电信网络的高度复杂系统；开发部门是贝尔实验室最大的部门，负责设计构成贝尔系统电信网络的设备和软件。

3.4.3.2　公司在物联网领域的研究及产品

2007 年，阿尔卡特-朗讯与意大利 TecnofinImmobiliare 公司联合在特兰托省构建第一个城市 WiFi 网络。该 WiFi 网络利用了阿尔卡特-朗讯的光骨干网构建，由阿尔卡特-朗讯提供工程服务、集成和安装调试，并负责网络的运营、监控和维护。另外，阿尔卡特-朗讯还将提供其新一代的数字中高容量点对点的微波产品——阿尔卡特-朗讯 9500MXC。随后，德国以太广域网专业公司 Tera Gate 选择阿尔卡特-朗讯的 IP 解决方案作为其向德国以及全世界企业用户推广其以太网 VPN 业务的基础设施。基于该网络，Tera Gate 向市场推出领先的全新服务，该服务凭借其卓越的以客户为导向的互动性使 Tera Gate 在众多运营商中脱颖而出。

2009 年，阿尔卡-特朗迅在光网络产品中引入下一代相干技术，使运营商可以实现成本优化高速率传送，克服传输速率超过 100Gb/s 而造成严重耗损的缺陷。阿尔卡特-朗迅在西班牙电信网承载负荷严重的情况下，采用先进的开发技术和专有的数字信号的处理算法，成功演示了下一代相干检测技术，实现了 112 Gb/s 传输现场测试，网络连接 4 个城市，业务传输距离超过了 1088km。阿尔卡特-朗迅在其主要的光网络平台上正逐步实现下一代相干检测技术，帮助运营商实现网络转型，在保持网络优异的传送性能的同时，应对高带宽应用的需求。

2011 年，阿尔卡特-朗讯推出智能流量管理（ITM）解决方案，利用成熟的策略控制完成快速修正操作。阿尔卡特-朗讯的 ITM 可以动态地了解新设备使用情况及其对无线宽带数据的影响，并能对实时获取的信息及情境做出智能化的处理，可帮助运营商构建更为安全可控并具备预见能力的网络，同时显著提升网络性能。此外，方案还能够在网络的异常情况尚未真正影响到网络或者用户使用前完成探测和回应，运营商在使用 ITM 后将能为数百万的用户提供统一、高品质的客户体验。ITM 解决方案适用于 2.5G、3G 和 4G 移动网络，包含了采集和分析网络智能和情境的 9900 Wireless Network Guardian（WNG）以及实现 3GPP 策略管控和规程功能（PCRF）的 5780 动态业务控制器（DSC）。

3.4.4　沃达丰

3.4.4.1　公司总体发展情况

沃达丰（Vodafone）是跨国性的移动电话营办商，总部设在英国伯克郡的纽布利（Newbury）及德国的杜塞尔多夫。现为世界上最大的流动通信网络公司之一，在全球 27 个国家均有投资，并与除此之外的 14 个国家的移动电话营办商合作，联营移动电话网络。

沃达丰拥有世界上最完备的企业信息管理系统和客户服务系统，在增加客户、提供服务、创造价值上拥有较强的优势。沃达丰的全球策略涵盖语音、数据、互联网接入服务等。

3.4.4.2　公司在物联网领域的研究及产品

沃达丰公司推出了名为"M2M Gateway Services"的业务，正通过其新的全球平台大力推进 M2M 服务，以此为企业客户的 M2M 智能服务部署提供托管。同时，Vodafone 还组建了一支全球性的团队专门负责支持 M2M 业务。

3.4.5　Orange

3.4.5.1　公司总体发展情况

Orange（法国电信）是全球电信的主要运营商之一，在集团所在的全球互联网、电视以及移动通信等行业，拥有 1.82 亿的客户。Orange 是欧洲第三大移动运营商和 ADSL 互联网上网供应商，也是 Orange 业务服务品牌下的多国企业型电信服务的全球领头人之一。

3.4.5.2　公司在物联网领域的研究及产品

（1）建立国际 M2M 中心，进行全球业务互联问题，同时进行业务推广。

（2）建立统一的业务应用平台，提供 M2M 应用。

（3）推出"Orange M2M Connect"业务，能够使企业实现设备无线连接的、安全的中央控制网。

3.4.6　T-Mobile

3.4.6.1　公司总体发展情况

T-Mobile 是一家跨国移动电话运营商。它是德国电信的子公司，属于 Freemove 联盟。T-Mobile 在西欧和美国运营 GSM 网络并通过金融手段参与东欧和东南亚的网络运营。公司拥有 1.09 亿用户，是世界上最大的移动电话公司之一。T-Mobile 在奥地利、捷克、荷兰、波兰、俄罗斯、英国、美国、匈牙利和克罗地亚等国开展商业运营。2011 年 3 月，德国电信计划将 T-Mobile 美国业务出售予 AT&T，双方已达成协议，正在等待政府的批准。合并后的新公司将成为美国无线营运商市场第一巨头。

3.4.6.2　公司在物联网领域的研究及产品

建立 M2M 国际能力中心。与 Sierra Wireless 公司联合开拓 M2M 市场，重点关注汽车、船舶、导航等行业目标客户，合作推出 M2M 解决方案，评估在 T-Mobile 的网络上植入 Sierra Wireless 产品的可行性。

3.4.7　SAP

SAP 全名为"数据处理中的系统、应用程序和产品"（Systems Applications and Products in Data Processing）。1972 年，时任 IBM 公司的销售顾问 Hasso Plattner 建议开发财务软件包，用现成的软件包取代昂贵的定制应用。当德国 IBM 公司拒绝了他的建议后，他和 4 名做软件的工程师同事离开了 IBM，于 1972 年在德国沃尔多市创办了 SAP 软件公司。

SAP 号称"全球最大的企业管理解决方案供应商、全球第三大独立软件供应商、全球领先的协同电子商务解决方案供应商"。目前，SAP 在全球超过 50 个国家拥有销售与开发地点，客户超过 109 000 个，并且仍然呈现增长趋势。

SAP 是 ERP 解决方案的先驱，它可以为各种行业、不同规模的企业提供全面的解决方案，其产品的名称与其公司名称一样，也叫 SAP。包括五大战略产品：mySAP SCM（供应链管理）、mySAP PLM（产品生命周期管理）、mySAP CRM（客户关系管理）、SAP Portals 的 Enterprise Portals（企业门户）和 SAP Markets 的 Exchanges（交易集市）。自 1972 年起，其软件的有效性和可靠性已经被数十个国家的上万家用户所验证，并通过这些客户不断地推广使用。因此，SAP 软件在各行各业中具有广泛的就业空间。

（一）SAP 发展史

1972—1981 年：前 10 年

SAP 公司的建立以及在随后数年中的快速发展。SAP 的底层架构、最初的一些软件模块，以及 SAP R/2 系统构成了公司第一年的收入。获得了德国以外的第一个客户，并第一次参加了展会。

1982—1991 年：SAP R/3 时代

公司拥有了 4 个 64MB 存储服务器；雇用 100 名员工，签订了第 1000 个客户；收入达 1 亿德国马克，业务不断向国外扩大；公司研发出了 SAP R/3。所有这些具有里程碑意义的事件成就了 SAP R/3 时代。

1992—2001 年：电子商务时代

SAP 年销售收入达到了 60 亿美元，并雇用超过 24 000 名员工；在各种展览和峰会亮相；完成了公司整体上市，并开发出了新技术和平台；SAP 独步电子商务时代。

2002 年至今：SAP 的今天

SAP 的故事还在继续。SAP 研发了 Net Weaver 平台，这是一个横跨信息流域系统架构的平台，能全面整合企业及其员工队伍，并能无障碍地建立市场间连接。在这个阶段，SAP 的技术创新和创业精神继续得到极大的发展。

2010 年 5 月 12 日，SAP 宣布将以 58 亿美元现金收购商业软件开发商 Sybase。

2010 年 12 月 26 日，SAP 在北京宣布，SAP 已完成对全球最大的独立软件厂商之一的 Sybase 公司的收购，并同时宣布了完成收购后的首期发展时间表。

（二）SAP 在物联网时代的商务智能

随着物联网时代的来临，各大软件厂商都瞄准了商务智能这一战略要塞，SAP 当然也不例外。SAP 商务智能系统由多个功能模块组成，体系结构一般为：数据源层、数据转换层、数据仓库层、智能分析层、用户展现层。数据仓库（Data Warehouse，DW）、联机分析处理（On-line Analytical Processing，OLAP）、数据挖掘（Data Mining，DM）为商务智能系统的核心技术。数据仓库是一个面向主题的、集成的、时变的、非易失的数据集合，支持管理决策制定。数据仓库的典型处理流程包括数据建模、抽取以及对数据仓库流程的管理等，因此数据仓库是商务智能系统的基础。OLAP 是用于从多角度对信息进行快速、一致、交互存取，从而获得对数据更深了解的软件技术。OLAP 的目标是满足决策支持或者满足在多维环境下特定的查询和报表需求。数据挖掘是从大量的数据中分析出潜在的、不为人知的有用信息、模式和趋势的过程，企业决策者可根据这些信息做出科学决策。图 3-11 为 SAP 商务智能解决方案的技术架构。

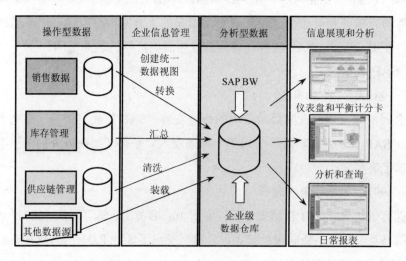

▶ 图 3-11　SAP 商务智能解决方案技术架构

就工具和功能这两方面而言，商务智能的应用范围很广。其核心部分是传统的查询、报表和分析功能。可从多个数据源准确和一致地整合数据的质量功能和数据集成功能是对以上功能的补充。仪表盘和其他可视化技术协助用户快速分析结果，这也是 BI 解决方案的一个重要组件。其他工具还有：

● 查找信息和报表的搜索功能。
● 启用预测分析发现潜藏的发展模式并且可以假设分析。
● 有助于监控业务指标和 KPI，如客户满意度、获利能力和每位员工的销售额等的记分卡和绩效管理功能，以确保个人和部门衡量标准与企业的战略目标协调一致。

3.4.8　SMEPP 项目

虽然关于共性技术的多数问题目前都还处于研究阶段，但国外已经有些企业和组织开始着手研究解决方案和进行先期的产品研发。如欧洲电信标准化协会（ETSI）和欧盟委员会进行的 SMEPP 中间件项目和 KoolSpan 公司开发的 TrustChip 安全产品等。作为一个被 CEN（欧洲标准化协会）和 CEPT（欧洲邮电主管部门会议）认可的电信标准协会，ETSI 制定的推荐性标准常被欧共体作为欧洲法规的技术基础而采用并被要求执行。由此也可见其对物联网安全产品的重视。SMEPP 项目的主要目标是发展一种新的基于网络中心抽象模型的中间件，主要面向点对点架构下的嵌入式应用，它试图克服目前主流中间件存在的问题。根据其负责人的描述，该中间件将是安全的、普适和高度可定制化的，能够适应不同的器件和主要应用领域。随着软件开发周期的不断缩短，以及成本减少的需求，在安全和隐私问题成为物联网发展不可回避的问题情况下，SMEPP 中间件无疑是一个很有吸引力的解决方案。

3.4.9　ETSI

欧洲电信标准化协会（European Telecommunications Standards Institute，ETSI）是由欧共体委员会 1988 年批准建立的一个非营利性的电信标准化组织，总部设在法国南部的尼斯。ETSI 的标准化领域主要是电信业，并涉及与其他组织合作的信息及广播技术领域。ETSI 作为一个被 CEN（欧洲标准化协会）和 CEPT（欧洲邮电主管部门会议）认可的电信标准协会，其制定的推荐性标准常被欧共体作为欧洲法规的技术基础而采用并被要求执行。ETSI 目前有来自 47 个国家的 457 名成员，涉及电信行政管理机构、国家标准化组织、网络运营商、设备制造商、专用网业务提供者、用户研究机构等。ETSI 的主要合作伙伴包括 ARIB、TI、TTA。

ETSI 目前下设 13 个技术委员会，其代号、名称及分工如下：

1. TC EE（Environmental Engineering）环境工程技术委员会

定义那些（包含安装在用户端的）电信设备的关于环境和基础方面的标准，主要包括环境条件和环境测试、供电问题和机械结构三个领域。

2. TC ERM（EMC and Radio）无线及电磁兼容技术委员会

直接负责 ETSI 关于无线频谱和电磁兼容方面的技术工作，包括研究 EMC 参数及测试方法，协调无线频谱的利用和分配，为相关无线及电磁设备的标准提供关于 EMC 和无线频率方面的专家意见。

3．JTC Broadcasting（EBU/CENELEC/ETSI Joint Technical Commission）播送联合技术委员会

为电视、无线电、数据及其他小卫星提供的新业务、有线电视、交互型传输的播送系统提供标准，为实现统一技术模型框架而与 DVD、EBU、CENELEC 组织进行合作。

4．ECMA TC32（Communication，Networks &amp；Systems Interconnection）通信网络和系统的交互型连接技术委员会

它是一个 ETSI 和 ECMC 合作的机构，为专业电信网领域提供全面观点，并在该领域起草 ECMA 标准和技术报告。该领域包括专业电信网的结构、业务、管理、窄带或宽带专用综合业务网的协议、用于通信的计算机等。

5．TC HF（Human Factors）人机因素技术委员会

为电信设备及电信业务提供关于人机接口方面的标准和规范，包括人的特殊需求（例如年长者和残疾人）。

6．TC MTS（Methods for Testing &amp；Specification）测试方法和指标技术委员会

为测试方法和测试参数的准确一致性制定标准，为评价性能指标提供可实现的方法和手段，支持 ETSI 关于实验一致性所做的研究。

7．TC NA（Network Aspects）网络总体技术委员会

为所有现存网及新网提供通用的网络特性，包括定义网络模型、网络结构，定义网络功能和用户网络接口的基本结构。

8．TC SEC（SECuiry）安全技术委员会

为使 ETSI 的技术工作能考虑到安全问题，ETSI 设立安全技术委员会，负责提供关于安全方面的 ETSI 技术报告和标准，向其他技术委员会提供关于安全方面的建议和援助。

9．TC SES（Satellites Earth Stations &amp；System）卫星地面站及系统技术委员会

负责所有与卫星通信相关的技术工作，包含各类卫星通信系统（移动的和广播式的）、地面站及设备的无线频率接口和网络用户接口，卫星及地面系统的协议。

10．TC SPS（Signalling Protocol &amp； Switching）信令协议及交换技术委员会

负责定义信息流、公众网的呼叫处理序列和信令，包括传送用户到用户信息的技术、

用户到节点以及节点间的通信。

11．TC STQ（Speech Processing，Transmission & Quality）语音处理传输质量技术委员会

确保协调相关设备的端到端语音质量的生产和维护，促进开发适时且经济的设备为网络运营商利用现有的和将来的固定或移动网提供通信业务。

12．TC TM（Telecommunication Multiplexing）传输和复用技术委员会

负责传送网及其组成部分（包含无线中继，不包括卫星系统）的全方面标准化工作以及传送网接口的传输特性，定义传送网组成部分的功能及实现规范，例如传送路由、路由器、分段、系统、功能命名、天线、电缆、光纤等。

13．TC TMN（Telecommunication Management Networks）电信管理网技术委员会

TMN 技术委员会的目的是使得分散在很多技术委员会和技术委员会工作组关于电信网络管理的工作更有组织化，能更快地进行关于电信管理网的要求和规范的交流和统一。

3.4.10　ETSI TISPAN

ETSI 成立了 TISPAN，专门研究 NGN 的相关课题。TISPAN 分为业务、体系、协议、号码与路由、服务质量、测试、安全和网络管理共 8 个组。

TISPAN 已制定下一代网络相关规范。其总体需求包括：固定终端可以获得 3GPP IMS 核心网提供的所有业务；能够全部或部分替代现有核心网提供的 PSTN／ISDN 业务；任何接入方式下都可以进行紧急呼叫；可以通过 NNI 接口实现与 IMS、因特网以及 PSTN／ISDN 的互通；在移动性方面支持用户或终端的移动；为用户提供安全的可信赖的使用环境；支持各种 QoS 的业务，具有 QoS 控制功能；具有灵活的网络架构，便于业务的开发和互操作，减少业务规范的数量；支持向第三方业务提供者提供接口。

关于 IMS 的研究，TISPAN 和 3GPP 的合作紧密，但是在一些问题上还没有明确的结论，在规范的制定方面还有很多工作要做。TISPAN 和 3GPP 成立了联合工作组研究下一代网络与 IMS 相关问题。从目前的情况来看，TISPAN 标准推进速度较快，也具有可操作性。并且 TISPAN 和 3GPP 的合作较为紧密，TISPAN 主要在 3GPP 规范的基础上加以扩展来实现固定的特性。

3.4.11　国际频率传感器协会（IFSA）

国际频率传感器协会（IFSA）成立于 1999 年。2000 年在比利时的布鲁塞尔，IFSA 获得国际协会组织联盟的正式注册。IFSA 旨在于为院士、研究人员和行业工程师提供一个论坛，介绍和讨论数字、频率（周期）、时间间隔和占空比输出不同的智能传感器的设计、应用领域的最新研究成果、经验及未来的发展趋势。IC 技术的快速进步，为集成传感器和微型传感器的物理设计带来了新机遇新挑战，这对现代测量科技的发展至关重要。然而，当时没有会议或协会专门为这些特定的主题搭建互联网资源平台。相关的报道仅仅集中在一些频率传感器的重要事件上，因此，在上面提到的宗旨框架下，IFSA 应运而生。

IFSA 的会员资格向全球范围内、专注于传感器领域的所有企业、大学、组织和全球的个人开放。今天，IFSA 已经拥有来自全球范围内 65 个国家和地区的 651 名会员（其中 59％来自企业领域，35％来自高校，6%来自科研院所）。

3.5　物联网典型应用

从目前发展看，欧盟已推出的物联网应用主要包括以下几方面：（1）具有照相或使用近域通信，基于网络的移动手机。目前，这种使用呈现了增长的趋势。（2）随着各成员国在药品中开始使用专用序列码的情况逐渐增加，确保了药品在到达患者前均可得到认证，减少了制假、赔偿、欺诈和分发中的错误。由于使用了序列码，可方便地追踪到用户的产品，大大提高了欧洲在对抗不安全药品和打击制假方面措施的力度和能力。（3）一些能源领域的公共性公司已开始部署智能电子材料系统，为用户提供实时的消费信息；同时，使电力供应商可对电力的使用情况进行远程监控。（4）在一些传统领域，比如：物流、制造、零售等行业，智能目标推动了信息交换，增加了生产周期的效率。

上述这些应用的发展，得益于 RFID、近域通信、2D 条形码、无线传感器、IPv6、超宽带或 3G、4G 的发展，这些在未来物联网的部署中仍会继续发挥重大作用。欧盟首先在政策层面上积极推进物联网及其核心技术 RFID 的发展，因为物联网和 RFID 的影响已经远远超出技术层面，进而对社会经济、隐私、安全、环境带来重大影响，因此，一个健全的产业政策环境对于物联网的发展是十分重要的。欧盟还通过重大项目支撑物联网发展。在物联网应用方面，欧洲 M2M 市场比较成熟，发展均衡，通过移动定位系统、移动网络、网关服务、数据安全保障技术和短信平台等技术支持，欧洲主流运营商已经实现了安全监测、自动抄表、自动售货机、公共交通系统、车辆管理、工业流程自动化、城市信息化等领域的物联网应用。

欧盟各国的物联网在电力、交通以及物流领域已经形成了一定规模的应用。欧洲物联网的发展主要得益于欧盟在 RFID 和物联网领域的长期、统一的规划和重点研究项目。

3.5.1　未来能源新形势——智能电网

与全球其他区域主要由单一国家为主体推进智能电网建设的特点不同，欧洲智能电网的发展主要以欧盟为主导，由其制定整体目标和方向，并提供政策及资金支撑。欧洲智能电网发展的最根本出发点是推动欧洲的可持续发展，减少能源消耗及温室气体排放。围绕该出发点，欧洲的智能电网目标是支撑可再生能源以及分布式能源的灵活接入，以及向用户提供双向互动的信息交流等功能。欧盟计划在 2020 年实现清洁能源及可再生能源占其能源总消费 20% 的目标，并完成欧洲电网互通整合等核心变革内容。

欧洲智能电网的主要推进者有欧盟委员会、欧洲输电及配电运营公司、科研机构以及设备制造商，分别从政策、资金、技术、运营模式等方面推进研究试点工作。预计在 2010—2018 年期间，欧盟对智能电网的总投资额约为 20 亿欧元。

（1）欧盟对智能电网发展的政策支持

2006 年欧盟理事会的能源绿皮书《欧洲可持续的、竞争的和安全的电能策略》明确指出，欧洲已经进入一个新能源时代，智能电网技术是保证欧盟电网电能质量的一个关键技术和发展方向。

2009 年初，欧盟在有关圆桌会议中进一步明确要依靠智能电网技术将北海和大西洋的海上风电、欧洲南部和北非的太阳能融入欧洲电网，以实现可再生能源大规模集成的跳跃式发展。

欧盟委员会继续积极致力于推动智能电网建设，它还号召其成员国利用信息与交流技术提高能效，应对气候变化，促进经济恢复；并强调智能电网技术可以帮助欧洲在未来 12 年内减排 15%，这将成为欧盟完成 2020 年减排目标的关键。同时，在 2011 年 4 月中旬，欧盟委员会发布了一份名为《智能电网：从创新到部署》的通报文件，在文件中确定了推动未来欧洲电网部署的政策方向。

（2）欧盟智能电网的发展现状

欧盟委员会指出，2012 年 9 月前，欧盟各成员国需要制定一份普及智能电表系统的执行计划和时间表。在过去 10 年，欧洲地区开展了约 300 个智能电网项目，总投入超过 55 亿欧元，其中来自欧盟预算的约 3 亿欧元。

总体而言，欧盟仍处于智能电网实际部署的初期阶段，仅有约 10% 的欧盟家庭安装了智能电表，且大部分还不能提供完整服务。

（3）欧盟智能电网的发展趋势

为推动智能电网从创新示范阶段转向部署阶段，欧盟委员会将采取以下行动推进完善标准体系的建立：制定欧盟层面的通用技术标准，保证不同系统的兼容性（任何连接到电网的用户都可以交换和说明可用数据，以优化电力消费或生产）；向欧洲标准化组织提出了一项指令，要求其制定并发布欧洲和国际市场快速发展智能电网所需的标准体系，首套智能电网标准体系应在 2012 年底前完成。

继续推进用户端设备尤其是智能电表的安装工作，并进一步促进技术创新。

欧盟委员会按照 2011 年 4 月出台《智能电网：从创新到部署》的文件指导欧洲各国的智能电网建设，要求其成员国制订旨在实施智能电网的行动计划。为保证零售市场的透明性和竞争力，欧盟委员会将监测一体化能源市场立法的执行情况。并通过能源服务指令引入对用户信息的最低限度需求的条款，指令的修订提案在 2011 年 6 月提出。

要达成智能电网容纳 20%可再生能源的目标，最大的制约是可再生能源的间歇性和对电网安全的冲击性。2010 年，以英法德为代表的欧洲北海国家正式拟订了联手打造可再生能源超级电网计划：在未来十年内建立一套横贯欧洲大陆的电力系统，电池板与挪威的水电站连成一片，从而发挥不同特性电源间的互补优势；还可接入北非的太阳能电场，从而加强欧洲大陆的电力供给，并有助于提高可再生能源的安全性和可靠性。

总体来看，欧洲的智能电网建设是以英法德等北海国家为主要代表，其他国家起辅助作用。各国都是在充分考虑本国实际情境的基础上，积极按照欧盟委员会的统筹和部署开展智能电网相关工作。

3.5.1.1 英国

1. 英国政府对智能电网的政策支持

为落实 2009 年出台的《英国低碳转型计划》国家战略，2009 年 12 月初，英国政府首次提出要大力推进智能电网的建设，同期发布《智能电网：机遇》报告，并于 2010 年初出台详细智能电网建设计划。英国煤气电力市场办公室从 2010 年 4 月起 5 年内共动用 5 亿英镑进行加大规模的实验。英国政府也正在支持一些领域的匹配性发展，其中包括投资 3000 万英镑的"插入场"框架，支持电动汽车充电基础设施建设。

2. 英国智能电网的发展现状

目前已经或即将开展的工作如下：① 加大力度安装智能电表。据英国能源和气候变化部透露，2020 年前，英国家庭正在使用的 4700 万个普通电表将被智能电表全面替代，这一升级工程预计耗资 86 亿英镑，在未来 20 年或可因此受益 146 亿英镑。② 组建智能电网示范基金。英国在 2009 年 10 月和 2010 年 11 月分别为智能电表技术投入 600 万英镑科研资金，资助比例最高可达项目总成本的 25%。此外，英国煤气电力市场办公室（Ofgem）还将提供 5 亿英镑，协助相关机构开展智能电网试点工作。③ 规范智能电网产业运作模式。智能电网将由政府全权负责，智能电表则按市场化经营，但所有供应商必须取得政府颁发的营业执照。

3. 英国智能电网的发展趋势

英国已制定出"2050 年智能电网线路图"，并开始加大投资力度，支持智能电网技术的研究和示范。之后的工作将严格按照路线图执行。

第一阶段（2010—2020 年），英国准备大规模投资以满足近期需要，并建立未来可选方案。具体内容是进一步加强智能电表的研究和部署工作，通过智能计量系统对各地区的需求进行积极响应,以达到促进需求发展、系统优化、资金规划和固定资产管理的目的。

近期英国准备扩大现有的基础设施和继续推进试点工程建设,争取早日完善智能电表的部署工作,为以后大规模的研发提供方案和数据支持。

第二阶段(2020—2050 年),目的是要提供到 2050 年后各种电力系统选择方案的基本依据。具体内容就是大量发展分布式能源和清洁能源,同时增加智能家居、智能家庭、嵌入式储存和分布发电以及虚拟电池的应用,并通过智能设计和强化电压设计等提高整个电网的自动化、智能化和控制力。

3.5.1.2 法国

1. 法国对智能电网的政策支持

法国是能源资源相对匮乏的国家,石油和天然气储量有限,煤炭资源已趋于枯竭。鼓励发展可再生能源及智能电网,提高可再生能源在能源消耗总量中的比例,已成为法国政府在制定相关政策时优先考虑的问题。同时,法国政府还通过征收二氧化碳排放税以及承诺投入 4 亿欧元资金用于研发清洁能源汽车等措施,来促进其智能电网建设工作的开展。

2. 法国智能电网的发展现状

法国计划到 2020 年风电达到 20GW,比目前提高 300%。因此,推进智能电网建设以更好地消纳清洁能源是其未来工作的重点。

加强企业合作。法国电网公司(RTE)选择和阿海珐(AREVA)旗下的输配电公司T&D 合作发展智能电网。根据法国能源监管条例要求,用户可每周或每月向 RTE 了解用电数量,也可通过远程访问的方式直接读取计量数据。为此,RTE 开展了广泛的表计及相关业务处理工作,开发了 T2000 系统,设立了 7 个远程读表中心,主要包括表计、结算及出单(发票)等功能。远程读表中心将数据汇总到总部表计及结算系统(ISU Metering),进行相关结算以及出单处理。随着 T2000 的应用,错误率逐年下降,实时出单的比例逐年上升,提高了效率,减少了纠纷。2008 年 RTE 公司实时出单率已经达到99.0%。

更换智能电表。法国配电公司 ERDF 将逐步把居民目前使用的普通电表全部更换成智能电表。这种节能型的智能电表能使用户跟踪自己的用电情况,并能远程控制电能消耗量,更换工程的总投资为 40 亿欧元。

3. 法国智能电网的发展趋势

继续推进以智能电表为核心的用户端技术服务,按照欧盟委员会的要求积极推进智能电表的普及工作;加强储能技术的研究;并通过 EDF 公司注重与中国的合作;在谨慎发展核电的基础上大力发展清洁能源。

3.5.1.3　德国

1．德国政府对智能电网的政策支持

在德国，很少使用"智能电网"这个名词，而是使用 e-Energy，翻译过来就是"信息化能源"。为推进 e-Energy 的顺利进展，德国联邦政府经济和技术部专门开设了一个网站，用来公布信息化能源的进度，向公众宣传信息化能源建设的益处。

2008 年 12 月以来，德国投资 1.4 亿欧元实施"e-Energy"计划，在 6 个试点地区开发和测试智能电网的核心要素。

2011 年，自日本核危机以来，德国毅然加入"弃核"队伍，转向新能源和电动汽车，尤其是后者。2011 年 5 月 18 日德国政府通过一项促进电动汽车普及的行动计划，计划在未来两年投入 10 亿欧元补贴，以扶持电动汽车，特别是电池技术的研发。

2．德国智能电网的发展现状

针对 e-Energy 项目，德国启动了不同的示范工程，对智能电网的不同层面进行展示和研究。

在曼海姆，200 家电力用户对未来能源供应状况进行了测试，并于 2010 年底开始使用"能源管家"，对电力消耗进行调控，以实现省钱和环保两大目标。

在库克斯港，生产型企业和地方上的用电大户积极参与示范项目。如大型冷库和游泳场如果通过风力涡轮机发电，将会节省大量电力，减轻电网负担。

在哈尔茨，新型的太阳能和风能预测系统得到应用，能对分散的可再生能源发电设备与抽水蓄能式水电站进行协调，使其效果达到最优。项目参与者认为，尽管风力发电站的数量在不断上升，但预计到 2020 年，该地区不需要再继续建新的电网。

在莱茵-鲁尔区，安装了 20 个微型热电联产机组。在必要的时候这些热电联产机组可用作分散的小型发电厂，并形成盈利能力。借助信息通信技术，参与实地测试的消费者可以积极参与市场活动。

在卡尔斯鲁尔和斯图加特，减少排放是示范项目的重点。1000 名用户参与了实地试验，在小范围内（工厂或家庭）对电力生产与消耗进行调控。

在亚琛，地区性的供电公司积极参与示范项目。借助智能电表，500 多家用户能够获悉他们所用电力的来源和价格，从而进行最优选择。

3．德国智能电网的发展趋势

（1）确立发展清洁能源的长远目标

自 2011 年日本核危机以来，德国积极响应并成功"弃核"，决定 2022 年前关闭所有核电站，成为首个"弃核"的先进工业国家。2011 年德国政府将永久关闭装机容量总计 8.5GW 的 8 座核反应堆，其发电量占全年电量的 8%。

这个欧洲最大的经济体计划在 10 年中加倍扩大可再生能源比例至 35%。德国的应对

办法就是大力发展清洁能源。德国从 20 世纪 90 年代开始大力开拓可再生能源，取得了骄人的成绩。截至 2010 年末，德国太阳能发电、风力发电、生物质能发电、地热发电、水力发电五项可再生能源的开发利用已经贡献给全国总电力消耗的 16.8%。

（2）利用先进的储能技术大力发展太阳能和电动汽车产业

德国在太阳能热利用和光伏发电领域处于世界领先地位。截至 2010 年底，德国的太阳光伏（PV）电池板装机总量达到 17 300MW。据相关资料表明，天气理想时全德国的太阳能和风能发电总量相当于 28 座核电站的发电总量。目前德国已有约 0.9% 的家庭使用太阳能发电装置，居民白天把屋顶太阳能光伏电（或风能发电）以较高价卖给电网，晚上平价买电使用。可以预见，未来越来越多的居民将既是电能的生产者又是消费者。

另外，德国利用其在传统汽车行业的技术优势大力发展电动汽车产业。德国政府已明确表示要在未来十年内成为世界电动汽车的引领者。

（3）积极推进信息技术与能源产业的结合工作

德国当前正在利用计算机技术调配各种可再生能源的供给，从调峰效果来看是非常理想的。

德国全境到处都建设了风力发电机组，当一个局部地区的风力不足导致风电生产下降时，电网或者自动调度其他风力充足地区的风电，或者自动增大太阳能光伏电的比例。如果遇到阴雨天气光伏电不足或夜间没有太阳能光伏电时，电网的计算机监控软件立即自动启动当地的生物智能发电，确保居民时刻有电可用。

3.5.1.4　意大利

1．意大利政府对智能电网的政策支持及发展现状

为了达到在 2020 年总能源消耗量减少 20% 的目标，意大利特别重视节能应用以及智能电网的相关建设。通过历时 5 年（自 2005 年起）的持续建设，意大利已经将智能电表（AMI）的全国覆盖率提升至 85% 以上，成为目前全球智能表计覆盖比率最高的国家。

为了满足电动汽车、太阳能接入的要求，意大利在智能电网方面还积极开展了互动式配电能源网络及自动抄表管理系统的研究与应用工作。有多国参加的 ADDRESS 项目是其重点研究项目之一，目的是开发互动式配电能源网络。

2．意大利智能电网的发展趋势

继续开发互动式配电能源网络；放弃核能；重点推进电动汽车和太阳能接入并网的相关工作和用户侧的数据利用工作。

3.5.1.5　西班牙

1．西班牙政府对智能电网的政策支持

2007 年 8 月，西班牙政府出台法律，要求到 2014 年，所有电网运营商都必须采用自动抄表管理系统；到 2018 年，国内所有电表都要更换为智能电表。

2．西班牙智能电网的发展现状

智能电表。西班牙电力公司（ENDESA）负责开展自动抄表工作。目前电表更换计划已启动，已有 1 万只智能电表进行示范安装。

智能城市建设。在西班牙南部城市 Puerto Real，ENDESA 公司与当地政府合作开展智能城市项目试点，主要包含智能发电（分布式发电）、智能化电力交易、智能化电网、智能化计量、智能化家庭。项目投资 3150 万欧元，当地政府出资 25%，于 2009 年 4 月启动，计划用 4 年时间完成智能城市建设。项目涉及 9000 个用户、1 个变电站以及 5 条中压线路、65 个传输线中心。

3．西班牙智能电网的发展趋势

在用电侧继续推进智能电表的安装工作，为智能城市的建设提供保障；清洁能源的发展重点是风电。具体是通过实行"双轨制"，即固定电价和溢价机制相结合的方式，在保证基本收益的前提下，继续鼓励风电场积极参与电力市场竞争，保证风电在西班牙电力中 30%的比重。

3.5.1.6　丹麦

1．丹麦政府对智能电网的政策支持及发展现状

丹麦是世界上可再生能源发展最快的国家之一，可再生能源比例从 1980 年的 3%跃升到如今的 70%。丹麦根据本国特点，主要推行风力发电以及风电设备的制造，其中风力发电占全国总发电量的近 20%，预计到 2025 年可达到 50%。因此，将电网打造成为世界最先进的、能够适应大规模可再生能源的电网成为丹麦重要目标。为此丹麦已经开展一系列工作。

（1）安装智能电表。2009 年 5 月，丹麦电力公司 SEAS-NVE 开始为洛兰岛家庭安装智能电表，到 2011 年为该岛所有家庭（约 35 万户）进行了安装。

（2）开展智能电网实证实验。2009 年 12 月，SEAS-NVE 与松下共同启动了智能电网实证实验。实验使用 SEAS-NVE 的智能电表和松下的住宅网络系统"Lifinity"，分两个阶段进行：第一阶段实现用电量的"可视化"及照明器具的远距离控制；第二阶段对暖气设备进行控制，并使用燃料电池及蓄电池等。

（3）成立研究集团。考虑到未来几年丹麦电动或混合动力汽车比例将超过 10%，电动汽车需要智能技术以控制充电与计费，并保障整个能源系统的稳定，丹麦 DONG 能源公司（丹麦最大的能源公司）、地区能源公司 Oestkraft、丹麦技术大学、西门子、Eurisco 和丹麦能源协会共同发起成立了 EDISON 研究集团，以发展大规模电动汽车智能基础设施，其部分经费由丹麦政府资助。EDISON 集团计划第一步研发智能技术，并在丹麦博恩霍尔姆岛（Bornholm）运行。该岛上有 4 万居民，风能占很大比例。实验将研究当电动车辆数量增加时电网如何发挥作用。该研究以模拟为基础，不会影响岛上的供应安全，研发的智能电网技术也可应用于其他分布式电源。

2. 丹麦智能电网的发展趋势

将继续推进以智能电表为重要内容的用户侧研究，并以此为延长积极推进智能电网在发输变配等环节的应用；发展重点是电动汽车的充电站相关研究；继续发挥丹麦的风电优势，推进风电的并网研究。

3.5.2　家居领域的应用

智能家居最早起源于 20 世纪 80 年代初，当时大量的电子技术被应用于家用电器，形成了住宅电子化（Home Electronics，HE）的概念；20 世纪 80 年代中期，将家用电器、通信设备与安防设备各自独立的功能综合为一体后，产生了住宅自动化（Home Automation，HA）；20 世纪 80 年代末，随着通信与信息技术的发展，出现了对住宅中各种通信、家电、安保设备通过总线技术进行监视、控制与管理的商用系统。这在美国被称为 Smart Home，也就是现在智能家居的原型。

进入 21 世纪以来，智能家居的发展趋于多样化，其系统配置日益全面。目前比较典型的应用系统包括：防盗报警系统、消防报警系统、门禁系统、煤气泄漏探测系统、远程抄表（水表、电表、煤气表）系统、远程医疗诊断及护理系统、室内电器自动控制系统、网上教育系统、视频点播系统、付费电视系统、有线电视系统等。

近年来，随着物联网成为全球关注的热点技术及应用领域，其快速发展已成为推动智能家居日益普及的催化剂，并为智能家居引入了新的概念及拓展空间。智能家居作为物联网的一种重要应用，正日益呈现蓬勃发展的良好势头，并逐步朝着网络化、信息化、智能化方向发展，智能终端产品也日趋成熟。

3.5.2.1　产业总体状况

欧盟主要国家在智能家居的建设中一直占据着一定的优势地位。无论是政府政策的支持，还是电信运营商的转型尝试，都在一定程度上推动了智能家居产业的发展。进入 21 世纪以来，欧盟许多国家都在加速布局智能家居网络，如英国电信提出的 Home Hub，法国电信提出的 Live Box2，意大利电信的 Alice 宽带数字家庭，西班牙电信的 Alejandra 计划等。美国 Forrester Research 的调查结果也显示，2008 年 47％的欧洲宽带接入家庭安装了家庭内部网络。目前，包括 IPTV、养老服务等应用已得到普及，基于融合家庭网络提供面向家庭的差异化服务成为欧盟智能家居产业发展的主流。

3.5.2.2　产业政策

2005 年欧盟发布了《欧洲信息社会战略计划 i2010-Initiative》，提出"创建单一的欧洲信息空间、加大数字通信技术领域的科研投资、通过应用数字通信技术提高生活质量和公共服务水平"的目标。同年，欧盟委员会提出了一个关于现代化电视的标准，即"无界的电视"，以确保所有提供电视相关服务的企业无论是转接还是宽带技术都拥有一个公平的竞争环境。2008 年 10 月欧盟提出了下一代高速宽带网战略，实现 2010 年达到 100％高速互联网覆盖的目标。在 2000 亿欧元的经济刺激计划中有 50 亿欧元用于建设能源互联和宽带基础设施。2009 年 11 月，欧盟发布了《未来物联网战略》，提出要让欧洲在基于互联网的智能基础设施发展上领先全球，除了通过信息与通信技术研发计划投资 4 亿欧元、90 多个研发项目提高网络智能化水平外，欧盟委员会还将于 2011—2013 年间每年新增 2 亿欧元进一步加强研发力度，同时拿出 3 亿欧元专款，支持物联网相关公私合作短期项目建设。物联网在消费电子产品中的广泛应用，引领电子消费进入一个更便捷、人性化、智能化的新时代。智能家居必将成为消费类电子产品未来的强劲增长点。

德国：为了确保国家信息通信技术的创新水平在 21 世纪位居欧洲第一，通过信息通信技术的推广应用不断创造就业机会，促进经济增长。1999 年，德国政府提出了"21 世纪信息社会创新和就业行动计划"，简称"D21"。政府表示将为该行动计划提供 30 亿马克的资助经费。"D21"计划有三个基本目标：一是发展传输速度更高的互联网基础设施；二是实施"Internet for All（全民享有互联网）"项目；三是帮助平时接触不到网络的弱势群体上网。"D21"计划的实施取得了良好的效果。

进入 21 世纪后，德国又制定了《2006 年德国信息社会行动纲领》，这是德国走向信息社会的主体计划，对信息化建设的主要方面提出了明确的目标，强调要通过政府创造环境，实行政府与产业界及社会各界的合作，形成向信息社会转移的体制和机制。鼓励电信基础设施之间的竞争，特别是在快速因特网接入（宽带因特网）方面，包括：宽带电缆、W-LAN、卫星或移动通信（UMTS）以及 DSL 产品。同时，数字广播服务为广播的发展以及信息、通信和广播技术的整合提供必要的平台。通过大幅度地提升发射能力，数字化将推动一系列的信息、娱乐和服务的发展，从而促进经济增长和就业。另外，它还将巩固和扩大欧洲在这一领域中的领导地位。数字传输的成本比模拟传输的成本要低，所以客户可以花同样的钱享受到更多的新服务和新功能。

英国：2009 年英国政府发布的《数字英国报告》（Digital Britain Report），提出到 2012 年至少要把 2Mb/s 速度的宽带接入普及到英国每一个家庭，使英国更具竞争力，加速经济复兴。英国首相认为，英国的数字网络将是未来几十年英国经济的支柱，它就像 20 世纪的公路、桥梁、火车和电气一样重要，能给英国在 21 世纪再次带来繁荣。目前年产值为 740 亿美元的英国信息通信产业在很大程度上依靠高速宽带接入。据有关资料介绍，至今，英国已有近 50％的家庭使用数字电视，并以每周 3 万户的速度增长；电信宽带和有线电视宽带网络已经覆盖全英国 80％的家庭和企业。手机电视、IPTV 等新业务层出不穷，资费大幅降低，消费者成为三网融合的最大受益者。

芬兰：2006 年，芬兰提出了《国家知识型社会战略 2007—2015》，其战略构想就是建设信息社会美好生活，包括建立国家级的信息基础设施、向全国民众提供可利用的信息服务、改进公共事业和服务、促进欧洲的通信竞争等内容。在此之前，芬兰也曾提出了两套不同版本的国家信息社会有关政策和报告：《芬兰：面向一个信息社会的国家纲要》（1995 年）和《生活质量、知识和竞争力》（1998 年）。

法国：2000 年 7 月，法国政府提出，政府将采取措施，缩小法国在信息领域与其他发达国家的差距。其中包括：第一，为 2001—2003 年网络新行动计划拨款 40 亿法郎；第二，到 2002 年中小学要全部上网，2003 年前在全国开辟 7000 个可供公众上网的公共场所；第三，储备信息技术人才，在 5 年内将电信工程师学院的毕业生人数增加 50%，在普通大学新增加 45 个信息技术专业；第四，未来 5 年，政府将动用 10 亿法郎加强研究，研究人员将增加 25%；第五，打破垄断，允许网络公司租用法国电信公司的本地线路，促进良性竞争，降低上网费用。

瑞典：瑞典政府制订了到 2010 年建成全球最先进的国家信息基础设施（NII）的计划。该计划认为，瑞典先进的信息基础结构业已建成，NII 建设的关键是新业务的应用和更大范围的普及，目标是让每个公民在任何时候、任何地点都能以电子方式快速、方便、安全、廉价地享用信息服务和相互通信。为此，政府建立了首相直接领导的由政府部门和产业界组成的一个委员会，并为相关的研发部门拨出 10 亿瑞典克朗，作为专项政府基金。

3.5.2.3　主要应用

目前，欧盟主要电信运营商提供的智能家居业务应用如下。

英国电信（BT）：BT 智能家居网络理念是便利和全面的沟通。家庭网关（Home Hub）作为智能家居业务的核心，是接入网向家庭网络的延伸。BT 强调易用性，也就是即插即用；还强调完整性，通过多样化的家庭终端提供多样化的服务，支持各种智能监控设备的数据接口和物理接口；在视频监控上更侧重于网络摄像机的方案。

法国电信（FT）：法国电信在智能家居网络的推广中是比较成功的。法国电信是综合业务的电信运营商，整体分为三部分：网络和 IT、销售和市场及研发。业务包括固定电话业务、移动电话业务、互联网业务以及有线电视和互联网相关的业务，还有企业网。法国电信推出了以 Live Box（智能家居网络用户）为品牌的家庭网关业务，通过具有 WiFi 路由功能的 Live Box 连接家庭内部的终端设备，可以支持 VoIP，同时可以实现数据传输和家庭监控等新应用。Live Box 的推出，重新扭转了原来在宽带上的下降趋势，实现了 FT 在宽带新增市场的份额，同时也提升了宽带接入的市场份额。

意大利电信：意大利电信推出了一根 ADSL 接入线捆绑 5 个固话号码，支持无线上网、IPTV、VoIP、无绳电话与手机互通等功能的家庭网络业务。

其他应用如下。

家庭网关：目前以家庭网关为核心的业务主要有 Broadband Talk、BT Fusion、网络设备共享、音乐、视频和图片共享、BT Yahoo、安全监控、WiFi 热点覆盖等，主要应用于家庭客户、SOHO 客户、中小企业客户等。

电子保姆：可以一周七天、每天 24 小时不间断工作，旨在增加居家养老的安全系数。有了它的及时报告，一旦老人的健康或者安全出现问题，社区工作人员就可以在最短时间内做出反应。它以主人日常行为方式为基础，按逻辑顺序建立一套模式，以此为标准，搜索主人有无反常举动。

智能屋："智能屋"装有一个以计算机终端为核心的检测通信网络，使用红外线与感应式坐垫和床垫观察老人在屋内的走动。如果老人外出，计算机还可以通过 GPS 全球定位系统跟踪其去向。"智能屋"的医疗设备可以为主人测心率和血压，并将结果传输给医生，还能按剂量向老人供药。

智能花盆：该花盆能通过传感器探测植物的生长环境状况，并在植物需要照顾时及时提醒主人。这种"智能花盆"在其底部装有水分及温度传感装置，在外部还有光照传感器。"智能花盆"带有的振动功能可以为那些视力不佳的用户种植盆栽时提供方便。这些传感装置能随时监测植物周围环境变化，在植物所处环境未达到其生长所需标准时，花盆外的指示灯就会闪烁，一旁的温度计和湿度计则会显示所需数值，让主人及时对其实施有效的照顾。

智能呼吸墙体：室外零下 20℃的刺骨寒风，家里却可以保持恒温且不浪费大量能源。热回收新风机将室外新鲜空气通过二级静电装置过滤掉了灰尘，然后通过铝板热交换，使吹进室内的新鲜空气与室内温度接近。若将铝窗框换成塑料窗框，还可以节能 96%左右。在墙体外面，铺上两层厚厚的泡沫塑料，墙体保温作用就更显著。

3.5.3　智能交通

欧洲在智能交通应用方面的进展水平，稍逊于美国。由于欧洲各国政府的分散投资和各国的需求不一致，在整个欧洲建立统一的交通信息服务系统困难重重。然而在开发先进的旅行信息系统（ATIS）、先进的车辆控制系统（AVCS）、先进的商业车辆运行系统（ACVO）、先进的电子收费系统方面具有很多共同点。

在欧洲的英国，公路管理机构总额达 1.2 亿英镑的"智能公路计划"从 2000 年开始实施。英国的交通控制中心可以给驾驶员提供全国范围的实时交通信息，这些信息可以帮助驾驶员选择合适的路线，以减少路网上的交通拥挤和事故影响，改善出行计划，提高出行时间的确定性。为减少重要路口的延误，英国已于 2003 年安装了 1000 多套可变信号交通标志，用于提供路径诱导，并且在 30%的高速公路上安装"自动滞留警告系统"，以减少拥挤路段排队车辆时的事故率[30]。

3.5.3.1 欧洲地区智能交通市场快速成长

欧盟年产汽车超过 1700 万辆，汽车保有量超过 2 亿辆。但是由于智能交通起步晚于北美，而且欧盟各国路况与交通设施差异较大，加之多语系的问题，对智能交通产业发展造成一定的障碍，导致欧盟智能交通产业落后于北美。但是，欧盟智能交通发展速度快于北美，发展势头强劲，特别是在英国、法国、德国和意大利。

欧洲以导航和交通信息为主。欧洲智能交通系统主要功能是以导航和交通信息以及线上信息为主，安全防护与娱乐功能发展次之。欧洲各国的智能交通服务内容有一定的差异化，法国、英国、德国、意大利、荷兰、瑞典、爱尔兰等国都有属于本国的智能交通服务。美国、日本、韩国都是单一语种的国家，不存在语言互通的障碍，而欧盟地区现有官方语言 23 种，并且欧盟地区跨国界交流非常频繁，在这种市场环境下开展智能交通服务就必须要突破语言瓶颈，要让用户在不同国家都能方便地使用母语服务。近年来，智能交通服务提供商通过多语系入口网站，查询最适合旅游路径、天气信息、食宿等服务内容，来解决语言文化形成的障碍。

3.5.3.2 欧洲的"eCall"计划

在欧洲，智能交通服务主要解决道路狭窄、路况复杂等问题，所以服务对象主要是汽车导航和交通信息。

欧盟委员会于 2009 年 8 月通过一份政策文件，要求欧盟 27 个成员国的政府及相关行业加紧落实"eCall"计划。随后，奥地利、塞浦路斯、捷克、爱沙尼亚、芬兰、德国、希腊、意大利、立陶宛、葡萄牙、斯洛伐克、斯洛文尼亚、西班牙、荷兰和瑞典等 15 个成员国签署了"eCall"计划备忘录；与此同时，冰岛、挪威和瑞士作为非欧盟国家也已签字加入了这项计划。2010 年 5 月，来自比利时、丹麦、卢森堡、马耳他和罗马尼亚 5 国的代表 4 日在布鲁塞尔签署"eCall"计划备忘录，这使加入"eCall"计划的欧盟成员国数量增至 20 个[31]。

"eCall"系统是指在汽车内安装一个黑匣子，当汽车发生重大交通事故而触发安全气囊时，结合车上的 GPS，系统能自动拨打欧盟国家统一的急救电话，将急救呼叫信号和事故车辆所在位置信息通过无线通信网络以最快的速度传送给最近的紧急事故处理中心。对于不清楚事发位置或受伤不能打电话的人来说，这个系统的好处尤其明显。

3.5.3.3 主要的智能交通系统概况

1. 奔驰 Comand 系统

奔驰公司推出了 S-class，它通过 Comand 系统（Cockpit Management and Data System）和 GSM（Global Standard for Mobile Communication）提供各种服务。Comand 系统通过

有效地运用 GPS 卫星的定位数据，实现了"dynamic auto pilot navigation"服务，并且综合了车内 AV 系统、GSM 终端机、Car PC 的通信系统和娱乐系统。通过车内 GSM 终端机可以从互联网上获取新闻、天气、股票等多种生活信息，也可以连接到家里或公司的计算机上，查寻简单的信息。

Comand 的控制终端由旋钮和周边几个功能键组成。它可以进行向下按、旋转和前后左右四向移动控制，因此，Comand 的操作跟鼠标非常接近。同时，奔驰中控台上方和仪表盘相连接成一体的一个液晶屏，它隐藏在玻璃罩后方可以做左右的角度调节，以满足驾驶员和其他乘员的使用需要。Comand 使用起来直观、方便，最主要的原因是其显示界面的逻辑性很好。从液晶屏最上方的主菜单上，共有导航、音响、电话、影像和车辆 5 个选项，可以通过旋钮的旋转或左右拨动来选择需要调节的内容，然后按下旋钮进入下一级菜单；返回上一级可以向上拨动旋钮或按返回快捷键，每一级都有这样的数据库结构，使用起来逻辑清晰。在导航系统的使用中，可以用单页面显示地图或分双页面分别显示地图和其他信息；另外还有多种导航模式，对于目标地点的选择和输入都是很简单的。由于具体的使用内容十分丰富，可以说真正的快感只能由驾驶者一点点体会了。特别强调一点，奔驰配置的地图信息很全，而且导航的精度很高，最小刻度可达 25m。而其他功能的使用也是如此，以分级菜单的形式显示，可以逐一选择或特定的输入。

2. BMW 公司的 I Drive 系统

2000 年 10 月，宝马汽车以"走进移动数据高速公路的未来"（Into the Future on mobile data highway）为主题，推出了"I Drive 系统"。目前，宝马汽车为了实现 700 多种功能，把这套系统分为三大功能：第一是和驾驶有关的操作，包括按钮换挡、电子驻车、自动驻车系统等；第二是一些常用的基本功能，如车载电话、空调控制、行车信息系统等；第三类是宝马越来越关注的娱乐系统，如视频播放、无线上网和音响系统等功能。

这套系统最重要的部件就是位于中控台中央的 LCD 显示屏和类似鼠标功能的 I Drive 按钮。该按钮能够前后上下 10 方向移动，并且可以顺时针逆时针旋转，控制菜单选项。第一代推出的 I Drive 系统并没有获得好评，原因在于其烦琐的操作步骤和复杂的菜单逻辑，需要详细阅读说明书才可以熟练操作。第二代就改进很多，不再有质疑声，真正起到了简化操作步骤、逻辑清晰的作用

I Drive 的出现避免了因为功能繁多而造成中控台凌乱的现象，并且融合了设计人员的创新才智，使其更符合人的逻辑思维和人体工程学。此系统不仅可以保障安全驾驶，而且可以随意设置必要的功能，其操作方法也简单。8 个主菜单分别有车内气候、通信、娱乐、导航、车辆信息、宝马服务支持、功能设置和帮助菜单。

BMW 公司通过在汽车上安装德国 CAA 公司的"Car PC"，实现了互联网、E-mail、交通信息、导航功能，在引入了多媒体概念的同时，把汽车控制系统连接到 Car PC 上。

可以这样讲，此系统是集检查故障、调节温度、调整座位等诸多功能为一身的 Telematics 系统。

3．Tegaron Telematics GmbH

主要提供导航系统、安全信息和移动通信服务，是 Daimler Chrysler Services 和 Deutsche Telekom Group 两家合资成立的公司。2000 年 11 月开始使用导航系统，并且 Pocket PC 上增加了手机功能。不仅如此，可以根据交通状况及时发送详细的地理位置于实时短信。在奔驰汽车的紧急联络系统中就应用了 TeleAid，奥迪、大众、雷诺等品牌也把它应用在紧急联络系统和故障排除系统中。

3.5.4　智慧医疗

2009 年 10 月，欧盟委员会以政策文件的形式对外发布了物联网战略，提出要让欧洲在基于互联网的智能基础设施发展上领先全球。除了通过 ICT 研发计划投资 4 亿欧元、启动 90 多个研发项目以提高网络智能化水平外，于 2011—2013 年间每年新增 2 亿欧元进一步加强研发力度，同时拿出 3 亿欧元专款，支持物联网相关公私合作短期项目建设，其中也包括医疗项目。

3.5.4.1　西班牙：RFID 血液进出库追踪方案

2011 年 3 月，西班牙集成商 Aifos 与 FBSTIB 合作，为马洛卡的血库提供一套基于 RFID 技术的血液血袋跟踪方案。

此方案采用了能在恶劣环境下能保持稳定的 Squiggle 标签和能同时记载 512 位用户信息的 AifosRFID 芯片。为防止标签胶水在恶劣的环境下产生变化影响血袋保存血液质量，Aifos 还采用了一种可镶嵌标签，以保证血袋质量。

当新的捐赠的血液到来时，只要通过一个固定的识别系统，就可以自动将所有捐赠者的身份、血型、捐赠地以及捐赠时间记录通过 Aifos 软件翻译并存储在 FBSTIB 的后端数据库中。

当需要血液出库的时候通过识别系统识别血袋上的镶嵌标签就能得到血液的详细数据，并且将数据与需要血液数据做对比，就能轻而易举地控制出库血液，一旦发生错误 Aifos 软件就会报警，以提醒操作人员。

马洛卡血库每年接受捐赠的血浆总数约 60 000 袋。Aifos 提供的解决方案，大大提高了工作人员的工作效率，并且提升了工作的准确性，而且在造价上也不昂贵。

3.5.4.2　德国：制药厂商使用超高频标签追踪药品

2011 年 6 月 13 日，超高频 Gen2 电子标签的试验，该试验中追踪药品从 Sun 制药工厂开始到 Max Pharma 的 Gattendorf 分销厂。此次试验的成功标志着该系统将进入实施阶段。

Max Pharma 希望得到其他医药生产厂商的出货量，所以将有更多的生产厂商使用该技术。

Max Pharma 已经试点 RFID 技术多年了，其目的：一是提高公司内部产品运送的计划性，二是推广销售解决方案给其他供应链伙伴，该解决方案是由公司的信息部门 XQS-Service GmbH 提供的。

除了获取并存储产品和航运日期的数据外，XQS-Service 基于 RFID 的产品追溯方案还能监测温度等其他传感数据，尽管这些信息并没有列入试验范围。一旦温度被列入检测范围，供应链厂商便可注册到 XQS-Service 软件的门户网站，得到相应的传感测量数据和装运信息。

Max Pharma 主要做肿瘤药品批发，其业务范围已扩大到捷克。该公司的 XQS-Service 部门建于 2006 年，目的是协助 Max Pharma 和药品供应链上的其他公司从源头追踪药品。

XQS-Service 开发的 RFID 系统本来是为在欧洲制药供应链上追踪药品制定的，主要作用是可以减少市场上假药的流入。

Max Pharma 的经销部门每天要运送大约 50 箱（每箱包含 300 包肿瘤药品）的货物，体积大约 8000 平方米，每月出库总价约 7.3 百万美元。Max Pharma 从 2006 年开始使用高频 RFID 标签追踪药品，可得到产品的进货和出货详细信息。Sun 制药公司的部分药品也采用有源高频电子标签，其中包括化疗药物紫杉醇和吉西滨他。Sun 制药公司采用胶黏的高频标签对产品进行二次封装。

截至今天，已经有 10 家制药企业购买 XQS-Service 的 RFID 读写器（起初是高频的，现在主要是超高频）。此应用使得制药厂能够较容易地读取标签信息，同时创建商品的电子信息，比如商品编号、保质期等。XQS-Service 为了根据自己的需求管理 RFID 数据，创建了独立的软件平台。

3.5.4.3　英国：医院采用 AeroScout 的资产跟踪系统

AeroScout 公司是医院可视性解决方案领先供应商。该公司宣布 Great Ormond Street Hospital（一家英国国家医疗服务基金会所属的医院）已经采用 AeroScout 公司的资产跟踪和管理的解决方案，地点是英国伦敦。项目的责任单位是 Block Solutions 公司，为 AeroScout 公司在当地的合作伙伴，具有丰富的医疗服务经验。通过 AeroScout 公司的实时定位系统（RTLS）使医院的贵重稀缺设备得到优化应用。经历初期应用以后，这家国际著名的儿童医院迅速体会到这个项目有许多优点，例如节省时间、减少浪费、从而提升医疗质量[41]。

Great Ormond Street Hospital （GOSH）医院创立于 1852 年，一开始就是专业儿科医院，一直在努力为儿科疾病寻找新的更好的治疗方法。这家医院也是英国最大的儿科医疗专业人员培训基地，一大批专业的儿科医疗工作者在这里得到培养和教育。GOSH 医院现在拥有员工 3 200 人，每年接待病人约 20 万人次。作为基金会创意（全面改善 GOSH 医院的基础设施）的一部分，医院决定首先从医疗资产定位开始。因为医疗资产的定位和管理占据医院不少的费用和时间。AeroScout 公司的解决方案是基金会设定的许多项目中的一个，可以帮助改善病人的医疗质量同时符合三个设定的目标：即无须等待、没有浪费、零伤害。这些目标对于 GOSH 医院绝对重要，AeroScout 公司的解决方案通过以下方式对其进行支持。

无须等待：关键性设备可以更快找到，减少患者和医生等待的时间；

没有浪费：任何时候都可以对设备进行定位，从而提高设备利用率，防止过度采购；

零伤害：改善资产管理，从而确保医疗设备得到及时保养维修，做到随需随用。

AeroScout 公司的资产跟踪和管理解决方案基于 WiFi 技术，免去采购和应用专利 RFID 网络的费用。另外，GOSH 医院是利用普通的现有 WiFi 网络支持现在的项目，从而降低医院的项目投资。

利用 AeroScout 公司的 WiFi RFID 标签，GOSH 医院可以跟踪和管理各种医疗设备，如专用的检测设备和输液泵。AeroScout 公司的 Mobile View 软件可以让医院的员工快速找到关键性设备，快速打印报告和管理资产。这个医院的生物医学工程团队是这个系统的最初使用者，他们发现设备请求需要的时间和找不到设备的情况已经有明显的减少。

3.5.5　智慧环保

随着现代社会经济的高速发展，人类面临的环境形势也日益严峻。大气污染、水污染、光污染、噪声污染、电磁辐射污染、森林植被破坏以及土壤沙化等问题日趋严重，威胁着居民的健康、破坏着城市生态环境，严重制约着生态平衡及社会的可持续发展。智慧环保，就是将物联网技术应用到环境监测领域，将使我们实时、准确、连续、完整地获取到环境信息，在信息手段的辅助下更加科学有效地管理环境，对环境问题由事后监管转为事先预防。目前，物联网的相关技术已经应用到了污染源监控、环境在线监控和环境卫星遥感监测等方面，极大地提高了各国的环境监测手段。

3.5.5.1　智能垃圾箱

法国拉罗谢尔市将为 1.1 万个垃圾箱装上电子芯片，计算垃圾的收集次数及重量，以达到环境保护的目的。

为保证环境的可持续发展，法国《格奈尔环境保护法 I》（loi Grenelle I）借鉴比利时、丹麦、瑞士、美国等国的经验，规定对家庭垃圾进行收费，促使居民减少垃圾产生。收费标准由两部分组成，一部分为固定费用，按管理成本定价收取；另一部分为可变费用，将根据垃圾的重量、体积或收集次数等收取。但是一直以来，如何落实收费成了管理部门的大难题。

现在，有 18 个区、1.46 万居民的拉罗谢尔市，要将 1.1 万个垃圾箱装上电子芯片，新垃圾箱安装工作将持续到 2012 年底。届时每个家庭将配有一个家庭生活垃圾箱和一个包装分类收集垃圾箱，每个垃圾箱都将配有一个电子芯片。

这些垃圾箱上的电子芯片包含了户主的信息，同时还可输入与垃圾收费相关的信息。当装有嵌入式称重系统以及识别天线的垃圾收集车经过时，就能依靠这些电子芯片鉴别出垃圾箱所属家庭以及垃圾收集的次数或垃圾的重量等信息，并在垃圾收集车回站后传送到数据库管理系统，管理部门就可依据这些数据对相关家庭收取费用[42]。

3.5.5.2　Perma Sense Project 项目

在法国和瑞士之间，阿尔卑斯山高拔险峻，矗立在欧洲的北部。高海拔地带累积的永久性冻土与岩层历经四季气候变化与强风的侵蚀，积年累月所发生的变化常会对登山者与当地居民的生产和生活造成极大影响。要获得对这些自然环境变化的数据，就需要长期对该地区实行监测，但该区的环境与地理位置，决定了根本无法以人工方式实现监控。在以前，这一直是一个无法解决的问题。

当前，一个名为 Perma Sense Project 的项目将使这一情况得以改变。Perma Sense Project 计划希望通过物联网（Internet of Things，IOT）中无线感应技术的应用，实现对瑞士阿尔卑斯山地质和环境状况的长期监控。监控现场不再需要人为的参与，而是通过无线传感器对整个阿尔卑斯山脉实现大范围深层次监控，包括：温度的变化对山坡结构的影响以及气候对土质渗水的变化。参与该计划的瑞士巴塞尔大学、苏黎世大学与苏黎世联邦理工学院，派出了包括计算机、网络工程、地理与信息科学等领域专家在内的研究团队。据他们介绍，该计划将物联网中的无线感应网络技术应用于长期监测瑞士阿尔卑斯山的岩床地质情况，所收集到的数据除可作为自然环境研究参考外，经过分析后的信息也可以作为提前掌握山崩、落石等自然灾害的事前警示。据熟悉该计划的人士透露，这项计划的制订有两个主要目的：一是设置无线感应网络来测量偏远与恶劣地区的环境情况；二是收集环境数据，了解变化过程，将气候变化数据用于自然灾害监测。

3.5.6　工业领域的应用

现代企业的生产、销售和服务，包括能量流和信息流，都离不开自动化的控制。制造业的信息化与物联网技术的结合将提高信息流的速度和质量，改变传统的业务流程和工作方法，减少环节和管理层次，提高效率，降低成本，加快资金周转，从而带来明显的经济效益。

3.5.6.1 西班牙建筑商采用 RFID 徽章追踪工作工人

西班牙建筑公司 Fomento de Construcciones y Contratas（FCC）和 ACCIONA 现正在挖掘 VIGO 市附近的两条铁路隧道。隧道将扩展连接马德里和加利西亚省间的铁路通道。

隧道挖掘充满了各种危险，包括重型机械、昏暗的照明条件和定期的岩石爆破。为了一天 24 小时追踪隧道内几百名工人的位置，公司决定采用高技术保障挖掘 Galaico-Leones 山脉通道工人的安全。除了实时定位外，公司也希望当工人遇到麻烦时可以发送呼救信息。

这两家公司希望利用建筑工地（该建筑项目于 2007 年启动，预计于 2013 年结束）的现有基础设施——用于数据和声音传输的、与光缆连接的 WiFi 节点。2009 年初，FCC 和 ACCIONA 开始寻找一套可利用 WiFi 网络的实时定位系统（RTLS），并雇请系统集成公司 Bautel Comunicaciones 实施这套系统。

2009 年秋季，Bautel 利用现有的 WiFi 接入点安装这套系统，每位员工配发一个 Ekahau T301BD WiFi RFID 徽章。Ekahau 商务开发副主管 Tuomo Rutanen 称，徽章在 2.4GHz 频段，以 WiFi 802.11 协议发送和接收信号，从而使系统可以定位配戴徽章的工人。RFID 徽章采用可充电电池，以预设定频率发送唯一的 ID 码和警报，并接收文本信息。

当工人每天上班时，他们从墙上储存槽库或在一张书桌上取走一个 Ekahau T301BD 徽章。每个徽章含唯一一个 ID 码，与所存放槽正面印刷的 ID 码相对应。工人取走徽章，系在颈下绳索上，并将自己公司的 ID 标签（正面印有相片、姓名）放入徽章的储存槽。公司的 ID 标签和徽章 ID 并没有电子对应，这样，系统采用 Ekahau 软件匿名追踪个人。如果公司需要了解某位佩戴特定徽章的工人，可以来到存储格前，找到该员工放置在 T301BD 徽章存储槽的 ID 标签。

一旦工人进入隧道，无线接入点开始捕获徽章发射的唯一 ID 码。至少一个，经常多个接入点获取徽章唯一的 ID 码，接入点发送数据到建筑公司的后端系统，而 Ekahau 的定位引擎软件基于特定接入点接收 RFID 标签信号强度判断标签位置。管理层接着可以在计算机隧道平面图上查看标识。

如果员工激活徽章顶部的一个安全开关，徽章发送一个警报到一个 WiFi 节点。Ekahau Vision 软件接收警报后转发到电话、传呼机和其他徽章，徽章本身也可以接收信号，如管理人员警报和其他徽章的信号。

FCC 和 ACCIONA 可以在电脑平台图上查看所有员工的实时位置。公司目前约采用 200 个徽章。

3.5.6.2　德国著名女装采用 RFID 系统

德国著名女装 Gerry Weber 将实施一套 RFID 系统，用于库存管理和商品防损。

Gerry Weber 在全世界拥有 338 家商店和 1400 家店中店，公司将采用 Avery Dennison 系统，在每年 2500 万件服装的洗水唛里嵌入 RFID 芯片。

这套系统设计用于优化 Gerry Weber 的物流和零售流程，减少偷盗，并确保商店备足流行物品。

Avery Dennison 的 RFID 纺织品洗水唛将制造流程应用于服装上，当顾客在收银台结账时自动杀死标签。

Gerry Weber 的物流主管 Dr David Frink 称："这项技术可以帮助我们取得更高的库存精确率，从而提高零售店货物供应效率，替换耗时颇多的人工库存盘点。"

Avery Dennison 嵌入洗水唛的 RFID 嵌体可承受高达 60℃的洗涤和甩干，可实现生产点到销售点追踪服装，即使服装在此过程中被清洗或甩干过。

3.5.6.3　麦德龙集团 RFID 应用

麦德龙集团选择 Intel Solution Services（Intel 解决方案服务）来协助其完成 RFID 技术在整个供应链流程里的应用和整合，包括设计架构解决方案、项目管理，以及销售商管理[44]。

麦德龙集团建立了一个欧洲 RFID 创新中心，邀请 Intel Solution Services 进行测试能力的开发，对 RFID 转发器进行严格的测试，并就基础架构环境里的技术问题和解决方案给出建议。

Intel Solution Services 负责管理在仓库入库门上的 RFID 读写设备的部署，以使 RFID 标签里储存的信息自动上传到供应链管理程序，从而简化订单流程，实现操作成本的大幅度降低。在麦德龙集团的两家重要供应商——宝洁和汉高的配合下，公司完成了在其仓库和零售点的首次应用，其中包括麦德龙在德国的旗舰店 Extra Future Store。

在物流场点内部应用 RFID 以后，现在入库的产品都将经过一个装有 RFID 读写器的库门。读写器每秒最多能读取 35 个标签，实现了订单货物和接收货物的协调处理，优化了产品物流控制系统。每个托盘上的标签被读取以后，标签里的信息即被自动传输到库存管理系统。这样不但保证了对产品的实时可见性，还可以免除费时耗力的人工手动信息输入，极大地提高了操作效率。Intel Solution Services 同时还为麦德龙集团提供"结果导向"（results-orientated）项目管理服务，以实现整条供应链上的无缝技术集成。

与关键技术提供商的领先合作保障了 RFID、无线局域网（WLAN）技术和现有基础架构以及关键业务应用程序的无缝集成，实现操作效率的最大化，并极大地降低了后端费用。

Intel Solution Services 协助麦德龙树立了一个零售技术崭新的里程碑，实现了麦德龙集团所有已部署的物流单位内将近 100%读取率。

3.5.6.4　德国标签制造商采用 RFID 提高产品运量

德国的一家胶粘标签制造商 Herma 公司自从 2010 年 6 月实施了一套实时定位系统之后，托盘每天的运量增加了 67%，一天能运送 500 个托盘，同时也减少了每月客户报告的货运错误，从 50 个错误减少到 7 个。这个帮助公司提高效率和减少错误的解决方案由 Ubisense 公司提供，这个方案通过跟踪运输托盘的叉车来实施[45]。

Herma 公司位于德国的菲尔德施塔特，是世界上最大的标签制造商之一，而且公司自动粘贴的产品产量在持续的增加，用于办公室、学校、印刷厂和家庭。这家公司向世界各地的客户以大型卷筒的形式销售其产品。当运输产品时，这些卷筒被装入托盘里拉伸包装。接下来，一个条形码标签被贴在每个托盘周围的拉伸包装上，然后扫描一下，将托盘和特定的产品及将要填写的订单对应起来。这个托盘在仓库里要移动好几次，直到卡车前来运送货物。

为了确保托盘的正确性并保证托盘被装上了正确的卡车，叉车司机使用手持式扫描器读取托盘的条形码标签，然后司机把这个号码与印在订单上的号码相比较（注：为了备份，每个条形码标签上也印刷了相同的可读的序列号）。

据 Herma 公司的客户经理 Holger Hartweg 称，2009 年，Ubisense 公司和 Herma 公司共同讨论了一个自动化的解决方案，使用 Ubisense 公司的电池供电的 RFID 标签，帮助 Herma 公司的工作人员定位装载的托盘，确保正确的产品被装上了正确的卡车。他解释说："我们认为在每个托盘上贴上标签，每次托盘从制造工厂运来，我们就能阅读标签。"然而，在每个托盘上安装 Ubisense 公司的电池供电的标签是很昂贵的，而且标签运送出去就不能返回了。他说："我们需要一个好的方法把托盘上的标签返回来，但是没有想到什么办法。"

于是，Ubisense 公司和 Herma 公司又想出了一个新的计划：使用 Ubisense 公司的 RFID 标签和读写器来追踪放有托盘的叉车的位置，从而记录下仓库里的托盘被拿起和放下的位置，这样就能知道产品的位置了。最终的解决方案包括在 500 平方米的仓库的天花板上安装 24 台 Ubisense 公司的读写器，以及在 7 辆叉车的每辆叉车上安装 4 个 Ubisense 标签和一个带有显示屏的终端，向司机提供使用说明和位置数据。Ubisense 软件处理叉车读写器之间的信息流，而 Herma 公司的基于 SAP 的后端软件管理公司的订单数据以及每个托盘的位置和身份。

使用这套新的系统，叉车司机在叉车上的 Ubisense 触摸屏终端上接收到订单信息。触摸屏显示出所需托盘的清单和托盘的大致位置。

当叉车到达指定的托盘前面时，司机使用手持条形码扫描器来读取托盘的标签并通过一个 WiFi 连接把这些信息转发到运行在 Herma 后端 ERP 系统的 Ubisense 软件上。托盘上的条形码序列号会与订单上的序列号作比较，如果能对应起来，Ubisense 软件会指示司机托盘的抵达地点。如果对应不起来，屏幕上会显示一个警报然后司机继续寻找正确的托盘。

在拿起托盘之后，司机按下提示符表明他已经开始运送这个托盘到其目的地。每辆叉车的 Ubisense 超宽带（UWB）RFID 标签发射出一个 6～8GHz 的超宽带的编有唯一 ID 号的 RF 信号，这个 ID 号与 Ubisense 软件里车辆的 ID 号相连。

一旦司机拿到了指定的托盘，就把它放到指定的位置（例如，放在待命区等待装车）。在把托盘放到指定位置之后，司机按下屏幕上的一个提示符表明他已经按指示运送了托盘，并且标签把信号传送到附近的读写器，Ubisense 软件基于读写器的数据计算出托盘放置的位置，然后这些信息与 Herma 公司的 SAP 软件相连。由于叉车上装有 4 个标签（RFID 射频快报注：分别安装在叉车的每一个角上），因此可以在大约 30cm 之内定位，并能确定方位，从而可以知道叉车的指向，也可以确切地知道托盘的位置。

当托盘准备装上卡车的时候，这个过程是相同的；当司机把托盘放入卡车时就按下屏幕上的提示符。同时，软件计算出叉车的位置，从而确知托盘装上了哪辆卡车。

叉车的标签在不同的时间间隔传送信号。如果标签没有在预设的时间间隔里移动，它们将变为休眠状态，停止传送信号。当叉车再次移动的时候，标签开始再次传送信号，如果叉车位于托盘的分拣处，信号传送率就比叉车位于非重要地区时高一些[46]。

3.5.6.5　英国锅炉厂采用 RFID 控制生产流程

加热技术制造商 Vaillant Group 公司正在采用 RFID 技术追踪其英国德比郡贝尔珀工厂的住宅锅炉的生产流程。公司报告称，这套系统由 Core RFID 公司提供，已安装在其中一家工厂的四条装配线上，并已证明，在安装后的这一年，生产错误是上年的 1/6，提高了装配质量和装配过程的效率。贝尔珀工厂每年生产 40 多万个加热装置，在英国和荷兰出售，每月的产量按不同的季节需求而改变。

生产过程从推车上的锅炉底盘开始装配，要经过 15 个不同的阶段，直到锅炉完全装配完成，一个锅炉由一个员工负责。系统监视着工作流程，确保每一步都能正确完成，然后尽快进入下一个步骤。在任何时间，在每条生产线上有 6～12 辆推车。

Vaillant Group 公司的重点是通过指示员工产品在完成一个步骤之后该去往何处来改善推车在工作站之间移动的效率。不同的锅炉通常需要不同的装配流程，每个装配地点的工人必须要自己掌控任务完成的时间及何时把一个装配着的锅炉送往下一个工作站进行进一步装配。有时因为员工的疏忽大意容易出现错误。

采用 RFID 系统（于 2010 年 2 月安装），Vaillant Group 公司能够减少错误，取消装配线工人自己掌控的责任。

公司使用 RFID 功能的自动化系统来跟踪各个任务完成的时间，并在前面工作站的任务完成的时候启动下一个工作站。向公司后端管理系统提供反馈的电子工具与 RFID 读写器结合使用，因此，只有正确装配的锅炉才能激活后面一个工作站。此外，这套系统还可以检测错误，通过在流程之中向工作站的操作员指示错误，确保锅炉不再退回来装配。

使用 RFID 系统，公司把 Power-ID 公司提供的电池辅助的无源超高频（SHF）EPC Gen2 标签贴在每辆推车（共 20 辆推车）的两个相对的车腿上。Vaillant Group 公司需要系统快速读取标签，并把数据发送到装配管理系统（AMS）上，只有在推车的 ID 号指示正确的锅炉底盘达到工作站的时候，系统才会允许工具启动起来。电池辅助的标签提供读写器的快速反应时间。

所有的锅炉可以通过阅读 RFID 标签和对照正在装配的零件来自动调整。当一个锅炉底盘放在一辆推车上时，编入推车 RFID 标签的 ID 号被读取并转发至 AMS 数据库，在数据库里标签的 ID 号与锅炉底盘的序列号相连。推车的标签和底盘的序列号相连，使得装配流程可持续。除了序列号，AMS 数据库还包含了其他信息，如装配员工的条形码 ID 号和安装在锅炉上的零件。

当员工按照 U 的形状把推车从一个工作站运输到下一个工作站的时候是根据标注在地板上的线来走的。AMS 软件通过获取电子工具在工作站使用的信息、顺序、螺丝计数、扭矩和角度测量来跟踪每个工作站任务完成的情况。当一项任务在一个工作站完成的时候，这些数据存储在 AMS 系统上，然后在锅炉底盘推车的 RFID 标签被读取之后，软件指示下一个工作站的工具启动起来。

工厂有两个工作站用于生产流程里 15 个阶段中的大部分阶段。每个工作站都安装一台 Thing Magic 的 Astra RFID 读写器，最后安装了约 28 台读写器，有的读写器相互之间只有 8 英尺的距离。一个工作站的工作完成之后，软件会触发下一个工作站来寻找标签，然后视频监视器指示装配的员工把推车推到下一个工作站。由于只有当 AMS 软件触发之后读写器才会去寻找 RFID 标签的 ID 号，公司能够降低错误阅读的风险（临近区域标签的阅读）。

此外，这套系统存储了每件设备到达每个工作站的时间信息，从而可提供更多有关瓶颈的细节，以及任何锅炉和相应的操作员在装配流程中的位置。

3.5.6.6　芬兰公司采用 RFID 提高领料线效率

芬兰 Würth 集团的分支 Würth Oy 公司是一家集成和固定材料的全球供应商，现在正在其 Riihimäki 工厂的领料流程中沿着 1500m 长的领料线应用 RFID 技术。在这个闭环应用中包含 40 台固定读写器，读取大约 1000 个塑料容器上的 EPC Gen 2 无源超高频标签。RFID 收集的信息用于指引传送带系统将容器发送到适当的领料站。

Vilant Systems 公司为 Würth Oy 公司设计了 RFID 系统，Vilant Systems 公司的业务开发经理 Antti Känsälä 说，该系统不仅可以通过确保容器被送往正确的领料站而节省时间，而且还通过领料流程中减少人工的步骤而降低劳动成本。

Würth 公司使用的是 UPM Raflatac 公司的 Web 标签和 Thing Magic 公司的 Astra 读写器。每个标签粘贴到每个容器上。

15 年前，Würth 公司运行了一套基于低频 RFID 标签的类似的系统。后来因为所有权的一些问题，该公司邀请了 Vilant 公司来替换这套系统，这样做无须在领料线上停工。该公司采取每个工作日两班倒的方式运行这条领料线，每天有超过 70%的订单在这条线上处理。

新的超高频系统中指引传送带的数据保存在标签里。在领料线的开端，系统将信息写入每个容器的标签里，然后随着容器在领料线上移动，读写器可阅读容器上的标签。当容器靠近 20 个领料站中的其中一个的时候会停止，系统会将会把该容器从传送带上移开并送往临近的领料站，在那里一名工人根据领料单往容器里加载产品。装完之后，工作人员再将容器返回到移动的传送带上。在领料线上，每个容器在每经过 5～10 个领料站的时候就会停一次，以便填充公司目录上的 30 000 件产品，包括螺钉、螺栓和防护服。

Würth 公司沿领料线一侧不同的点共安装了 40 台读写器。然而，Känsälä 指出，其中只有 20 台读写器安装在了领料站的附近。其他则安装在领料线的开端和末端，还有一些安装在不和领料站相连的点上。这些读写器收集标签的数据，从而使 Würth 公司的管理者可以实时地看到领料线上每一个容器的进程，如有必要可给予特定的容器优先通过的权利。

这套系统的规划和测试始于 2009 年 9 月，第一批新的读写器在 2010 年 1 月安装运行。未来，Würth 公司计划使用 RFID 系统来消除领料流程中所有的书面工作。目前是一名工人看着领料单，把物品放到容器里以完成领料命令，完成命令后在领料单上使用钢笔标注一下。该公司设想的系统下一步将呈现给员工一个与贴标的容器相连的电子的领料单。这个领料单在一台手持读写器上，将告知员工该去哪个储存架子领料。

3.5.7　智慧物流

物流管理领域是物联网相关技术最有现实意义的应用领域之一。在国际贸易中，物流效率一直是制约整体国际贸易效率提升的关键环节，RFID 物联网技术的应用将极大地提升国际贸易流通效率。如在集装箱上使用共同标准的电子标签，装卸时可自动收集货物内容的信息，从而缩短作业时间，并时时掌握货物位置，提高运营效率，最终减少货物装卸、仓储等物流成本。

3.5.7.1　德国汉莎航空公司深入应用 RFID 追踪物品

德国汉莎航空公司的维修检查（MRO）分公司汉莎技术公司（LHT）正在采取进一步的关于 RFID 的部署，通过在维修车间入口处安装 Mojix 公司的 RFID 硬件来追踪维修过程中附在飞机零件上的书面材料。

同时，汉莎航空公司的运输分公司汉莎货运公司运用 RFID 来追踪有害的或性质不稳定的物品，从放到托盘上到送去飞机处装载。汉莎技术公司正在测试用 RFID 跟踪汉莎的飞机上有保质期的物品（例如救生衣）。汉莎技术公司和汉莎物流技术（LTL）部门开发了自己的 RFID 标签附在飞机零部件上，在维修过程中进行追踪，安全物品也可贴标签，跟踪保质期，从而节省了以往花费在检查飞机上设备的劳动力。

在 2007 年 12 月，汉莎技术公司就开始使用 RFID 标签，附在零件认证的材料上，跟踪零件的维护和修理。当零件需要维护或修理时，先被送到其中的一个过渡点（RFID 射频快报注：过渡点即汉莎物流技术部门的仓库，几个过渡点分别在德国汉堡、法兰克福、柏林和慕尼黑），当零件维修完毕，打印的书面材料随零件一起返回汉莎物流技术部门的仓库，然后再运送到飞机处。该书面材料包括一些详细信息，诸如零件的类型、主人和维修要求。在使用 RFID 系统之前，这种书面材料是靠手动阅读的，在零件送去维修和返回的时候，其数据被输入到系统中，这是一个劳动力密集的过程。

从 2007 年开始，EPC Gen 2 超高频（UHF）无源 RFID 标签就被附于书面材料上。如在汉莎技术公司维修车间维修，由其技工把 RFID 标签附上；如果是把零件送到外面的维修车间维修，那么运送之前由汉莎技术公司的工作人员将标签附上。该标签编入了唯一的 ID 号码，在汉莎物流技术部门的后端系统 ID 号与零件及维修清单的有关数据相连。在零件送去维修之前，标签被桌面式 RFID 读写器阅读；同样，当零件再次返回到中央的维修车间时标签也被阅读。

2009 年 2 月，汉莎技术公司开始安装一套 Mojix 公司的 EPC Gen 2 实时定位系统，阅读往返于汉堡维修车间的有关零件的书面材料上的标签。这套 Mojix STAR 系统包括 8 个星形的 eNode，在物流仓库和维修车间的处理区域（在这里零件拆包、检查、运往维修车间）之间提供一个 20m 长的通道。eNode 传输激活无源标签的超高频射频信号，通过将 ID 号码传送给一个单独的 STAR 读写器来做出反应。这将提供给汉莎航空公司一个自动的记录——零件何时进入和离开处理区域。修理或维护任务完成后，零件连同其书面材料通过处理区域或通道由人工运回。此时，eNode 将再次激活书面材料的标签，从而传输 ID 号到 STAR 读写器。标签被阅读后连同一个时间戳被传送到后端系统，以确定零件何时维修完毕返回该公司的物流仓库。

在 2009 年秋季的另一个 RFID 项目中，该公司的汉莎货运分公司安装了一套 Mojix 货物跟踪系统，以确保托盘中有害物质不与其他物品放在一起。严格的规定告诉人们哪些物品不可以与这些物质一起存储和运输，如化学品和燃料；很多物品由于不稳定的性质不能放在一起运输。

通过在装机之前确认这些危险物品，该公司能够避免错误。如托盘装错货物了，不相容的物质装在同一个托盘里了。法兰克福机场 50 000 平方英尺的仓库里安装了 12 个 Mojix eNode 与 48 根天线。

汉莎货运分公司正将无源的 EPC Gen 2 标签附在所有含不稳定性物质的物品上。每个标签的 ID 号，连同有关物质的数据、目的地和所有者储存在汉莎货运分公司后端系统的 SAP 软件上。如果两个产品处于一个指定的距离内，该软件会发出警报，说明它们是在同一个托盘里。

与此同时，为跟踪飞机上其他有使用期限的物品，如救生衣或急救包，汉莎技术公司与汉莎物流技术部门开发出自己的 EPC Gen 2 无源标签，大小、重量和性能都满足贴标物品的需求。该公司计划给这些物品贴标。

到现在已有一架飞机上的设备贴标，用于测试。在汉莎技术公司用于管理 RFID 数据的 Silverstroke Tagpilot 软件中，每个标签的 ID 号与该物品的批号、保质期和说明相对应。这样，工人在飞机里检查时，就不用再移动物品用眼睛阅读印在物品上的保质期了，他们现在可以利用一部摩托罗拉的 MC9090-G 手持 RFID 读写器获取上方橱柜、座位底下及其他位置物品的 ID 号码了。如果保质期临近了，员工会在手持机屏幕上收到一个警告。所有从标签中读取的信息通过 WiFi 连接传送到后端软件。

3.5.7.2　德国图书零售商利用 RFID 管理图书物流

为实现从物流配送中心到零售商店的运输过程控制，塔利亚（Thalia）集团决定投资添置 RFID 智能集装箱以高效运送图书。

从 2004 年开始，RFID 在 Thalia 公司开始应用，其物流和仓储供应商 Rhenus 公司使用了近 12 万只标签。处于流通过程中的 6 万个集装箱上，每个都携带了 2 个符合 ISO15693 标准的 13.56MHz 的无源标签，以确保每个集装箱都能从商店返回至仓库。为使雇员能更容易的扫描聚丙烯材质的集装箱，每个集装箱上都装有两个标签，分别位于箱上相对的面上，内存相同的唯一的 ID 号码。RFID 标签封装于纸质材料中，上面以印有条形码与可读文字表示的标签 ID 号[49]。

条形码用于控制和加速图书的分拣与分类流程，每年要处理的在仓库中存储的图书就达 1800 万本。而当图书装在集装箱中离开仓库或空的集装箱返回仓库时，RFID 就开始发挥其作用。

3.5.7.3　挪威试用 RFID 托盘跟踪食品

挪威一家管理全国零售商和制造商租赁托盘的机构 Norsk Lastbærer AS Pool 正在试

用 RFID 标签追踪塑料托盘和手提袋。

此次 RFID 的试点包括两个食品厂 Maaraud 和 Finsbraten，以及两个零售连锁的配送中心。试点采用的是 UPM Short Dipole 超高频 EPC Gen2 RFID 标签，Impinj 的固定 RFID 读写器和 Intermec 的天线。

塑料托盘嵌入了一个 UPM Short Dipole 标签并装载了货物运往 RFID 功能的配送中心。手持式读写器阅读标签，对标签进行编码，并把货运细节传输到公司。然后，数据储存在网站上。

当装载货物的托盘要运到卡车上时会通过一个读写器门户。这个门户读取每个托盘的标签，确认货物已经装运并把相关信息发送到 Fosstrak 软件。

3.5.7.4　芬兰邮政使用 RFID 技术的成功案例

芬兰邮政集团每年要运送 26 亿件左右的邮件，每年运送的包裹多达 2500 万个，日常运送线路 7000 余条，运送地址 250 万个。为了确保数以百万计的信件、包裹和其他资料能够及时有效地运送至目的，他们购置了 20 多万台金属手推车，配合运送卡车和其他交通工具，在各地库房之间运送邮件。金属手推车成为芬兰邮政整个业务的中心。因为需要抵御芬兰某些地区零下 40℃ 的极度寒冷天气，每个金属手推车的成本不菲。为此，芬兰邮政当局不得不每年投入上百万资金购买这些金属手推车以满足需求。金属手推车成了导致芬兰邮政无法获得理想效益和提供高效服务的关键因素。

从 2005 年初开始，芬兰邮政进行 RFID 技术的前期调研和技术选型，最终采纳了 BEA 公司的 RFID 解决方案，进行其试点项目的实施。

RFID 解决方案是以 BEA Weblogic RFID Edge Server 为基础的。该应用服务器基于标准，可以管理 RFID 标签和读卡器设备，并缓解这种新技术所产生的大数据流量，专门为了帮助像芬兰邮政这样的企业跟踪可重用资产并尽可能地提高供应链效率而设计的。

该解决方案运行在两台基于 Intel Xeon 处理器的 HP ProLiant 服务器上。在使用中，运营商和本地的运送员使用移动数据收集终端来扫描 RFID 标签并跟踪金属手推车的运送和收集情况，并使用了长距离的读卡器，以便在 RFID 标签经过配送中心中的关键点时进行自动扫描。

RFID 试验的结果令人满意。从资产管理的角度来说，它通过改进控制、提高可用性和降低维护成本，降低了芬兰邮政的资产总拥有成本。此外，该解决方案提供了精确的资产维护数据和保修索赔管理。它允许芬兰邮政根据客户对滚柱盒的使用情况精确收费。它还提供了卓越的分析信息——包括资产循环时间、停留时间、利用率和收缩点。从运营效率和实现的角度来说，RFID 概念验证通过在资产经过供应网络时，自动管理它们的托运和寄存来降低运营成本。通过提高产品运输的速度和减少运输工具往返的时间，降低了芬兰邮政的运输费用。另外，它还优化了人力的使用，以便管理实现过程，与此同时消除了人为错误；无异议的交付验证还减少了纠纷，并改进了客户服务。

3.6　小结

　　本章对欧盟物联网发展情况进行了系统的分析和阐述。作为世界上最大的区域性经济体，欧盟建立了相对完善的物联网政策体系。从最初的信息化战略框架，到物联网产业逐渐成熟起来后出台的一系列行动计划、框架计划、战略研究路线图等，经过多年的发展积淀，欧洲地区的物联网政策已陆续出台了涵盖技术研发、应用领域、标准制定、管理监控、未来愿景等较为全面的报告文件。与此同时，为了配合政策实施，推动产业发展，欧盟还设立了专门的项目机构。比如，欧盟电信标准化协会下的欧洲 RFID 研究项目组的名称也变更为欧洲物联网研究项目组，致力于物联网标准化相关的研究。而欧盟第七框架计划研究系列则通过设立 RFID 和物联网研究项目簇，来进一步促进欧盟内部物联网技术研究上的协同合作。得益于系统的规划和政策支持，欧盟物联网应用正如火如荼地开展，欧盟各国的物联网应用集中在电力、交通、物流等领域。

第4章
日本物联网发展纵览

内容提要

　　日本为了从经济低迷之中突围，选择了传感技术和智能化的数字领域作为发展重点。本章阐述了日本物联网领域的战略布局和发展政策，详细分析了日本物联网技术、标准和知识产权情况，同时，对日本物联网企业及组织机构进行了介绍，并例举了部分日本物联网相关典型应用。

进入 20 世纪 90 年代之后，日本陷入长达 20 年的经济低迷之中。造成这种不利局面的主要原因，一方面是日本在关键技术领域失去了领先的地位，主要是在 20 世纪 90 年代日本未能及时抓住数字技术兴起的先机，以致在该技术领域落后于其他西方先进国家；另一方面是日本的传统优势领域（制造业）由于产业构造的问题导致成本不断增加，以致正在被边缘化。为了改变这种现状，重新恢复日本在世界技术领域的领先地位，日本希望采用蛙跳式战略，通过对传感技术的研究，出奇制胜，以图在数字领域占据制高点，重归第一梯队。因此可以说，国家物联网战略在一定程度上寄托着日本重新奋起的希望。

4.1　物联网发展概况

日本的物联网发展有与欧美国家一争高下的决心。日本是较早启动物联网应用的国家之一，重视政策引导和与企业的结合，对有近期可实现、有较大市场需求的应用给予政策上的支持，对于远期规划则以国家示范项目的形式通过资金和政策上的支持吸引企业参与技术研发和应用推广。

2000 年 7 月，日本政府召开了 IT 战略会议，成立了 IT 战略总部，将其作为国家信息化的集中研究组织。2001 年 1 月，这个成立不到一年的 IT 战略总部便提出了推行"e-Japan"战略的响亮口号，其中的"e"是"electronic"（电子的）的首字母。2004 年 5 月，日本政府在 e-Japan 战略的基础上，提出了"u-Japan"战略计划，成为最早采用"无所不在"一词描述信息化战略并构建泛在信息社会的国家。用"u"（ubiquitous，意指"无所不在的"）取代"e"，虽然只有一个字母之差，却蕴含了战略框架的转变。"u-Japan"战略的理念是以人为本，实现所有人与人、物与物、人与物之间的连接，希望在 2010 年将日本建设成一个"实现随时、随地、任何物体、任何人均可连接的泛在网络社会"。可以说，日本是世界上最早提出泛在网络概念的国家[51]。

2008 年，日本总务省提出"u-Japan x ICT"政策（日本把 IT 扩展为 ICT，即信息通信技术：Information and Communications Technology）。"x"代表不同领域乘以 ICT 的含义，一共涉及三个领域——"产业 x ICT"、"地区 x ICT"、"生活（人）x ICT"。将"u-Japan"政策的重心从之前的单纯关注居民生活品质提升拓展到带动产业及地区发展，即通过各行业、地区与 ICT 的深化融合，进而实现经济增长的目的。"产业 x ICT"也就是通过 ICT 的有效应用，实现产业变革，推动新应用的发展；通过 ICT 以电子方式联系人与地区社会，促进地方经济发展；有效应用 ICT 达到生活方式变革，实现无所不在的网络社会环境。

2009 年 2 月，日本为应对日渐疲软的经济环境，紧急出台了宏观性的指导政策"ICT 新政"。2009 年 4 月，日本总务省公布了"新政"的实施性文件——"数字日本创新计划（ICT Hatoyama Plan，亦称 ICT 鸠山计划）"纲要，将其作为未来 3 年中优先实施的政策。

"数字日本创新计划"的目的是在数万亿日元的 ICT 行业创造新的市场，并在未来 3 年内增加 30～40 万个就业机会（以累积方式计算），通过鼓励基于新增长策略的 ICT 投资行为，向 ICT 产业投入资金。通过这些措施，该计划还希望 2015～2020 年达到信息通信产业总值翻番的中期目标（产业总值届时将高达百万亿日元）。该项目包括 9 个行动项目。日本期望通过实施这些行动项目，使所有 ICT 领域的投资加速进行，国内用户也能够体验到一个通过 ICT 手段实现的真正繁荣、安全的应用环境。深入应用 ICT 将引发全国工业结构的创新和国际竞争力的加强。要复兴，日本政府认为 ICT 应从以下几个方面切入：

(1) 挖掘产业潜力，创造新的数字化产业；

(2) 挖掘政府潜力，创建"霞关云计算"系统；

(3) 构建先进的数字网络；

(4) 挖掘地区潜力，推进无所不在的城镇理念；

(5) 培育和强化创意产业；

(6) 开发和实施无所不在的绿色 ICT；

(7) 加强 ICT 业的国际竞争力，促进全球发展；

(8) 培养高技能的 ICT 技术人才；

(9) 创建安全可靠的网络。

2009 年 7 月 6 日，日本 IT 战略本部又发表了《i-Japan 战略 2015》，目标是"实现以国民为主角的数字安心、活力社会"。通过一系列的物联网战略部署，日本针对国内特点，有重点地发展了灾害防护、移动支付等物联网业务。从"e-Japan" 到"u-Japan"再到"i-Japan"，随着时代的变化，日本的信息化建设也实现了"三级跳"。

然而，虽然日本在信息化建设领域取得了很大的进展，但在物联网的发展方面仍存在着一些问题。实际上，从 2003 年日本开始真正的泛在网络实验，到现在为止经过 8 年的重点实施后，整个日本的泛在网及其应用却并未能形成产业化的发展，根本原因在于日本的泛在网在概念上仍然停留在传感本身，与物联网理论相比，显得相对简陋。泛在网仍停留在一种封闭性理念之上，为物联而联物，为应用而应用，泛在网由一个个互相孤立、互不相关的个案组成，缺乏全局意识。例如，"智能家居"只能实现智能家居这个单一的功能，并不具备开放性与衍生性。

4.2　战略布局和发展政策

日本提出"u 社会"战略，战略目标从"e-Japan"到"u-Japan"再到"i-Japan"。2009 年提出《数字日本创新计划》和《i-Japan 战略 2015》，其中交通、医疗、智能家居、环境监测、物联网是重点。

4.2.1 "e-Japan"战略

2001 年 1 月以来，日本积极实施"e-japan"战略，迅速而有重点地推进高度信息化社会的建设，在宽带化、信息基础设施建设及信息技术的应用普及等方面取得了超乎预期的进展，成功完成了追赶世界 IT 先进国家的赶超任务，到 2005 年日本已成为世界最先进的 IT 国家。面对高龄化、少子化的社会现实和国际竞争的加剧，为了确保在 2006 年以后一直成为世界 IT 的领跑者和开拓者，日本转向了 IT 立国战略的新阶段[52]。

2001 年 1 月 22 日，日本内阁所属的 IT 战略总部发布的"e-Japan"战略，提出通过实施 4 大举措，使日本在 5 年内成为世界上最先进的信息化国家：其一，建立超高速互联网，提供最先进的数据业务和互联网接入；其二，制定电子商务发展政策；其三，实现电子政务；其四，为新时代培育高素质 IT 人才。

"e-Japan"战略的主要措施：

（1）加强组织领导，以法律形式突出 IT 在现代科技中的地位；

（2）加大政府 IT 投资，带动民间 IT 投资；

（3）引入自由竞争机制，推进超高速网络基础设施建设；

（4）制定并逐步完善健全相关法律法规，创造新的环境；

（5）改革行政业务和修改相关制度，推进电子政府工程；

（6）支持和促进相关技术的研究和开发，保持技术的世界领先水平；

（7）加强信息化知识的普及教育，多渠道培养高级专业人才；

（8）多方面支持企业信息化建设，鼓励 IT 风险企业创业发展；

（9）注重提高企业 IT 技术开发与创新能力，通过 IT 应用提高管理水平；

（10）注重政策执行的检查和调整，使政策得以迅速有效实施。

4.2.2 "u-Japan"战略

面对高龄化、少子化的社会现实和国际竞争的加剧，为了确保在 2006 年以后一直成为世界 IT 的领跑者和开拓者，日本转向了 IT 立国战略的新阶段。因此 2004 年，日本信息通信产业的主管机关总务省（MIC）超前提出今后 5 年（2006—2010 年）IT 发展任务——"u-Japan"战略。

日本 u-Japan 战略的理念是以人为本，实现所有人与人、物与物、人与物之间的连接，即所谓 4U=For You （Ubiquitous，Universal，User-oriented，Unique）。此战略将以基础设施建设和利用为核心在三个方面展开：一是泛在社会网络的基础建设。希望实现从有线到无线、从网络到终端、包括认证、数据交换在内的无缝链接泛在网络环境，100%的国民可以利用高速或超高速网络。二是 ICT 的高度化应用。希望通过 ICT 的高度有效应用，促进社会系统的改革，解决高龄化、少子化社会的医疗福利、环境能源、防灾治安、教育人才、劳动就业等 21 世纪的新问题。三是与泛在社会网络基础建设、ICT 应用高度化相关联的安心、安全的"利用环境整备"。

此外，贯穿在这三方面之中的横向战略措施有两个重要的战略重点：国际战略和技术战略。其国际战略重点的目标是强化其国际影响力，引领亚洲成为世界信息据点。其技术战略重点的目标是作为世界先驱，将泛在网络技术实用化，也就是把所谓"日本开发的技术"推向全世界，作为世界新的信息社会的基本技术[53]。

对于实现"u-Japan"战略，日本政府寄予 ICT 产业很大期望：一是希望通过大幅提高技术扩散度很高的 ICT 技术基础，从整体上彻底提高日本全体产业的技术水平，维持并强化其国际竞争力；二是希望充分利用 ICT 技术来解决其医疗、福利、治安和防灾等种种社会问题。

为了实现"u-Japan"战略，日本将进一步加强官、产、学、研的有机联合。在具体政策实施上，将以民、产、学为主，政府的主要职责就是统筹和整合。通过实施 u-Japan 战略，日本希望开创前所未有的网络社会，并成为未来全世界信息社会发展的楷模和标准，在解决其高龄化等社会问题的同时，确保在国际竞争中的领先地位。

4.2.3 "i-Japan"战略

作为"u-Japan"战略的后续战略，2009 年 7 月 6 日，日本 IT 战略本部发表了《i-Japan 战略 2015》，目标是"实现以国民为主角的数字安心、活力社会"。此次，日本将传感网列为其国家重点战略之一，致力于构建一个个性化的物联网智能服务体系，充分调动日本电子信息企业的积极性，确保日本在信息时代的国家竞争力始终位于全球第一阵营。"i-Japan"战略中提出重点发展的物联网业务包括：通过对汽车远程控制、车与车之间的通信、车与路边的通信，增强交通安全性的下一代 ITS 应用；老年与儿童监视、环境监测传感器组网、远程医疗、远程教学、远程办公等智能城镇项目；环境的监测和管理，控制碳排放量。通过一系列的物联网战略部署，日本针对国内特点，有重点地发展了灾害防护、移动支付等物联网业务。

"i-Japan 战略 2015"是日本继"e-Japan"、"u-Japan"之后提出的更新版本的国家信息化战略，其要点是大力发展电子政府和电子地方自治体，推动医疗、健康和教育的电子化。信息技术战略本部认为，日本的通信基础设施已在世界领先，然而各公共部门利用信息技术的进程缓慢。通过执行该战略，日本将利用信息技术，使全体国民的生活变得更加便利。

日本政府已认识到，目前已进入到将各种信息和业务通过互联网提供的"云计算"时代。政府希望，通过执行"i-Japan"战略，开拓支持日本中长期经济发展的新产业，要大力发展以绿色信息技术为代表的环境技术和智能交通系统等重大项目。

近年来，日本在信息技术应用方面的各种排行榜上远落后于北欧各国。分析指出，日本的数字鸿沟在不断扩大，在行政、医疗、教育等领域的信息技术应用程度方面，日本与世界先进国家的差距也在扩大。

日本政府清楚地认识到，人才是发展信息技术的第一要务。"i-Japan"战略除了提出培养信息技术人才的具体目标之外，还明确规定：在日本政府层面首次设立副首相级的 CIO 职位。CIO 将监督日本信息技术战略的执行，提高各级领导和具体执行人员对行政、医疗和教育电子化的认识，推进以国民利用信息技术的便利性为首要目标的新战略的落实。

该战略由三个关键部分组成，包括设置"电子政务和电子自治体"、"医疗保健"和"教育人才"三大核心领域，激活产业和地域的活力并培育新产业，以及整顿数字化基础设施。

（1）电子政府和电子自治体

整顿体制和相关法律制度以促进电子政府和电子自治体建设。关键是设置政府首席技术官，赋予其必要的权限并为其配备相关辅佐专家，增强中央与地方的合作以大力推进电子政务和行政改革。此外，延续过去的计划并确立 PDCA（计划—执行—检查—行动）体制，以通过数字技术推进"新行政改革"，简化行政事务，实现信息交换的无纸化和行政透明化。其中特别提出要广泛普及并落实"国民电子个人信箱（暂称）"，为国民提供专用账号，让其能够放心获取并管理年金记录等与己相关的各类行政信息。国民还可经由各种渠道轻松享受广范围的一站式行政服务，参与电子政务。此项目计划拟于 2013 年完成。

（2）医疗保健

通过数字化技术和信息促进医疗改革，解决老龄化和出生率低下、医生短缺和分配不均等问题，进一步提高医疗质量。具体而言，一方面要使用远程医疗技术，维持并提高医生的技术，整顿医疗机构的数字化基础设施，推行地方医疗合作，并在此基础上解决地方医生短缺等问题，为患者提供高质医疗服务；另一方面，要实现日本版电子病历（暂称），实现个人电子保健信息的获取与管理，处方和配药信息电子化，同时还可将匿名保健信息用于流行病学研究，改善医疗质量。

（3）教育人才

促进数字化技术在教育方面的应用，提高孩子的学习欲望、学习能力和信息利用能力，以及教师在信息利用方面的指导能力，实现双向易懂的教育。通过推广实践性教育基地，官、产、学合作充实国家中心功能等措施，建立能持续稳定培育高端数字化人才的体制。此外在普及大学信息教育和整顿数字化基础设施的同时，也要利用数字化技术促进对远程教育的支持。

此外，到 2015 年，要通过远程办公、绿色 IT 和高级道路交通系统等数字化技术和信息的使用，实现所有产业的结构改革和地方重建，开创新型市场；同时加强与亚洲各国的合作以提高日本产业在全球经济社会体系中的国际竞争力。

最后，通过整顿数字化基础设施和制定信息安全措施促进数字化技术在各种领域的应用和完善。

4.2.4　"智能云战略"

2010 年 5 月 17 日，日本总务省发布了《智能云研究会报告书》，制定了"智能云战略"，目的在于借助云服务，推动整体社会系统实现海量信息和知识的集成与共享。该战略包括三部分内容：应用战略、技术战略和国际战略。

应用战略——包括 4 方面内容：促进 ICT 的全面应用；打造适合云服务普及的环境；支持创建新的云服务；通过高附加值的产品和服务及典型项目，向全球推广云服务，并促进行政、医疗、教育、农业和 NPO 等领域云服务的标准化。

技术战略——主要有 2 项内容：促进下一代云计算技术的研发；推进标准化活动。

国际战略——通过官、产、学合作积极参与以云服务普及和开放式互联网为主题的国际研讨，尽快就制定云服务国际规则达成共识。

此外，日本政府还在国内多个地区建立了数据中心，旨在借助云计算技术提升数据中心的节能环保指标和稳定性；同时，为保障个人信息隐私与信息安全，对信息使用与传播的规章制度进行了修改完善，并且制定了数字化教材等电子出版物的可重复使用制度；不仅如此，还放松了对异地数据存储、服务外包的管制，并积极鼓励创新及基于海量数据的实时处理，从而开拓新的市场领域。

4.3　物联网技术、标准和知识产权情况

日本在电子标签方面的发展，始于 20 世纪 80 年代中期的实时嵌入式系统 TRON。目前包括索尼、三菱、日立、日电、东芝、夏普、富士通、NTT、Docomo、KDDI、J-Phone、伊藤忠、大日本印刷、凸版印刷、理光等重量级企业。

目前，日本物联网重点发展在医疗保健、政府信息建设和教育等三个领域的物联网技术应用。

4.3.1　技术

日本大学里的物联网研究绝大多数依靠国家公共基金。因此，受日本政局的不确定

影响，基本上只有那些当下热门的研究课题才能得到政府的财政资助。一般资助总额从1000 万到 3 亿日元不等，分几年发放。日本的一名大学教授说道，经常有一些在当时热门的研究刚开始没几年，项目还未完成就不得不让位于新的热门课题。

一名庆应义塾大学的教授指出，这种拨款形式给他的研究带来了严重的影响。这名教授是智能交通系统（ITS）方面的知名专家，他说因研究潮流的变化，他的许多项目都中途搁浅了，但有些项目有时也得益于潮流回归而得以重新开始。

尽管日本物联网领域的一些研究受到政府财政政策的制约，但私人资金也支持了许多重要的研究项目。从全球角度来看，日本是在物联网技术发展（尤其是能源和环境保护方面）领域投资人力物力最多的国家之一。

1. 架构方面

日本提出了 CUBIQ 架构。CUBIQ 架构是交叉 Ubiquitous 平台（Cross Ubiquitous Platform，CUBIQ）项目，其目的是建立一个泛在服务平台，用户利用这个平台能够在任何环境下方便地享受信息服务，并最终能够解决日本的环境和老龄化问题，提高社会和经济发展效率，创造新型的、低成本 ICT 服务。CUBIQ 的成员包括日本国际电子通信基础技术研究所、东京大学、庆应大学、大阪大学、Oki 公司、NEC、松下、KDDI 研发实验室、NTT 等单位。

CUBIQ 的泛在服务平台架构分为三层，对应为异质泛在服务（感知层和传输层）、集成平台层（处理层）和服务或应用层（应用层），如图 4-1 所示。

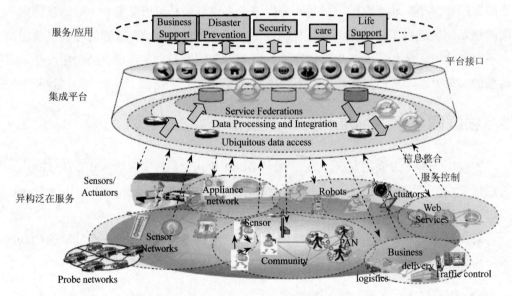

▶ 图 4-1　CUBIQ 的泛在服务平台架构

从技术上说，CUBIQ 使用 PIAX（这是一种针对 P2P 结构叠加网络的开放源代理平台）、以资源为导向的服务框架和一种通用服务描述语言（USDL）等三项技术来实现 CUBIQ 中的连接和服务。此外，CUBIQ 还提供了实时流数据和复杂事件的处理工具。

该架构用高级视图定义。实际架构划分为三层：（1）数据资源层；（2）上下文内部处理层；（3）上下文间处理层。每层都定义了一组功能。上下文内部处理层和上下文间处理层进一步被细分为两个具有各自功能的子层。物联网的主流架构风格是表征状态传输（REST）和对等（Peer-to-Peer）。REST 在底层（数据资源层）使用，而对等（P2P）代理部署在数据源上。

2．传感器

日本把开发和利用传感器技术作为国家重点发展 6 大核心技术之一。2008 年全球传感器市场容量为 506 亿美元，2009 年，全球传感器市场容量约为 530 亿美元。其中，加拿大成为传感器市场增长最快的地区，而美国、德国、日本是传感器市场分布最大的国家。

在传感器的微型化方面，日本走在世界的前列。日立金属研制了全球最小的 3 轴加速度传感器，采用压敏电阻型树脂封装形式。该产品封装尺寸比同类产品缩小了 30%的体积，重量为 14mg，也比同类产品降低了 46%，具有 2 万个重力加速度以上的耐冲击性[66]。

日本科学家还成功开发出世界最小的超敏感触觉传感器，在医疗器械领域应用前景广泛。该传感器在约 0～1mm^3 的合成树脂中埋入了直径 1～10nm、长 300～500nm 像弹簧一样的螺旋状微细碳线圈元件，碳线圈接触物体之后，会将微小的压力和温度变化转换成电信号。此外，传感器还可以感知拧、摩擦等信号。

日本和西欧各国也高度重视并投入大量经费开展光纤传感器的研究与开发。日本在 20 世纪 80 年代制订了《光控系统应用计划》，计划旨在将光纤传感器用于大型电厂，以解决强电磁干扰和易燃易爆等恶劣环境中的信息测量、传输和生产过程的控制。20 世纪 90 年代，由东芝、日本电气等 15 家公司和研究机构，研究开发出 12 种具有一流水平的民用光纤传感器。西欧各国的大型企业和公司也积极参与了光纤传感器的研究与开发和市场竞争，其中包括英国的标准电讯公司、法国的汤姆逊公司和德国的西门子公司等。

3．传输技术

在传输技术上，日本 NTT DoCoMo 很早就开始进行 4G 的测试，目前其 4G 测试已成功以 5Gb/s 的速度进行数据传输，较前一次的 2.5Gb/s 增长一倍。2009 年 5 月，日本总务省发放了 4 个 LTE 牌照。日本四大移动运营商 NTT DoCoMo、软银移动、KDDI 和 E-Mobile 公司都获得了 LTE 牌照。日本在 4G 时代将采用业界统一的 LTE 标准，这将有助于 LTE 的迅速普及，更是着眼于在全球领先部署 4G。

4．其他重要研究项目

（1）TRON

TRON 项目（The Realtime Operating-system Nucleus 实时操作系统内核）

可谓是物联网的雏形，它由 UID 研究中心的坂村健教授于 1984 年启动。项目的目标是实现一个"泛在的计算环境"，即让所有"物体"相互"沟通"，协调运行，以实现高度信息化的社会环境。

为实现节能高效的嵌入式计算结构，TRON 项目开发了 T-Engine 解决方案用于高效开发实时嵌入式系统，它由开放式标准平台、标准化硬件结构（T-Engine）与标准开源实时开发系统核心（T-Kernel）组成（见图 4-2）。

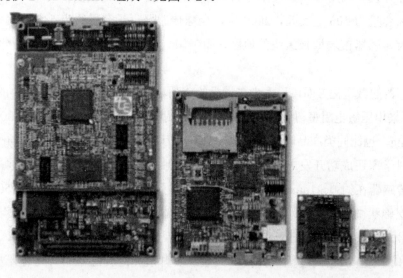

▶ 图 4-2　T-Engine 基础架构组

T-Engine 迄今为止共推出了四个基础架构，分别是：T-Engine（标准型）、μ T-Engine（微型）、nT-Engine（纳米型）和 pT-Engine（微微型），尺寸从大到小对应不同的功能需求。

TRON 项目获得了巨大的成功，目前在世界上许多国家（包括中国）迅速推广，它在智能家居、泛在代码标签等物联网领域得以应用，许多企业和机构也已经在 TRON 基础上开发了新的技术和产品。

（2）Live-E!

Live-E!项目由日本宽带项目（WIDE）执行主席江崎浩教授（Hiroshi Esaki）领军，于 2005 年启动。项目的目标是：创建一个联网的传感器网络，用以收集全球所有地区的气象数据。对于通信领域专家江崎浩教授来说，这个项目有双重意义：一来可以收集气象数据，二来可以创建一个大范围的传感器网络。

传统的天气和气象研究设备相当复杂和昂贵，为节约成本，简化设备，近来有两种研究方向：一是建立涵盖整个观察地区的观察站；二是将观察地区划分成几个区域，每个小区域装配一个传感器，由各传感器将信息通过信息网络传输到中心站集中处理。

Live-E!项目采用的就是第二种方案。它在每个观察点装配一个简单的气象传感器（Vaisala WXT510/WXT520，见图 4-3），收集 6 种数据：风速、风向、温度、相对湿度、气压以及降水量。这些小的观察站建造简单而且开支少，可由个人、学校、研究机构等进行管理。中心站服务器每分钟更新一次数据，这些数据对外公开并可随时查询使用，这对预防自然灾害等起到了很好的作用。

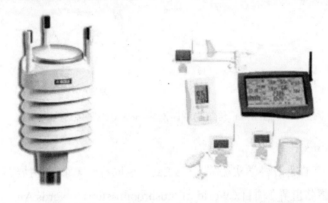

▶ 图 4-3　气象传感器（Vaisala WXT510/WXT520）

对于那些不需要随时更新数据的观察点，Live-E!项目推出了 DTN（Delay Tolerant Networks），比如在自然放养的动物身上安装了一些用以收集动物活动、作息等方面信息的装置，这些装置只在特定时间才将收集的数据发送给中心站处理[67]。

如今 Live-E!项目已在日本（特别是东京）大范围展开，并发展到泰国和加拿大。

（3）WAUN（Wide Area Ubiquitous Network，宽带领域泛在网络）

WAUN 项目由日本电报电话公司（NTT）于 2005 年推出。该项目的目标是建立一个可加入现有其他网络的特殊的物与物之间"沟通"的网络，这个项目也响应了当年的 u-Japan 战略。

NTT 公司没有使用传统的仅限定在特定封闭空间内的物联网应用技术，而是创建了一个可覆盖足够空间的无线网络，真正实现随时随地"泛在"的概念。与传统的物联网通信（发射器—天线—接收器）技术不同，NTT 公司的 WAUN 项目使用的是六角形单元组件，每个单元内包含三个天线（见图 4-4）。

在单元内部，每个"沟通"物体能与三个天线联系，因此，无论物体处于哪个位置，三个天线中任何一个都可以接收到信号；而传统网络在信号不好时只能处于特定位置才能发送或接收信号。

目前，这个项目已经在东京展开测试。根据 NTT 公司相关负责人介绍，已有上万个物体安装了这种传感器，每个物体每天能发送 1000b 数据，数据总量仍有限。这个项目的主要优点是安全而非快速，因此目标客户是专业用户。NTT 公司预计可能需要到 2015 年才能将完全保证 WAUN 的可操作性，推向市场的日期还无法确定。

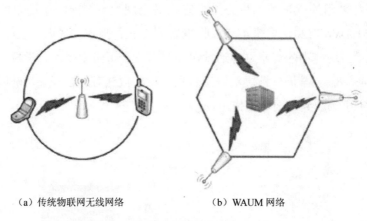

（a）传统物联网无线网络　　　　　　　（b）WAUM 网络

▶ 图 4-4　传统物联网网络与 WAUN 网络对比

（4）Mushrooms

位于京都的 NTT 通信科学实验室（CS Lab）也同样针对物联网展开了研究，于 2004 年 10 月推出了"蘑菇世界"项目（World of mushroom, steps towards Ambient Intelligence）。

"蘑菇"（Mushroom）在这里的含义是"隐蔽的小型物体"，只有当人们呼唤它的时候它才会出来，对环境不会构成威胁，可协助完成一些日常生活中的任务（见图 4-5）。

▶ 图 4-5　Mushrooms 图示

可以用一个例子来说明该项目。当你走进房间时，Cahmoo（装有面部识别功能相机的 Mushroom）会对你的面部进行扫描，扫描信息会发送给房间内其他所有的 Mushroom。当你提问："Sultans of Swing 这首歌是谁演唱的？它于哪年开始在电台播放？"Keekie

（装有语音识别功能的 Mushroom）能从所有声音中识别出您的声音，并将问题传输给 Sheeshie（回答问题的 Mushroom），Sheeshie 将问题转换成自然文本形式，分析文本内容，然后在其数据库内查询答案。寻找到答案后，Sheeshie 将信息传输给 Chacha，它具备语音功能，可告诉你正确答案。

这个项目的研究时间可能会持续到 2030 年或 2050 年，具体时间要根据科技进步的水平来决定。而且，目前这类研究也只是针对人机交流未来发展方向的一种探索，而非商业化的开发应用。

4.3.2　标准

为了更好地推动 RFID 产业的发展，国际标准化组织 ISO、以美国为首的 EPCglobal、日本 UID 等标准化组织纷纷制定 RFID 相关标准，并在全球积极推广这些标准（见图 4-6）。

		EPC (EPC C1G2 被接受为 ISO18000-6C)	ISO (ISO18000-6B)	UID
组织结构	地区	美国 欧洲	欧洲为主	日本
	标准化组织	EPCglobal	ISO	Ublqultous ID Center
	研发机构	芯片：美国国防部，德州仪器，Intel；识别器：Symbol；软件：IBM，微软。目前欧洲也开始参与研发	芯片：STMicroelectronics，Philips；识别器：Nokia，Checkpoint；软件：SAP	日立 ULSI 牵头，NEC、东芝、富士通等国内企业，也有少数外国厂商，如微软、三星等参与
	采用的组织和企业	美国军方，FDA 和 SSA 等政府机构，沃尔玛、保洁、吉列、强生，100 多家欧美流通企业均为 EPC 成员	大型零售商，如德国 METRO，英国 Tesco	NEC（RFID 手机），Sankei，Shogakukan（产品跟踪），T-Engine Forum 的 475 家企业将会采用（大部分为日本企业）
技术差异	频段	902～982MHz（UHF 频段） 13.56MHz（智能卡）	860～950MHz	2.45GHz（ISO 标准） 13.56MHz（智能卡）
	读写速度	40Kb/s～640Kb/s 最多同时读写 1000 个标签	40Kb/s 同时读写数十个标签	250Kb/s
	信息位数	EPC C1G1：64～96 位 EPC C1G2：96～256 位	64 位	128 位，可扩展至 512 位
应用领域		车辆管理、生产线自动化控制、物资跟踪、出入境人员管理	关卡、码头作业和 RFID 标签数量不大的区域	电子支付、物流、服装、印刷等，在物流等非制造领域使用较为广泛

▶ 图 4-6　全球三大标准体系比较

目前，ISO/IEC 18000、EPCglobal、日本 UID 三个空中接口协议正在完善中。这三个标准相互之间并不兼容，主要差别在通信方式、防冲突协议和数据格式这三个方面，在技术上差距其实并不大。这三个标准都按照 RFID 的工作频率分为多个部分[32]。

（1）ISO/IEC 18000 标准是最早开始制定的关于 RFID 的国际标准，按频段被划分为 7 个部分。目前支持 ISO/IEC 18000 标准的 RFID 产品最多。

（2）EPCglobal 是最重视 UHF 频段的 RFID 产品，极力推广基于 EPC 编码标准的 RFID 产品。EPC 注重 RFID 在物流、车辆管理等方面的行业标准的建立，并且 EPC 在努力成为 ISO 的标准，ISO 最终如何接受 EPC 的 RFID 标准，还有待观望。

（3）日本的泛在中心（Ubiquitous ID）一直致力于本国标准的 RFID 产品开发和推广，拒绝采用美国的 EPC 编码标准。在电子支付、物流、服装和印刷等领域积极推进 RFID 标准的建立。

除了以上三大 RFID 标准组织以外，目前还有 AIM 和 IP-X 标准组织。AIM 代表了欧美国家和日本的利益。IP-X 的成员则以非洲、大洋洲、亚洲等国家为主。

UID 的核心是赋予现实世界中任何物理对象唯一的泛在识别号（ucode）。ucode 标签具有多种形式，包括条形码、射频标签、智能卡、有源芯片等。泛在识别中心把标签进行分类，并设立了多个不同的认证标准。该标准体系对频段没有强制性要求，标签和读写器都是多频段设备，能同时支持 13.56MHz 或 2.45GHz 频段。UID 标签泛指所有包含 ucode 码的设备，如条形码、RFID 标签、智能卡和主动芯片等，并定义了 9 种不同类别的标签。

UID Center 的泛在识别技术体系架构由泛在识别码（ucode）、信息系统服务器、泛在通信器和 ucode 解析服务器等四部分构成。UID 的核心是赋予现实世界中任何物理对象唯一的泛在识别码，其位长为 128 位，并可以进一步扩展至 256、384 或 512 位。ucode 的最大优势是能包容现有编码体系的元编码设计，并可以兼容多种编码，包括 JAN、UPC、ISBN、IPv6 地址甚至是电话号码等。ucode 可以使用泛在 ID 中心制定的标识符对代码种类进行识别，以在流通领域中常用的现有的代码体系 JAN 代码为例，在特定的企业和商品中使用 JAN 代码时，在 IC 标签代码中写入表示"正在使用 JAN 代码"的标识符即可 [33]。在相关标准的制定上，UID 日本泛在中心的思路类似于 EPCglobal，目标也是构建一个包括编码体系、空中接口协议到泛在网络体系结构在内的完整的标准体系。信息系统服务器存储并提供与 ucode 相关的各种信息，ucode 解析服务器确定与 ucode 相关的信息存放在哪个信息系统服务器上。ucode 解析服务器的通信协议为 ucodeRP 和 eTP，其中 eTP 是基于 eTron（PKI）的密码认证通信协议。泛在通信器主要由 IC 标签、标签读写器和无线广域通信设备等部分构成，用来把读到的 ucode 送至 ucode 解析服务器，并从信息系统服务器获得有关信息。

4.3.3　知识产权

在无线传感技术方面，据美国专利局的数据显示：美国拥有最多的已授权的专利，日本其次（97），加拿大、韩国和法国随后；同时，美国也拥有最多的已公开的专利申请，韩国其次，日本（233）、瑞典和中国台湾随后。

日本在 2002 年进一步认识到知识产权的战略地位，制定了《知识产权战略大纲》，成立了跨政府部门的知识产权战略会，把"知识财产"定位到"立国战略"的高度，要发展成"全球屈指可数的知识产权大国"。大纲明确提出，要把无形资产的创造置于产业基础的地位，并从知识产权的创造、保护、应用以及人才基础四个方面提出了战略性对策及近期的行动计划。国会通过了基本法，规定了政府及其各部门在实施这一战略过程中的职责、任务、分工及协调功能。日本政府制定的"知识产权立国"的国策，取代先前"技术立国"的定位，对物联网的发展有着重大的意义[69]。

在 RFID 上，截至 2009 年底，日本拥有 RFID 专利的数量仅次于美国，达到近 500 件。在 RFID 专利数量上处于领先地位的 15 家公司中，日本占据 2 个席位，分别是富士通和索尼公司，其余均为美国企业。在国际专利申请（PCT 专利申请）方面，在国际知识产权组织（WIPO）的数据库中，共有 2500 多件 RFID 公布的 PCT 专利申请，日本是申请专利持有量排名第四的国家，拥有近 100 项专利。

在无线传感技术方面，日本是仅次于美国的拥有最多的已授权专利的国家，同时，在拥有最多已公开的专利申请国家排名中，位于美国、韩国之后，排名第三。将专利分布情况按照公司来分析，在无线传感器网络技术上领先的 15 个顶级公司中，日本的 NEC 公司和索尼公司榜上有名，其中 NEC 公司在拥有的已公开的专利申请数量排名中靠前，排在第 5 位。

4.4　物联网企业及组织机构

与美国大力发展 UHF 频段 RFID 不同的是，日本对 2.4GHz 微波频段的 RFID 更加青睐，目前日本已经开始了许多 2.4GHz RFID 产品的实验和推广工作。日本在 RFID 方面的发展，始于 20 世纪 80 年代的实时操作系统（TRON）。制定日本的主导 RFID 标准研究与应用的组织是 T-引擎论坛（T-Engine Forum），该论坛已经拥有 475 家成员。值得注意的是成员绝大多数都是日本的厂商，如 NEC、日立、东芝等，但是少部分来自国外的著名厂商也有参与，如微软、三星、LG 和 SKT。T-引擎论坛下属的泛在识别中心（Ubiquitous ID Center，UID）成立于 2002 年 12 月，具体负责研究和推广自动识别的核心技术，即在所有的物品上植入微型芯片，组建网络进行通信[70]。

在 T-Engine 论坛领导下，泛在 ID 中心于 2003 年 3 月成立，并得到了日本政府产经省和总务省以及大企业的支持，目前包括微软、索尼、三菱、日立、日电、东芝、夏普、富士通、NTT DoCoMo、KDDI、J-Phone、伊藤忠、大日本印刷、凸版印刷、理光等重量级企业。

T-Engine 论坛包括 6 个由 A 类会员构成的 8 个工作组。①硬件工作组，以 T-Engine

（Standard T-Engine）、μ T-Engine（Micro T-Engine）、n T-Engine（Nano T-Engine）、p T-Engine
（Pico T-Engine）和 T-Engine 硬件平台的 5 个系列产品的说明主题开展活动。②内核/开发
活动工作组，是以 T-Engine 系列产品上一级工作的基本控制程序"T-Monitor"、基本内核
"T-Kernel"的软件说明，基于 T-Kernel 的应用软件以及中间件的开发环境为主题开展活
动。③中间件工作组，开展基于 T-Kernel 上工作的中间件的流通为主题的活动。④Java
工作组，开展以使用 Java 语言环境的中间件为主题的活动。⑤普适计算工作组，是基于
T-Engine/T-Kernel、带有 PDA 接口，具备泛在环境中交换信息的机器为主题开展活动。
⑥T-Linux 工作组，主要是基于 T-Engine/T-Kernel 的实时 Linux，开展普及 T-Linux 的活
动。⑦T-Wireless 工作组，开展促进 T-Engine 架构应用于移动电话的活动。⑧泛在 ID 中
心，开展与泛在 ID 技术相关基础建设、技术设备开发活动等。

　　UID 中心目前已经公布了 RFID 标签超微芯片的部分规格，支持这一 RFID 标准的有
300 多家日本电子厂商、IT 企业。日本和欧美的 RFID 标准在使用的无限频段、信息位数
和应用领域等方面存在许多不同点。日本的射频标签采用的为 2.45GHz 和 13.56MHz，欧
美的 EPC 标准采用 UHF 频段。日本的 RFID 标签的信息位数为 128 位，欧美 EPC 标准
的位数是 96 位。日本的 RFID 标签标准可以用在库存管理、信息发送和接收以及产品和
零部件的跟踪管理，欧美 EPC 标准侧重于物流管理和库存管理等。

　　日本也参与了 EPCglobal 组织的研究工作。EPCglobal 组织下的 Auto-ID 实验室由
Auto-ID 中心发展而成，总部设在美国麻省理工学院，与其他五所学术研究处于世界领先
的大学通力合作研究和开发 EPCglobal 网络及其应用，日本庆应大学是其中之一。

4.4.1　日立公司

　　日立公司是日本大型的综合性电机跨国公司。前身是小平浪平 1910 年建立的久源
矿业日立矿山的电机修理厂。1920 年从久源矿业公司分出来，成立日立制作所，总公
司在东京。

　　日立公司致力于发展技术，重视科学研究和产品开发。共拥有 25 个研究所，在国内
外共获得 52 000 项专利权，1990 年有雇员约 2.9 万人。为适应社会发展的需要，日立公
司不断调整产业结构，实现产品多样化，从最初以生产重型电机为主发展到现在拥有五
大部门：①动力系统及设备；②家用电器；③信息、通信系统及电子元器件；④产业机
械及成套设备；⑤电线电缆、金属、化工及其他产品。在海外的子公司也已从 1959 年在
美国设立第一家子公司发展到 40 多家，分布于世界各地。1990 年，日立公司的资产为
494.55 亿美元。

　　日立公司于 20 世纪 60 年代来到中国，成为早期进入中国市场的少数外资企业之一。
多年来，日立积极开拓中国市场，引进大量先进的技术和产品。在中国政府的支持下，

日立在中国各地的投资事业都得到了长足的发展。

20 世纪 70 年代，日立率先在北京设立办事处，成为第一家驻京日本制造企业。这段时期，日立向中国引入了大批成套设备及技术，其中包括火力发电设备、轧钢成套设备、气象探测用计算机、港口货物装卸设备以及彩电组装成套设备等，为当时中国的基础设施建设项目作出了贡献。

进入 20 世纪 80 年代，在中国经济发展所带来的电视机等消费高峰出现的背景下，日立响应中国政府当时提倡的技术及国产化方面的合作，通过在变压器、电动机及电视机、洗衣机等家用电器等方面的合作，日立在中国的事业取得了更大的发展。

从 20 世纪 90 年代初，日立响应中国政府招商引资、鼓励外资的经济政策，积极开展在华的投资项目。目前，日立在中国国内拥有约 30 家合资、独资企业及 50 多家集团企业。日立的成员活跃在电力电机、电子设备、家用电器和信息通信等领域，为中国社会提供着高品质的产品和服务。

经过数十年的努力，日立和中国业界建立了深厚坚实的合作关系，为今后开拓新事业奠定了良好的基础。随着全球经济一体化与中国市场的进一步开放，日立希望通过为中国市场带来更多的品牌产品及服务，从而成为中国业界最佳解决方案合作伙伴。

日立集团的业务遍布多个领域，从社会基础设施到家电、材料、物流和服务等。公司本着"Inspire the Next"（为新时代注入新的活力）的理念，将一如既往地为下一个时代汲取新的生机与活力，争取使公司在 21 世纪里继续保持欣欣向荣的发展态势，并为创建繁荣、舒适的社会作出贡献。

目前，在传感器方面，日立公司已经在研发方面拥有多项世界先进成果。

4.4.2　NEC

一、公司总体发展情况

日本电气股份有限公司（日文：日本电气株式会社，英文：Nippon Electric Company）是一家跨国信息技术公司，总部位于日本东京港区。NEC 为商业企业、通信服务以及政府提供信息技术（IT）和网络产品。它的经营范围主要分成三个部分：IT 解决方案、网络解决方案和电子设备。

2010 年财年，NEC 公司年度亏损 1.55 亿美元，两年来首次出现赤字。主要是由于日本大地震导致收益减少了 200 亿日元，此外适用权益法核算的旗下半导体制造商、瑞萨电子公司的亏损也影响了业绩。作为 NEC 主力业务的 IT 服务和手机部门的业绩均不理想，后者主要是由于智能手机投放市场过晚所致。预计 2011 财年 NEC 的净利润为 150 亿日元，销售额将增长 5.9%，达到 33 000 亿日元。

2011 年 1 月 28 日，NEC 个人电脑有限公司和联想（日本）有限公司将成为新合资公司的全资子公司。合资公司将结合 NEC 的产品开发能力及联想的采购资源，为日本的用户开发及提供最合适的产品。消费产品方面，NEC 及联想将沿用各自品牌及现有的销售及支持渠道。商用个人电脑方面，NEC 将继续通过其现有渠道推广及支持有关产品。此外，联想及 NEC 还同意继续探讨把合作扩展至更多领域，开发、生产和销售平板电脑等产品；销售其他 IT 平台产品，如服务器等。

二、公司在物联网领域的研究及产品

NEC 与 KDDI 合作开发出了利用一部终端便可读写世界主要 RFID 标签的 "RFID 手机"。两公司还将提供通过 RFID 手机读取 RFID 标签，经由手机网络发送并管理数据的 "移动云服务"。服务主要适用于营业销售等外勤、维修、资产管理等用途。

移动云服务是由 NEC 作为 MVNO（移动虚拟运营商）利用 KDDI 的 au 网络，整合 RFID 服务平台 "BitGate"、手机、3G 线路提供的解决方案。使用该服务时，只需把 RFID 手机对准商品和身份证上的 RFID 标签，即可读取数据。云端提供营业报告、库存管理等销售支援解决方案，以及维修业务支援、物品管理、出勤管理、物流管理等提高业务效率的应用。同时，移动云服务还将作为 "开放式平台"，向各 SaaS 供应商和应用开发供应商广泛开放，以实现服务和应用的扩充。

4.4.3　NTT DoCoMo

一、公司总体发展情况

NTT（Nippon Telegraph and Telephone Public Corporation，日本电话电报公司）是目前世界上最大的移动通信公司之一，也是最早推出 3G 商用服务的运营商。主要产品有手机、视讯手机（FOMA 或某些 PHS 系统）、I-mode 服务（包括网路）、电子邮件与手机邮件（I-mode mail，简讯与多媒体信息等）。

二、公司在物联网领域的研究及产品

2004 年起，DoCoMo 公司推行 "M2M-X" 的网络家电认证服务，定位于智能家庭业务，而其推出的采用 Sony 芯片的 FeliCa 手机钱包服务，除了在本土占据极高的份额之外，已经与全球多家运营商进行了联合推广应用，为越来越多的用户所使用。

2011 年，DoCoMo 公司对 I-mode 进行了革新，将 I-mode 平台中的一部分业务植入 Andorid 平台，以保持其在领域内的优势地位。

4.4.4　KDDI

KDDI 是一家在日本市场经营时间较长的电信运营商，是日本的一个电信服务提供商，GS 提供的业务既包括固定业务，也包括移动业务。KDDI 的前身是成立于 1953 年的 KDD 公司。

　　经过多年来不断的兼并与重组，尤其是先后与 DDI、IDO 两家公司合并，KDD 不断成长壮大，2001 年 4 月正式改名并组建成为目前的 KDDI。与 NTT DoCoMo 较独立地运营移动通信业务有所不同，目前 KDDI 为其全业务体系建立了 "Au"、"TU-KA"、"Telephone"、"For Business" 和 "DION" 五大服务品牌。"Au" 是基于 CDMA 网络的移动业务品牌，提供基于 2G/2.5G/3G 网络的各种移动通信服务；"TU-KA" 是基于 PDC 网络的移动业务品牌，只提供 2G 服务；"Telcphone" 是固定电话业务品牌，目前 KDDI 在这一领域主要提供国际长话服务；"For Business" 是针对企业用户的业务品牌，主要提供 VPN 与 Data Center 等针对企业客户的解决方案；"DION" 是互联网服务品牌，主要提供 ADSL、FTTH 等互联网接入服务。

　　在过去五年，KDDI 几乎从 2G 业务完全地迁移到 3G 网络业务当中，现在 KDDI 公司 90% 的客户都是 3G 的客户。对于固定的业务，KDDI 一直提供传统的固定电话服务；而且 KDDI 公司通过增强数据速率引入 FTTH，提供互联网高速业务，还有 ISP 网关业务。对企业客户来说，KDDI 会提供 IPTV 业务。KDDI 公司在 2004 年 11 月，又引入了完全的音乐下载业务，由于日本的消费者热衷音乐的下载，所以这个业务是比较适宜的。2006 年底，WiMAXCBBO 增加了上行速率，达到了 1.8Mb/s，同样也可以增加 KDDI 公司的下行传输速率。KDDI 认为，移动的 WiMAX 是一个非常具有潜力的技术，KDDI 可以在音乐下载方面提供服务，可以给手机用户提供更多帮助，他们不管在任何地方都可以用手机随时下载音乐；通过网络视频，同样可以允许 KDDI 的客户下载音乐；通过适用他们的电脑、手机终端和电脑终端的联系，可以从手机或者和电脑之间相互传输音乐，用户在家或在外面都可以听音乐。最近，KDDI 又取得了一些突破，一天可以下载 14 万首歌曲。

　　虽然是全业务运营商，但多年来 KDDI 的核心业务是移动业务，无论从业务收入还是从利润上都可以反映出这一点。例如在 2003 财年，虽然固话业务出现了一定亏损，但依靠移动业务获得的利润，KDDI 仍实现了整体盈利的目标。KDDI 正计划把企业资源进一步往移动业务上倾斜，以保持企业的可持续发展。2004 年 6 月 KDDI 就把原控股的日本最大的 PHS 运营商 DDI Pocket 出售，以改善企业的现金流状况。

　　在 KDDI 的移动业务体系中，基于 CDMA 网络的 "Au" 无疑最具价值与竞争力。1998 年 7 月，出于寻求差异化竞争优势并成为市场挑战者的战略目的，KDDI 开始商用 CDMA 网络。经过 7 年的持续发展，截至 2005 年 5 月，KDDI 拥有的 CDMA 用户已超过 1824 万户，占日本移动电话用户总数的 20.8%，其中 CDMA2000 1X 用户 1468 万，CDMA2000 1X EV-DO 用户接近 400 万。

　　目前，KDDI 不仅超越 Vodafone K.K. 成为日本第二大移动运营商，而且在 3G 市场上对领先的 DoCoMo 构成越来越强大的挑战。2001 年，KDDI "Au" 的数据业务收入比例仅为 12.3%，仍大大落后于 DoCoMo 的 18.1%，但到 2004 年，KDDI 的这一指标已大幅上升到 24.4%，基本与 DoCoMo 处于同一水平。KDDI 的实践无疑为国内运营商的发展及 3G 市场的启动提供了一定的参考和借鉴。

1983 年，KDDI 在北京设立了办事处，开始在中国的业务，并致力于为客户提供解决方案。2001 年与中国第二大电信公司中国联通签订协定，向中国联通提供移动电话和互联网连接技术，并合作研发高速移动电话服务科技。目前 KDDI 在中国有 KDDI 上海（2003 年）、KDDI 中国（2003 年）、KDDI 广州（2010 年）、KDDI 香港（2009 年）等 4 家分公司。该企业在 2007 年度《财富》全球最大五百家公司排名中名列第二百三十一位。

2010 年 7 月 19 日，KDDI 继北京之后在上海建立了中国第二个属于 KDDI 公司的 TELEHOUSE。

2010 财年 KDDI 净利润为 2551.2 亿日元（31 亿美元），同比增长 20%。截至财年末，KDDI 用户总数近 3300 万，2009 年同期为 3190 万。

"2008 日本通信展"上，日本电信运营商 KDDI 社长小野寺正先生发表了题目为"KDDI 开拓 FMBC 应用的世界"的演讲。KDDI 核心技术统括本部部长安田丰表示，外部运营环境的变化是 KDDI 提出 FMBC 的重要原因。作为一家全业务运营商，KDDI 期望能够成为"解决任何通信问题的公司"，向用户提供高附加值、低廉的业务费用，并且能够解决固网业务逐步下滑和移动业务突飞猛进的发展不平衡难题。为此，KDDI 提出了 FMBC 战略。

FMBC 与 FMC 的区别在于广播业务。广播与通信的融合也成为 KDDI 融合战略的特色所在。

2003 年 12 月，日本相关业务提供商推出了地面数字电视广播业务，One-Seg 业务即手机电视业务则从 2006 年 4 月开始出现在日本，截至 2007 年 11 月底，日本累计 One-Seg 手机出货量已达到 1758 万台。在广播业务蓬勃发展的过程中，一个趋势也在悄然产生：随着三重播放业务的诞生、互联网视频业务的扩大、录像设备的普及，广播融入移动通信和固定通信的趋势在日本愈加明显。

将广播与固定和移动通信相结合，KDDI 做了很多努力。例如，KDDI 研究所不仅开发了数字手机电视终端，而且开发了数字广播手机终端，现在这些终端不仅可以用来看电视，而且可以用来下载动画。KDDI 还在数字广播上加载了互联网的数据，将互联网上无改动的媒体内容和应用程序通过数字广播发布，不仅可以有效利用频率波段，还可以提供全方位的业务。此外，KDDI 在手机电视上提供区域播放服务，通过在特定区域、商店街、设施内进行小功率 One-Seg 的播放，播发与该地区紧密相关的节目。

在 FMBC 战略之下，KDDI 已经推出了一些融合业务，为用户带来了极大的便利。

（1）无缝整合业务。用户可以在车上拨打视频电话，在打电话的同时可以用文字回复；下车后，用户的手机成为普通手机，用户可拨打普通电话；回到家里，用户可把电话切换到电视机上，用电视打视频电话，用手机打语音电话。在整个过程中，用户可以在保持原来通信服务不间断的条件下，将服务切换到不同的介质。

（2）LISMO 音乐下载业务。2006 年 5 月，KDDI 推出了该业务，与过去的音乐下载业务不同，该业务以"无论何时何地，轻松享受音乐"为理念，允许用户将手机下载的业务复制到 PC 上听，也可以利用 PC 把网络上下载的音乐以及 CD 上的歌曲转换到手机上听。KDDI 计划继续延伸下去，实现手机与电视的内容互动。

（3）手机搜索业务。2006 年 7 月，KDDI 与 Google 合作提供手机搜索业务"EZSearch"，使 KDDI 的用户能在手机上使用 Google 的网络搜索引擎。通过该服务，用户不仅能看到那些专为手机定制的信息内容，而且能看到互联网上的内容，在日本尚属首次。

（4）手机广告业务。除了手机上和 PC 门户上的广告外，KDDI 还推出了 PC 与手机门户融合的广告服务，该广告表现形式多样，易被用户接受。

（5）auone。随着手机上网的普及速度进一步加快，同时使用手机和电脑上网的人数也在增加。为了满足这些用户的需求，KDDI 于 2007 年 9 月推出了手机与电脑的一体化门户网站"auone"。该门户网站的最大特点是手机和 PC 上门户网站设计界面统一；该网站还引入了"遥控布局"工具，方便用户对网站进行操作。通过该网站，用户无论是通过手机还是 PC，无论何时何地，都可以统一获取信息。

4.4.5 日本信息通信研究机构（NICT）

日本信息通信研究机构的历史可以追溯到 1896 年 10 月，日本通信省的"电气试验所"成立了无线电通信研究部门。1948 年 6 月，"电波物理研究所"划归文部省管辖。1952 年 8 月，邮政省成立"电波研究所"，并于 1988 年更名为"通信综合研究所"。2001 年，该研究所随着日本政府机构的调整划归总务省，并成为独立行政法人。

1979 年 8 月，日本设立"通信·放送卫星机构"，负责卫星通信和广播的管制服务，并于 1992 年 10 月更名为"通信·放送机构"。2002 年 3 月，该机构终止卫星管制的业务，自此其主要业务为通信和广播技术的研究和开发。

4.4.5.1 研究机构

2004 年 4 月，日本政府决定合并原有"通信综合研究所"和"通信·放送机构"，成立"日本信息通信研究机构"（National Institute of Information and Communications Technology，NICT），是隶属于日本总务省的独立行政法人。该机构成立于 2004 年 4 月，目前总部位于日本东京都小金井市，主要进行信息技术领域的研究和开发，同时对信息通信提供业务支持，目前的理事长是宫原秀夫。

日本信息通信研究机构目前在日本各地设有 15 处研究所、3 处观测站和 2 处无线电发射站，其研发机构分为 7 个研究部门。

第一研究部门：

下一代网络技术的基础研究部门。下设下一代网络技术研究中心、下一代无线技术研究中心和未来信息通信技术研究中心。

第二研究部门：

通用通信技术的基础研究部门。下设知识创新通信技术研究中心和通用媒介研究中心。

第三研究部门：

信息通信安全技术的基础研究部门。下设信息通信安全技术研究中心和电磁波计量研究中心。

联合研究部门：

下设 JGNII 项目推进研究中心。

研究推进部门：

主要负责各种研究的成果转化，知识产权的确立，以及各个领域的国际合作，并负责其成果的 JIS 或 ISO 标准化工作。

基本研究促进部门：

主要负责公开招募民间无法进行的高风险研究、招募海外科研人员。

信息通信振兴部门：

主要为信息通信行业的创业者提供信息，并对创业和基础设施的建设提供资助和业务支持。

4.4.5.2　公共服务

标准频率和时间。根据日本法律，信息通信研究机构是设定标准频率和时间的官方机构，并负责标准电波和时间的发送工作。

信息通信研究机构采用一个特定的测量系统每天一次对其放置于 4 个钟室的铯原子钟和氢微波发射器原子钟进行时差的测量，通过平均，合成这些原子钟的时间，得到该机构的世界协调时，并在此基础上增加 9 个小时成为日本标准时。在使用氢原子钟之前，其世界协调时与国际度量衡局的差距在 ±50ns 以内；在 2006 年 2 月 7 日引入氢原子钟后，目前的差距在 ±10ns 以内。

两座标准电波的发射台位于福岛县田村市的大鹰鸟谷山上和佐贺县佐贺市的羽金山上，发射频率为 40kHz 及 60kHz。除了接收长波电台的广播外，信息通信研究机构还通过 NTP 服务以及电话回路提供标准频率和时间的服务。

4.4.5.3　宇宙天气预报

为减少磁暴对信息通信活动带来的损失，信息通信研究机构还对磁场的状态进行观测，并提供宇宙天气预报的服务，发布太阳活动、电离层观测和地磁活动的有关信息。

目前，其已在 RFID 方面经开发并试制成功了可粘贴在金属曲面及人体上的布质电子标签。

4.4.6　日本新能源产业技术开发机构（NEDO）

NEDO（新能源产业技术开发机构）是日本政府于 1980 年创立的，目的是为了发展新的石油替代能源技术。8 年之后，即 1988 年，NEDO 的活动领域扩大了，工业技术的研发也包括其中；到了 1990 年，环境技术的研发也包括在了 NEDO 的活动领域之内。促进新能源和能源节约技术在 1993 年列入了 NEDO 的活动之中。2003 年 10 月，重建后作为独立行政法人机构的 NEDO，如今也开始负责为研发 R&D（Research and Development）项目工程进行规划、管理和项目执行后的技术评价工作。

2005 年，NEDO 已经发布了在一枚芯片上集成无线标签和各种传感器的"RFID 传感器芯片"。

4.4.7　株式会社野村综合研究所（NRI）

野村综合研究所（NRI）正式成立于 1965 年 4 月，创始人野村德七早于 1906 年设立野村公司调查部。该研究所是在此基础上发展变化而成的。研究所被称为"典型的日本研究机构，研究内容与主要课题与美国兰德公司相似，素有日本的兰德公司之称"。研究所拥有工作人员 500 多名，其中研究员 260 多名（社会科学研究员 130 多名，自然科学研究员 120 多名）。该研究所的研究领域十分广泛，大到国家战略，小到出租汽车，既有社会科学，又有自然科学，也有社会实际问题。主要研究内容为经济、金融、股票。该所接受政府机关、地方公共团体或民间企业的委托研究；军事战略研究只是其中的一部分。

野村综合研究所是日本最大的管理咨询公司，东京证交所的上市企业，总部位于东京最繁华的丸之内 CBD，注册资本金 186 亿日元，拥有 4400 多名员工。在英国伦敦、中国香港、新加坡、美国西海岸、中国台北、韩国汉城、马尼拉等地设有事务所。野村综研（上海）咨询有限公司（简称：NRI 上海）是野村综合研究所于 2002 年在上海设立的公司。为了进一步加强与中国业界的合作，公司于 2005 年在北京成立了北京事务所。迄今为止，公司除成功协助在华日本企业在中国市场的经营、市场研究以外，还开展了多方面的人事管理咨询活动。近期还针对中国民企，开展了如何开拓中国及亚洲市场的咨询业务。在公司业绩获得大幅提升的同时积累了许多成功经验。

2005 年，北京市发展和改革委员会将 NRI 列为 4 家外资专家顾问机构之一，NRI 是唯一一家日资公司。另外，公司于 2007 年设立了清华大学·野村综研中国研究中心，对中国社会及经济的发展进行合作研究。中心期待通过公司全体员工的不懈努力，进一步促进中日两国民间的交流与合作。

"创造附加价值，扩大企业价值"是 NRI 的基本思想，其使命是通过为顾客提供高附加价值，来帮助顾客提高企业价值，同时提高 NRI 自身的企业价值。NRI 极其重视"对品质的追求"。在调查、研究、咨询以及系统设计、建设、运营的各个阶段中，NRI 都不懈地致力于对品质的追求，同时大力投资培养那些能够积极研发并掌握专业知识的人才。NRI 将通过创造顾客的附加价值和提高企业价值，做永远能够为社会及产业界贡献力量的"未来社会创造发展企业"。

NRI 在 2000 年时就预见到"泛在网"社会的到来。在过去的 10 年间，NRI 以提供相关政策建议和实施实验验证的形式参与了日本政府推进的 e-Japan、u-Japan 战略及日本政府发表于 2009 年 6 月的《智慧泛在构想》等一系列重大国家战略的制定与实施。此外，"NRI 上海"作为首家外资企业加入了中国以推动物联网发展为目的的标准化工作组，并将物联网定位成"中国 2010 年之后的新 ICf 战略"。其在传感器领域也多有研究。

4.4.8　东京大学

东京大学 IRT 设立 RFID homing，主要为应对老龄化社会，将工厂 RFID 概念应用于家庭之中。

4.5　物联网典型应用

就 RFID 技术而言，与美国和欧洲 RFID 在军事和物流广泛的应用相比，日本经济产业省选择了七大产业做 RFID 的应用试验，包括消费电子、书籍、服装、音乐 CD、建筑机械、制药和物流等领域。经过几年的发展，RFID 在日本的消费领域应用非常广泛，在日本购物时随处都可看到 RFID 的影子。以日本运营商 NTT DoCoMo 定制的手机为例，每部手机基本都内置有 RFID 芯片，如果消费者对某种商品有兴趣，只需将内置 FRID 芯片的 NTT DoCoMo 手机在前面一晃，商品的相关信息马上就会下载至手机。因此，手机同时也是重要的支付终端。目前，日本主流信息技术厂商均已投入到 RFID 技术产品的研发和应用中，厂商在推出新产品时，更注重新产品带来的实际应用。RFID 在日本已经从概念阶段进入到实际应用阶段，而且，应用的领域和范围正在迅速扩大。

在东京，成千上万家商店在收银台都安有 RFID 读写器（总量超过 50 000 台），接受非接触式 RFID 卡（RFID 射频快报注：suica）或 NFC 手机的支付。目前已经用 2 亿张非接触卡在日本各行业得到应用，其中交通和零售市场增长迅速。Toppan Forms 是非接触式支付卡的最大厂商之一，现已经另增一家工厂来将卡片的生产量提高到 2 倍，以便适应越来越多的市场需求。2010 年日本 NFC 手机的销售量为 4700~5000 万部。与信用卡相比，用手机进行小额支付更加方便，大多应用于零售支付和交通车费的支付。

日本 RFID 标签的使用量却少得可怜。有限的超高频频段和密集的读取环节仍是 RFID 应用面临的主要问题。日本政府曾提出一个新计划，要对使用超高频 RFID 频段的用户进行收费。由于日本 EPCglobal 的努力，才使这个计划得以取消。

虽然日本政府在过去三年内投入超过 100 亿日元支持 RFID 项目，但进展仍然缓慢。像其他国家一样，日本的 RFID 标签应用主要属于闭环型应用。

Yodobashi Camera 是日本最大的 RFID 标签应用商，于 2006 年要求其所有的供应商必须在运往川崎配送中心的商品上贴加 UHFEPC 标签。希望实现三个目标：①减少人力成本，提高货品检测的效率；②在供应商处建立新的货运流程；③提高商务流程的自动化，如库存管理和供应商管理。到目前为止，约 30 家供应商同意了贴标要求，川崎配送中心安装了 100 台 RFID 读写器，使用 952～954MHz 频段的 RFID 标签。许多日本相关厂商都在关注这个项目，希望了解 RFID 性能表现是否能与预期一致，看 Yodobashi 能否实现商业目标。

根据《RFID 射频快报》从 JAISA 日本自动识别协会获得的数据，日本 2006 年 RFID 硬件市场额为 364 亿日元（合 24.4 亿人民币），其中低频和高频段产品市场额比 2005 年减少 9.2%，为 88 亿日元，微波段产品市场额比 2005 年增长 31.8%，达到 260 亿日元。UHF 频段产品市场额保持不变，仍为 8 亿日元。2007 年日本 RFID 硬件市场份额增加 33.7%达到 487 亿日元（合 32.6 亿人民币）。微波和 UHF 这两个频段都有 60%～70%的大幅增长。

4.5.1　以对应新能源为主的智能电网

日本政府通过深入比较与美国电力工业特征的不同，结合自身国情，决定构建以对应新能源为主的智能电网。

1. 日本政府关于智能电网的看法

根据 2009 年 3 月 17 日日本《电气新闻》报道，针对美国提出的智能电网，日本经济产业部副部长望月晴文指出，美国脆弱的电网系统与日本坚强的电网系统无法单纯地进行比较，日本将根据自身国情，主要围绕大规模开发太阳能等新能源，确保电网系统稳定，构建智能电网。

日本政府计划在与电力公司协商后，于 2010 年开始在孤岛进行大规模的构建智能电网试验，主要验证在大规模利用太阳能发电的情况下，如何统一控制剩余电力和频率波动，以及蓄电池等课题。日本政府期待智能电网试验获得成功并大规模实施，这样可以通过增加电力设备投资拉动内需，创造更多就业机会。

2. 产学共同进行智能电网模式研究

为配合企业技术研究，东京工业大学于 2009 年 3 月初成立"综合研究院"。其中，赤木泰文教授主持的关于可再生能源如何与电力系统相融合的 "智能电网项目"备受瞩目。除东京电力公司外，东芝、日立等 8 家电力相关企业也积极参与到该项目研究中。该项目计划用 3 年时间开发出高可靠性系统技术，使可再生能源与现有电力系统有机融合的智能电网模式得以实现。

4.5.2　智能医疗中心及医疗垃圾处理

2004 年，日本信息通信产业的主管机关总务省提出 2006—2010 年间 IT 发展任务"u-Japan 战略"。该战略的目的之一就是希望通过信息技术的高度有效应用，促进医疗系统的改革，解决高龄化少子化社会的医疗福利等问题。

1. 日本阪和智能医疗中心

老龄化社会的癌症患者正不断地增加，在如此严峻的形势下，FDG 对癌症检查的有效性被广泛认可。在美国，PET 已被适用保险范围，现在只要一提到肿瘤，首先要做的就是 PET 检查，可见其普及程度之高。阪和智能医疗中心，作为早期癌症发现系统，引进了 PET/CT，并且与大阪大学合作，结合使用诊断和研究设施，配备了最新设备，使各就诊者能够舒适地接受就诊。目前该医疗中心还拥有一支医术精湛、素质过硬的专业队伍，完成了数万日本人及数千国外友人的诊断和保健工作。

2. 医疗垃圾处理

医疗垃圾与生活垃圾相比，前者含有大量的细菌和病毒。医疗垃圾的随意处理不仅会给环境带来严重的污染，更会给人类健康带来极大的威胁。目前，日本在医疗垃圾信息管理方面展开了广泛地研究，并取得了较好的效果。通过实现不同医院、运输公司的合作，借助 RFID 技术建立一个可追踪的医疗垃圾追踪系统，实现对医疗垃圾运送到处理厂的全程跟踪，避免医疗垃圾的非法处理。

2004 年 7 月，日本垃圾管理公司 Kureha 环境工程公司开始检验 RFID 能否用于跟踪医疗垃圾的试验。这是亚太地区第一个利用 RFID 跟踪医疗垃圾的试验。试验的目的是检验 RFID 标签技术是否能有效地在医疗垃圾运送给处理厂过程中跟踪它们。主要目标是利用跟踪系统确定医院和运输公司的责任，防止违法倾倒医疗垃圾。

Kureha 使用的纸箱和塑料容器上将配备 RFID 标签，信号接收天线将安装在 IBM 的 RFID 解决方案中心。试验将分析信号的灵敏度和数据读取精度参数。试验取得成功后，现场试验将随后在 Kureha 的垃圾处理厂进行。如果一切顺利，设在日本福岛的 Kureha 总医院将在不久的未来部署 RFID 系统，跟踪医疗垃圾。

4.5.3　智能住宅

目前，欧美和东南亚等经济比较发达的国家先后提出了各种智能家居方案。美国、日本、德国、韩国等国家的智能家居已经广泛进入普通家庭，每年的销售额达数百亿甚至上千亿美元，成为推动社会信息化和经济发展的重要力量。

以智能家居为典型应用的数字家庭是日本国家信息化战略的重要组成部分。为了促进智能住宅的发展，1988 年日本专门成立了"住宅信息化推进协会"，提出了"住宅信息系统计划"。2009 年 7 月，日本 i-Japan 战略中提出的重点发展的数字家庭业务中即包括老年与儿童监视、远程医疗、远程教学、远程办公等智能城镇项目。目前，日本新建的建筑物中 60%以上是智能型的。日本的智能家居建设多注重以人为本和功能应用，同时兼顾未来发展与环境保护，大量采用新型的绿色节能材料，并充分利用信息、网络、控制与人工智能技术，实现家居现代化。

日本智能家居的主要应用涉及家电网络、安全监控、智能生物能源服务等多个领域。在家电网络领域，日本松下公司推出的家电网络系统可供主人通过手机下载菜谱，通过冰箱的内设镜头查看存储的食品，以确定需要买什么菜，甚至可以通过网络让电饭煲自动下米做饭。NTT-Neomeit 推出了通过 PDA 或手机远程控制家电和接受监控警报信息的服务，实现了生物认证。智能生物能源服务则是在智能家居中把家庭陈列和地板发电有机结合起来，3 名家庭成员同时跑步 40 分钟左右，创造的电能就可以保证全家人的居住、照明、使用，既可以节约能源，又可以锻炼身体。

4.5.4　智能交通系统

智能交通的发展起源于美、欧、日等发达国家和地区，这些国家和地区的智能交通发展水平较高，代表着世界先进的水平。20 世纪 60 年代，美国就开始了有关智能交通方面的研究，之后，欧洲、日本等也相继加入了这一行列。经过近 50 年的发展，美国、欧洲、日本成为世界智能交通研究的三大基地。

日本早在 1973 年就开始了对智能交通系统的研究。目前在智能交通项目已经形成了官方、民间、学术机构的协调体制，这对日本智能交通的良好发展起到了很大的推动作用。日本和美国是世界上最先进智能交通技术的代表。目前日本的智能交通研究与应用开发工作主要围绕辅助安全驾驶、电子收费系统、协助公交车辆运营、商用车效率化及协助紧急车辆运营、路线导航系统等进行。日本政府 1996 年和 1997 年用于智能交通的研究开发的预算为 161 亿日元，用于智能交通实用化和基础设施建设的预算为 1285 亿日元。

交通运输管理还有针对个人及运输企业的业务。以东京肥前运输公司的管理系统为例：该公司在长途货运车上安装物联网系统的目的是保证长途货车司机的安全及降低耗油量，因此该公司引入使用基于 DoCoMo 3G 网络的运行实时管理系统 E-navi system，通过货车驾驶台内置的物联网终端，如超过法定速度立即以语音来提醒司机；并且通过 GPS 实时记录车辆的位置和作业习惯，从而分析司机的驾驶行为并提出改良意见（如稳定速度）来降低汽油消耗。

在个人交通管理业务中，比较有名的是丰田与 KDDI 合作推出的 G-BOOK 导航仪。据丰田公司调查，汽车发生交通事故时能够自动报警将成为未来不可或缺的功能，因此 G-BOOK 可以在安全气囊弹出时，与其连动直接向急救中心报警，大幅减少报警延迟，挽救生命。除此之外，G-BOOK 还能提供安全导航方面的增值服务，如：检知汽车是否被盗，追踪车辆的位置，与用户进行联络，该服务 1000 日元/月，约合 65 元人民币；使用语音通话功能与呼叫中心联络获得需要的信息，如天气、新闻、可夜诊的医院等，该服务 33 000 日元/年，约合 2 145 元人民币。

4.5.5　地震预测

日本基于物联网的地震感知预警系统是物联网应用成就的代表。多年来，地震预警一直是一项难以攻克的世界性科学难题，为了与地震作斗争，2007 年 10 月，日本的传感型地震预警系统正式投入使用，日本各相关机构可无偿使用这项服务。日本现阶段有数十家企业和团体签署协议加入预警系统，预警系统向参加的单位承诺，它们将在地震波到达前 10～30s，收到地震警报。2008 年 6 月 14 日，日本东北部的岩手、宫城等地发生里氏 7.2 级地震。日本气象厅在主震到达宫城石卷市前 12s，发布了地震预报，在地震来临前 10s 左右发出预警，使人们在避灾方面抢得了宝贵的反应时间。地震发生时，一般是破坏力较小但速度较快的地震波（简称 P 波）先活动，接着就是破坏力大但速度慢的地震波（简称 S 波）。两种震波之间存在几秒到几十秒的时间差。

日本研究人员正是利用这个时间差，通过传感器探测出 P 波后，迅速发出预警，当传感形地震预警系统探测到地震中最初的微震时，会同时向铁路、建筑、电力、医疗等部门即时发出警报。这样一来，在灾难的 S 波来临之前，可以抢得数秒到数十秒的宝贵时间，对地震采取相应的避难措施。比如，各系统在接收到预警信号后，就会自动关闭煤气、电、水、核电站、化工厂等高危设施的运行，以避免衍生灾害的发生。

4.5.6　其他商业应用

自动贩卖机是日本都市街头随处可见的装置，主要摆放在地铁站及电车站、商业街、娱乐场所、公园景点等人流量大的地方，方便消费者及时购买食品饮料，也几乎成为匆忙的上班族主要的早餐来源，全日本约有 500 万台自动贩卖机。为提升自动贩卖机的运作效率，日本烟草协会与 NTT DoCoMo 合作，将物联网引入贩卖机：首先实现自动存货管理，通过无线方式实时传输货品状况，便于及时补货；其次在交易界面，通过无线通信实现电子钱包交易，消费者可使用手机、非接触式 IC 卡（如电车卡）方便地购物，贩卖机也能通过电子交易设备所记载的用户信息避免出售带限制要求的商品，例如不出售烟酒给未成年用户。

在自动贩卖机的改造中，NTT DoCoMo 采用了有别于传统电信业务的跨产业合作的商业模式：首先，DoCoMo 负责定义通信模块的接入标准，包括 2G 和 3G 的接入，并且直接向设备商采购按此标准定制的通信模块；然后，将模块及其通信资费包打包销售给自动贩卖机通信终端的系统集成商 NTT Data；NTT Data 将通信模块集成在终端之后，销售并安装在日本烟草协会的自动贩卖机中；日本烟草协会向 NTT Data 支付终端及安装维护费用，并按照终端所打包的通信资费标准向 NTT DoCoMo 支付通信费用。NTT DoCoMo 的物联网业务大多采用这种商业模式，有些业务由于存在系统集成商管理和定制服务，因此行业客户也可能直接向系统集成商付费，再由系统集成商向运营商支付通信费用。

电子钱包业务目前 DoCoMo、KDDI 都有开展，其中以 DoCoMo 的 Osaifu Keitai 业务最有名。该业务原本只是利用 Flica 技术提供手机支付，现在 DoCoMo 计划在电子钱包的基础上，将其发展成全方位的个人工作管理"All in one authentication"，DoCoMo 为此设计的应用场景包括上班打卡、计算机网络接入识别、商务用车、午餐预订、个人储物柜管理、公共交通等，这些都可以用手机及对应的物联网终端来实现。

4.6　小结

日本希望通过物联网的发展实现"三级跳"，振兴其信息产业，重新回到世界电子强国的地位，因此，日本最早提出了泛在网的概念。但与欧洲各国在 2002 年疯狂炒作之后又陷入低谷的跌宕发展路线不同的是，日本一直谨慎、缓慢但相对平稳地发展其物联网应用。时至今日，日本物联网应用主要在交通、监控、远程支付（包括自动贩卖机）、物流辅助、抄表等领域。未来随着物联网产业的进一步发展，市场应用的进一步打开，预计日本的物联网应用范围会进一步扩大，不排除日本将大量的点应用联结成片的可能。总之，日本的物联网发展潜力仍然很大。

第5章

韩国物联网发展纵览

内容提要

近年来，物联网在韩国发展迅速，这与韩国政府的大力支持和推动是分不开的。自 20 世纪末以来，韩国一直注重信息产业的发展，近年来更是大力推动物联网、云计算等新兴产业，不仅在政策上予以支持，还通过示范区等形式予以推广。本章将对韩国物联网的发展情况进行分析总结。

韩国政府一向注重电子信息产业的发展，近年来更是大力推动物联网、云计算等新兴产业的发展。早在 2004 年，韩国的 u-Korea 战略就提出要建设泛在社会，紧接着又推出了 u-IT 核心计划和八大创新服务，将智慧城市、智能交通、智能电网等领域纳入物联网发展重点，并通过产业集群带动地方经济发展。韩国在标准和知识产权方面走在了世界前列，例如其拥有 RFID 专利的数量仅次于美国、日本和德国，排在世界第四位。另外，韩国拥有实力雄厚的跨国企业三星电子和 LG 电子，还有极富创造力的电子通信研究院。

5.1　物联网发展概况

同中国与日本一样，韩国将物联网纳入信息产业的范畴，韩国政府在物联网发展的过程中起着重要的作用。韩国自 2006 年提出的 u-IT839 计划之八项重点发展目标中，便涵盖了积极发展物联网建设与服务的概念；2009 年更将物联网视为未来市场成长的动能之一，并由韩国通信委员会提出"物联网基础设施建构基本规划"，期望 2012 年能将韩国打造为一流广播通信融合领域之 ICT 强国。

5.1.1　韩国物联网发展背景

韩国对物联网之定义，主要是以整合通信基础设施为主，达到任何时间、地点都能安全且便捷地进行人对物、物对物之间的事物智能通信服务。

就广义而言，便是机械间的通信，以及民众借由操作各类终端装置与机器间的通信；狭义而言，则是结合通信、ICT 技术，确认事物间实时信息的各种解决方案。

2004 年韩国信息通信产业部便成立了 u-Korea 策略规划小组，2006 年正式提出了为期十年的 u-Korea 战略。而在 u-IT839 计划中，确立了八项重点发展的目标，物联网则是属于 u-Home、Telematics/Location based 等业务的建设发展重点。至 2009 年 10 月，韩国通信委员会（Korea Communication Commission，KCC）通过"事物智能感知通信基础设施建构基本规划"，视物联网为市场成长动能之一，更将"建构世界最先进的物联网基础建设，打造一流广播通信融合领域之 ICT 强国"为其 2012 年的发展方向。随后，在 2010 年和 2011 年，又接连推出"通过动态 IT、创意融合来实现 Smart Korea"、RFID 计划，以及面向未来的互联网发展计划的三个物联网相关的规划。

因此，为了整合韩国未来的传播通信，韩国电波振兴会提出 4S（Four Success）目标：

（1）安全的韩国（Safe Korea）

营造让所有国民健康及自在生活的安心、安全的国家。

（2）智慧的韩国（Smart Korea）

融会贯通所有地理性、物理性支持之高度智慧化国家。

（3）富强的韩国（Strong Korea）

在国际市场具有主导性竞争力之未来产业国家。

（4）永续发展的韩国（Sustainable Korea）

保有美丽环境之持续发展性国家。

期望能透过整合技术、产业及应用服务，将 IT（Information Technology）、BT（Biotechnology）与 MT（Medical Technology）等技术融合并开创新兴核心技术，进一步结合通信与感测等数字基础设施，建构完整物联网基础建设，并且灵活运用物联网的各类应用及服务。

同时，KCC 也进一步将韩国物联网服务归类六个主要发展方向：监测（Monitoring）、监控（Surveillance）、控制（Control）、追踪（Tracking）、付款（Payment）与信息（Information）。并进一步规划远距检测、车辆管理、安全/保安/防灾、建设/农渔畜产、环境/交通/SoC、资产/设施管理、机械/装置/设备与货物/物流/流通，总共八大应用领域。

如此一来，便能实现韩国借由物联网技术的整合与应用的开发将所有人对物、物对物间的联结，以及绿色 ICT 应用服务作为未来该国通信市场成长的新动能；同时也提供安全可信之公共服务，解决国土智慧化开发等各式社会现况，并致力于契合国民需求之开发、扩张公共服务，进而提升生活质量之发展愿景，达成 4S 的发展目标。

5.1.2　韩国物联网政策发展动向

韩国物联网政策的推动与发展主要面临的四个问题：①通信基础建设重复建构；②缺乏可共同运用之事物情报；③须针对频率研究及相关法规制度进行强化；④识别体系、数据保护、核心技术仍待更进一步开发。

因此，为了解决上述四个核心问题，韩国物联网政策朝向三个层面进行规划：

（1）基础建设层面：首先，由政府、地方自治团体、电信业者共同合作，以电信业者现有的行动/宽带网络为基础，合力建构低廉、安全的物联网公共网络；其次，便是完备使用环境以及建构无线整合中介软件（Middleware）平台，借以构筑公共/民间皆能够使用的基础建设；而在应用领域部分，则优先支持与气象、环境、水质等公共情报相关的应用。

（2）技术层面：积极整合 BCN（Broadband Convergence Network）、KOREN（Korea Advanced Research Network）等计划所开发的新技术，将现有通信基础网络建设通过新兴技术运用到极致，如此一来强化整体通信、物联网相关技术领域的国际竞争力。

（3）市场层面：透过物联网的基础建设，持续开创绿色 ICT 及 ICT 整合应用，以创新服务模式来扩大国内市场，并引领国际市场的发展。

　　总体上看，韩国政府希望广泛运用现有通信 ICT 基础，扩大投资物联网基础建设、应用服务及研究开发领域；并积极致力于利用民间已投资设备（如 2G、3G 等）提升企业价值，同时避免与公共部门的物联网基础建构及营运费用的重复投资；再透过将民间/政府的信息商业化，创造全新的市场机会；为了塑造持续发展的环境，亦同时借由物联网相关应用，协助针对气候变化、节能减排等国家政策的施行，带动国家成长[71]。

　　从物联网的特色角度讲，韩国是目前全球宽带普及率最高的国家，同时它的移动通信、智能家电、数字内容等也居世界前列。从 1997 年开始，韩国政府出台了一系列促进信息化建设的产业政策（见表 5-1），包括 RFID 先导计划、RFID 前面推动计划、USN 领域测试计划等。1999 年，韩国信息通信产业部出台了《2000 年国家社会信息化推进计划》，围绕"十大知识信息强国"的目标，提出了"网络韩国 21 世纪"的核心课题和近期实施计划。2003 年，韩国政府启动了旨在使韩国科技产业保持竞争力的"IT839"计划。2004 年，韩国信息通信产业部（MIC）成立了"u-Korea"策略规划小组，提出了为期十年的 u-Korea 战略，目标是"在全球领先的泛在基础设施上，将韩国建设成全球第一个泛在社会"。另外韩国在 2005 年的 u-IT839 计划中，确定了八项需要重点推进的业务，其中 RFID 等物联网业务是实施重点。

表 5-1　韩国物联网相关主要政策规划

年　　份	政策名称	政策目标
1997 年	"Cyber-Korea 21" 计划	推动互联网普及
2002 年	"e-Korea 2006" 计划	推动建立领先知识型社会
2003 年	"Broadband IT Korea"	构建人均收入超过 2 万美元的产业基础
2004 年	"u-Korea" 计划	建立全球领先信息产业
2005 年	"u-IT 839" 计划	发展新增长动力产业
2008 年	国家信息化基本计划	建立创意及依赖的知识信息化社会
2008 年	New IT Strategy	推动信息通信产业之外更广义的 IT 产业发展
2009 年	物联网基础设施构建规划	到 2012 年，打造未来广播通信融合领域"超一流 ICT 强国"的目标

5.2　战略布局和发展政策

　　韩国的"u-Korea"战略是推动物联网普及应用的主要策略。自 2010 年起，韩国政府从订立综合型的战略计划转向重点扶持特定的物联网技术，致力于通过发展无线射频技术（RFID）、云计算等，使其成为促进国家经济发展的新推动力。

　　1997 年，韩国实施了推动互联网普及的"Cyber-Korea 21"计划，之后于 2002 年推出意在建立领先知识型社会的"e-Korea 2006"计划，2003 年推出将构建人均收入超过 2 万美元产业基础为目标的"Broadband IT Korea"计划。到 2011 年，韩国政府先后出台了多达 8 项的国家信息化建设计划。

5.2.1　韩国欲以"u-Korea"战略成为全球第一个泛在社会

2004 年 2 月，韩国信息通信产业部（MIC）主导成立了 u-Korea 策略规划小组，并在 3 月提出了为期 10 年的 u-Korea 战略，其目标是"在全球最优的泛在基础设施上，将韩国建设成全球第一个泛在社会"。2006 年，韩国政府确立了"u-Korea"相关政策方针。u-Korea 旨在建立无所不在的社会（ubiquitous society），即通过布建智能网络（如 IPv6、BcN、USN）、推广最新的信息技术应用（如 DMB、Telematics、RFID）等信息基础环境建设，让韩国民众可以随时随地享有科技智能服务。其最终目的，除运用 IT 科技为民众创造食、衣、住、行、体育、娱乐等各方面无所不在的便利生活服务之外，也希望通过扶植韩国 IT 产业发展新兴应用技术，强化产业优势与国家竞争力。

为实现上述目标，u-Korea 包括了四项关键基础环境建设以及五大应用领域的研究开发。四项关键基础环境建设是平衡全球领导地位、生态工业建设、现代化社会建设、透明化技术建设；五大应用领域是亲民政府、智慧科技园区、可再生经济、u 生活定制化服务、安全社会环境，如图 5-1 所示。

"BEST"四项关键建设：
（1）平衡全球领导地位（Balanced Global Leadership）。吸引全球领先的 u-IT 企业进驻、支持公司企业的全球标准化工作、巩固 u-Korea 与 u 化产业。
（2）生态工业基础设建设（Ecological Infrastructure）。培养 5 个关键战略产业、吸引 u 化产业集群（u-cluster）、提供工业测试平台服务。
（3）现代化社会基础建设（Streamlining Social Infrastructure）。健全 u-Korea 基本规范与政策、提升 u 化服务，避免数字化差距、巩固 u 化环境的安全性。
（4）透明化技术基础建设（Transparent Technological Infrastructure）。落实 u-IT839 政策，开发 u 化服务的核心技术。

"FIRST"五大应用领域：
（1）亲民政府（Friendly Government）。构建 u 化行政复合管理城市；提供移动公共服务、构建 u 化投票表决系统。
（2）智能科技园区（Intelligent Land）。建置 u-city 整合管理中心、构建智能交通网络、完成电子护照入境监控系统。
（3）可再生经济（Regenerative Economy）。运用 u 化技术发展与扩张商业模式、提升 u 支付（u-payment）的应用。
（4）u 生活定制化服务（Tailored u-life Service）。提供 u 化身份识别卡、提供 u 化家庭生活（u-home）。
（5）安全社会环境（Secure & Safe Social Environment）。建立智能紧急网络系统、建立食品与药品生产、销售查询管理系统、建立无人保安系统。

▶ 图 5-1　u-Korea 策略关键任务（资料来源：韩国 MIC）

u-Korea 主要分为发展期与成熟期两个执行阶段。

（1）发展期（2006—2010 年）：此阶段的重点任务是 u-Korea 基础环境的建设、技术的应用以及 u 社会制度的建立。除发展 u 化物流配销体系、u 化健康医疗等无所不在服务（ubiquitous service）和扶植 u 化产业与新兴市场外，也将完成无所不在网络基础设施建设、IT 技术在生物科技与纳米科技各领域的应用、建立 u 化社会规范。

（2）成熟期（2011—2015 年）：此阶段重点任务为推广 u 化服务。除将 u 化服务推广应用于国内各个产业外，将国内 u 化服务推广至海外市场也是本阶段核心任务。此外，将嵌入式智能芯片、生物科技与纳米科技、IT 技术活用、稳定 u 化社会文化也是本阶段发展的重要内容。

5.2.2　以"u-IT"核心计划来具体呼应 u-Korea 战略

为配合 u-Korea 政策，2005 年韩国信息通信产业部推出 u-IT839 核心计划以具体呼应 u-Korea 战略。推出几项 u-IT 核心计划，各项核心计划执行现况分述如下。

1．u-City 计划

u-City 是指构筑尖端信息通信网络的智能城市。道路、上下水道等城市基础设施都将安装感应器，给人们提供交通、环境、福利、设备管理等信息。u-City 是韩国政府与产业龙头携手推动的新时代科技化城市计划，该计划通过新兴信息通信的技术应用，串联并整合都市的信息科技基础建设（IT infrastructure）与服务，打造无所不在（ubiquitous）的便民环境，进而促进都市经济成长、提升市民生活水准。

2005 年韩国成立了以信息通信产业部（MIC）和建筑与运输部（MOCT）为首、企业界共同参与的 u-City 工作小组，共同构建新时代科技化城市计划的架构与规格。目前韩国已有超过 10 个城市参与了此项计划。2006 年韩国 u-City 计划的工作重点在都市规范与法令制度的建立工作。

2011 年，在韩国第一次普适计算城市（Ubiquitous-City，u-City）委员会会议上，审议并通过了"第一次 u-City 综合计划"。为实现 u-City 核心技术国产化，韩国政府将在未来 5 年投入 4900 亿韩元（约合 4.15 亿美元）的国家预算。若计划进展顺利，截至 2013 年，u-City 系统可创造 6 万个工作岗位，并抢占全球市场的 10%（规模约为 2400 亿美元），进而成为国家竞争力的核心动力。韩国政府在"建设尖端信息城市，提高市民生活质量和城市竞争力"的旗帜下，确定了城市管理效率化、培育新增长动力、城市服务先进化的三大目标。另外，为与民间机构进行密切合作，韩国政府还将组建由国务总理担任委员长、民间和官方人士参与的 u-City 委员会。

2．Telematics 示范应用发展计划

车用信息通信服务（Telematics Services）为韩国 u-IT839 计划提出的八大创新服务之一。为扶持车用信息通信产业发展，韩国 MIC 在 2004 年 4 月订定了车用信息通信服务基本蓝图（Basic Plan for Vitalization of Telematics Services）。针对这项发展计划，韩国 MIC 已拨款 1945 亿韩元，实现 2007 年韩国国内车用信息通信产业市场规模 3.2 万亿韩元、全国有 2.7%的车辆（约 500 万台）装载使用车用信息通信终端设备的目标。

5.2.2.3　u-IT 产业集群计划

MIC 在 2005 年提出 u-IT 产业集群（u-IT Cluster）政策，在 2006—2010 年期间，安排 3697 兆韩元的经费，通过各地的产业分工，确定每一个地方的专长技术，带动地方经济的发展，进而运用企业研发力量所形成的综合效果，担任 u 化技术创新的火车头角色，加速新兴科技应用服务的诞生。

韩国 MIC 规划的产业集群计划，预计在松岛新都市（Songdo）、首尔上岩区（Sangam）、原州（Wonju）、大田（Daejeon）、大邱（Deagu）、光州（Kwangju）、釜山（Busan）、济州（Jeju）八大地区实施，其中，由韩国国家计算机院（NCA）统筹的松岛新都市的 u-IT 运营中心，2006 年 1 月底已完成 u-IT 产业集群推广中心（u-IT cluster promotion center）的初步草案，2010 年完成了松岛新都市 u-IT 运营中心建设工作。

5.2.2.4　u-Home 计划

u-Home 也是 u-IT839 八大创新服务之一。u-Home 的最终目标是让韩国民众能透过有线或无线的方式控制家电设备，并能在家中享受高品质的双向、互动的多媒体服务，比如远程教学（Distance Learning）、健康医疗（Health care）、视频点播（Video On Demand）、居家购物（Home Shopping）、家庭银行（Home Banking）等。

此计划分为两个阶段，第一阶段自 2003 年 10 月至 2004 年 12 月，主要工作是在已有的 IT 基础建设上，开发新的技术与新的服务方式，并试图摆脱个人计算机上网的传统模式，探寻新的联网设备（如交互式网络电视机、网络电冰箱等智能家电），以及确认联网设备与新服务的兼容性。第二阶段自 2005 年 1 月至 2007 年 12 月，工作重点包括：在新兴基础建设（如 BcN、USN、IPv6）上开发新的影音多媒体等增值应用服务以及简单易操作的终端设备（easy to use terminals）等。

5.2.3　事物智能感知通信基础设施建构基本规划

2009 年 10 月 13 日，韩国通信委员会（KCC）通过了《物联网基础设施构建基本规划》，将物联网市场确定为新增长动力，据估算至 2013 年物联网产业规模将达 50 万亿韩元。《物联网基础设施构建基本规划》提出了到 2012 年实现"通过构建世界最先进的物联网基础实施，打造未来广播通信融合领域超一流 ICT 强国"的目标，并为实现这一目标，确定了构建物联网基础设施、发展物联网服务、研发物联网技术、营造物联网扩散环境 4 大战略 12 项详细课题。

其中四大发展战略依序如下。

（1）由政府与民间共同建构相关基础：采用各种物联网技术、发掘服务模式、早期开发物联网需求。

（2）有效运用广播通信资源与重复投资最小化：建构有效率的物联网基础、弹性地共享资源、研究拟防范重复投资的法令制度。

（3）于公共领域先创造需求后再扩及民间：早期开发与验证可商用化的物联网平台技术、运作公共/民间物联网协议会。

（4）研发领先全球的技术基础：具备核心技术与标准化等全球水准的技术竞争力、建构技术/产品开发相关标准化与测试认证等早期商用化支持体系、协助中小企业进行技术运用验证、培育物联网专门企业。

在四大战略下，韩国研拟出 12 个推动课题，从建构基础环境、创造使用基础两个层面进行。前者又包括建构基础、开发技术两大方向；后者包括刺激服务活络、营造扩散环境两大方向，而这四大方向下共有 12 个课题。

韩国欲借此 12 个课题的推动，形成物联网产业的良性循环：服务网络带动使用增加、效益增加；服务使用增加也带动服务网络的双向循环，进而使业者获益增加；业者便有资金进行投资，再带动服务使用的效益增加（见图 5-2）。

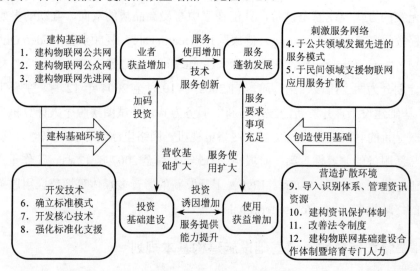

▶ 图 5-2　12 个推动课题构建物联网产业良性循环模式

2010 年年初，韩国政府陆续出台了推动 RFID 发展的相关政策，为使其成为 RFID 和传感网行业世界前三强进行努力。韩国政府称，为了加强对于行业全面情况的掌握，将在钢铁、电子和医药产品行业内应用高科技识别标签。韩国知识经济部表示，此举旨在推广 RFID 标签，并建立相关的传感器网系统，以维持对各种产品进行实时的、准确的监测。此项目将获得国家约 450 万美元的支持。韩国政府从 2010 年年初开始启动为期一年的支持计划，并联合其他 8 家公司开始在实际商业环境中试行。2010 年 1 月，韩国首尔市表示将耗资 27 亿韩元，建设 RFID 公共自行车系统示范项目。而韩国的其他国家部门也相继推出一系列关于 RFID 的项目：韩国海洋研究院出台了构建 RFID 资产管理系统的政策，韩国警察厅宣布试行第四次 RFID 基础档案管理系统扩大项目，韩国国土海洋部推出了关于构建顺天地区 USN 海洋群及融合服务的项目，韩国行政安全部推出 2010 年视频档案 RFID 运用安全扩大项目。

目前，韩国的 RFID 发展已经从先导应用开始全面推广，而 USN 也进入实验性应用阶段。2010 年 9 月，韩国通信委员会（KCC）确立了到 2012 年"通过构建世界最先进的物联网基础实施，打造未来广播通信融合领域超一流 ICT 强国"的目标。

5.2.4　通过动态 IT、创意融合来实现 Smart Korea

2010 年 10 月 12 日，韩国知识经济部在《创意未来论坛》（Creative Futures Forum）上发布了未来十年韩国 IT 产业的发展蓝图《IT 产业飞跃 2020》。该发展蓝图提出了"通过动态 IT、创意融合来实现"Smart Korea"的概念，把到 2020 年通过 IT 产业提升韩国经济增长潜力 1.0%设定为政策目标。

《创意未来论坛》提出了 2020 年的 10 大 IT 发展趋势：智能（Smart）、可持续发展（Sustainable）、以人为本（Human centric）成为三大关键词。

智能（Smart）：加强软件知识社会的建立，普及服务经济平台。大力推广物联网，构建完美移动生活。

可持续发展（Sustainable）：加快低碳绿色工业发展，扩大工业与 IT 融合的新产业发展。

以人为本（Human centric）：建立感性 IT 时代，使虚拟与现实社会共存，扩大人性化服务，关注人类健康。

论坛通过综合分析，讨论了韩国 IT 产业发展过程和当今存在的问题。提出了为实现"加强 IT 产业的活跃度"、"再次提高整个产业增长活力"、"扩大创意增长基础"这三大目标而制定的十大政策议程。

"加强 IT 产业的活跃度"，旨在提高半导体等主要 IT 产业的国际竞争力，扶持 3D、LED 等具备潜力的新兴未来 IT 产业，把软件产业培育成智能 IT 的核心动力。

"再次提高整个产业增长活力"，旨在通过融合 IT 扩大知识经济，建立智能电网等低碳绿色经济，发展 u-health 等以协调工作和生活为目的的福利经济。

"扩人创意增长基础"，旨在培养创意 IT 人才，扩大对 IT 自主研发技术的投资等，加强满足未来需求的创意研发，建立由具备发展潜力的中小企业组成的良性 IT 产业链，把 IT 业培育成为韩国的外交产业。

如果这些任务圆满完成的话，到 2020 年，韩国 IT 中小企业的生产比例将扩大到 35 %（现在是 27%）。全球 10%的创意 IT 产业将由韩国制造，韩国有望培养出像苹果公司的史蒂夫•乔布斯那样的世界 IT 明星人物。

5.2.5　知识经济部推广 RFID 标签

2010 年 5 月，韩国知识经济部发布了《韩国 RFID 计划》，作为提升对于行业全面情况掌握的一部分。该国将高科技识别标签应用于钢铁、电子和医药产品行业。

韩国知识经济部表示，此项目旨在推广 RFID 标签，并建立相关的传感器网络系统，以维持对各种产品进行实时的、准确的监测。此项目将获得国家 51 亿韩元（约合 450 万美元）的支持。

韩国政府从计划公布日开始，启动了为期一年的支持计划，并联合其他 8 家公司开始在实际商业环境中试行。这些公司包括 Posco、LG 电子、Ildong 药业有限公司、Kolmar Korea 和 Korea Land Corp 等。根据该计划，这些公司产品上将贴上 RFID 标签，并建立一个无所不在的传感器网络（USN）。

通过这一计划，Posco 公司将其钢铁产品贴上 200 万个 RFID 标签，并为其 17 个分支机构建立相关的信息技术基础设施。LG 电子在其生产的平板显示器贴上 86 万个 RFID 标签，另 590 万个标签可能用于 2012 年的显示器中。Ildong 和 Kolmar 两家企业，则把 500 多万个 RFID 设备用于他们所生产的药品中。

5.2.6　面向未来的互联网发展计划

2011 年 8 月，韩国通信委员会（KCC）发布了《面向未来的互联网发展计划》，计划建设比现在网速快 100 倍的网络，提高互联网企业的竞争力，争取 10 年内发展成为全球互联网的领头羊。

在过去 10 年间，韩国互联网用户增加了 2 倍，建设了世界最出色的网络，成为互联网强国。但是，新服务的出现造成了网络"交通拥堵"，DDoS 等网络攻击也显示出了韩国网络薄弱的一面。此外，跨国互联网企业的高负债，技术滞后世界发达国家三四年也是不可忽视的问题。

KCC 计划促进以下几项事业：建设世界最强的智能网络（smart network）；智能互联网（smart internet）技术开发；构建全球测试床（test bed）；开发未来先导型服务模型；强化互联网产业基础；构建安全、值得信赖的互联网。

C 计划将现在的 100 Mb/s 有线网速在 2012 年提高到 1Gb/s，2020 年实现 10Gb/s 的商用化，所有家庭连接到光缆；无线网络发展到 4G；制订中、短期频谱确保计划，积极推进宽带化。

KCC 还将积极进行 FTTH 技术、超高速 WiFi 等有线和无线尖端技术开发为代表的未来技术研究；准备通过云服务和物联网示范事业等发掘未来服务模式，提高安全性，培养人才，提供资金支援，进军海外等。

韩国政府预计今后 5 年在互联网领域的投入资金将达到 38.1 万亿韩元，该资金由政府和民间共同承担。其中，政府将出资 5389 亿韩元，主要用于技术开发、示范事业、建设测试床等；民间将投入 37.6 万亿韩元，用来建设有线网络和无线网络。

KCC 表示，"今后十年是决定韩国能否巩固网络强国地位，是否会成为互联网消费大国和能否成为全球互联网领头羊的最重要时期"；又表示，"首先要应对网络流量暴增的问题，同时，为了使跨国互联网企业能够走向世界，应该打下技术开发等产业发展的基础"。

5.3　物联网技术、标准和知识产权情况

韩国的物联网技术主要向终端装置、网络和应用发展，并通过政策给予支持。近年来，韩国政府越来越重视知识产权工作，以建立知识产权强国为目标，出台了一系列有力的政策措施。

5.3.1　技术和标准

如 5.2 节所述，韩国政府为了推动物联网发展，确立四大发展领域，其中的"组成物联网扩散环境"项目主要是促使韩国建构、营造物联网的扩散环境。因此，韩国以 BcN 计划为基础，进而建构识别标准，并且强化产品（Product）、人才（People）、合作关系（Partnership）与推广（Promotion），期望进一步支援 u-Service。

而借由 BcN 计划的基础，从 2006—2015 年共分三个阶段，从初期（2006—2008 年）建构网络识别体系，将韩国国内研究基础完备、扎根，并导入及建立 BcN 概念；到中期（2009—2011 年）将网络识别体系高度化，除倡导国内标准外，亦建立 BcN 识别体系概念，完备 BcN 研究基础；至终期（2012—2015 年）将网络识别体系活性化，不但建立起国内标准，更积极倡导相关标准，期望达到包含经济性、技术性与社会性的效果[34]。

就目前而言，韩国在物联网的技术发展上，主要分为三个方向。

终端装置（Device）：为建构终端及扩散应用，致力于开发标准化模块。因此，韩国物联网的终端装置，从上游芯片组开始便积极投入，再进一步开发相关模块，生产终端装置，最后形成能投入市场、提供各项应用的物联网相关产品。

网络（Network）：韩国以目前的 GSM、CDMA、WCDMA、HSDPA 及 WiBro 等 2G、3G 通信网络为发展基础，并且透过无线存取技术提升事物信息的传达速度。亦积极开发服务的共通接口规格及营运平台，灵活运用所收集的感测信息，借以呈现出能够广泛运用于大多数国家的物联网服务。

应用（Application）：除了结合设备终端以及网络作为提供物联网服务的第一步骤外，将识别体系、物联网平台、物联网服务以及情报资源管理（也就是信息安全）缜密串联，

建构事物识别及营运体系等基础建设，借以提供能更广泛使用于公共及民间的物联网应用，方能成为完备的物联网服务体系。

5.3.2　知识产权

近年来，韩国政府越来越重视知识产权工作，以建立知识产权强国为目标，出台了一系列有力的政策措施。2009 年 7 月，韩国《知识产权强国实现战略》（简称《战略》）提出 3 大战略目标，即改善技术贸易收支、扩大著作权产业规模和提升知识产权国际主导力。11 项战略举措，即促进知识产权创造、知识产权金融、促进知识产权产业化、完善知识产权司法制度、建立公正的知识产权交易秩序、引领国际专利制度发展潮流、推进《知识产权基本法》制定进程、加强知识产权保护、建立知识产权纠纷援助机制、加强知识产权文化建设和建立信息化知识产权基础设施。一系列知识产权保护措施的出台，对于物联网知识产权的保护意义重大。

在 RFID 上，截至 2009 年年底，韩国拥有 RFID 专利的数量达到近 100 件，位于美国、日本和德国之后，排在世界第四位。在国际专利申请（PCT 专利申请）方面，在国际知识产权组织（WIPO）的数据库中共有 2500 多件 RFID 公布的 PCT 专利申请，韩国是申请专利持有量排名第三的国家，拥有近 150 项专利。其中，韩国的 ETRI 公司是专利申请持有量进入世界前 10 名的公司[35]。

在无线传感技术方面，根据美国专利局的数据显示，在拥有已授权的专利数量方面，韩国排在美、日、加后，排在第四的位置；但是在拥有已公开的专利申请数量上，韩国仅次于美国，排在第二的位置。这与近些年来韩国政府进一步加大对物联网的政策支持关系密切。将专利分布情况按照公司来分析，韩国的三星公司是拥有已授权专利数量最多的公司，由于出色的技术研发能力，使三星公司成为在无线传感器网络技术上领先的15 个顶级公司之一。

5.4　物联网企业及组织机构

韩国是中国的近邻，也是技术由后进到先进的典型，这里看一下韩国的情况。众所周知，韩国企业有三大巨头：制造业的三星、LG 和韩国电子通信研究院（官方的研究机构）。

5.4.1　韩国电子通信研究院（ETRI）

ETRI（Electronics and Telecommunications Research Institute）是有韩国官方背景的研究机构，在之前对物联网、OFDMA、MIMO、RFID、IPv6 等多种技术的专利分析中，

这家公司都拥有大量重要专利并排名前列。ETRI 非常重视以自身的技术成为标准，不断地在 ITU 会议上提交标准文件，并且从 2005 年开始努力使该机构的研究人员成为国际标准化编委。目前已经有多位研究人员成为国际标准化编委。近期 ETRI 积极提交 LTE-Advanced 的标准文件，并且针对标准申请了 24 件专利。

　　韩国电子通信研究院成立于 1976 年。其目的是为"信息、通信、电子领域新知识和新技术的创造、开发、普及及培育专门人才，推动经济、社会向前发展"。研究院设有 IT、零部件研究所，通信、广播融合，S/W 电脑部门，以及 IT 融合服务 4 个部门，是 IT 专门人员研发尖端信息通信技术的大本营。韩国电子通信研究院（ETRI）的技术研发过程如图 5-3 所示。

　　从初期"1 个家庭 1 部电话"的 TDX（全电子式交换机）时期开始，一直到掀起记忆半导体领域革命的 4MB、16MB、64MB DRAM 时代，成为手机强国的 CDMA（数字移动通信系统）、掌心上的地面波电视机 DMB（数字多媒体广播）、携带互联网 WiBro，以及数字影片技术等，韩国 IT 发展的每个重要时期的背后都有韩国电子通信研究院的贡献。

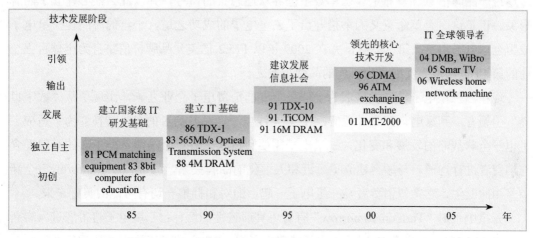

▶　图 5-3　韩国电子通信研究院（ETRI）的技术研发过程

　　韩国政府宣布，已成功开发出全球最快的 4G 移动通信系统，速率比现有的 3G 网络快 40 倍。

　　韩国知识经济部称，国有的韩国电子通信研究院（ETRI）已经成功在实验室外测试了 LTE-Advanced 系统。这一技术使用户即使是在以 40km/h 行驶的车中也可以看高清立体电视，数据传输速率可达到 600Mb/s，一张 700MB 的 CD 可在 9.3s 内下载完毕，是已有商业应用的 LTE 技术也就是 3.9G 系统速率的 6 倍。

　　信息技术部门负责人 Jeong Marn-ki 表示："包括无线通信、网络以及数据传输、信号控制系统的所有部分，都是由本土公司完成，没有外界帮助。"他说，这一技术满足 95% 的 4G 移动通信系统功能要求，不过目前尚不完备，需要等待 4 月份国际电联（ITU）公布全球 4G 电信标准。与其他国家相比，韩国在部署 3.9G LTE 系统方面略为落后，但韩国有可能成为 4G LTE-Advanced 最早的采用者，可能在 2015 年开始商用。

5.4.2　三星电子

1．Turn on Tomorrow[75]

2010 年，全球消费电子领军企业三星电子向全球发布全新的口号：Turn on Tomorrow，意味着三星电子在全球开启了全新的品牌战略。这一全新的品牌战略与物联网密切相关，也诠释了三星电子的未来战略和经营理念。三星电子负责人表示，"Turn on Tomorrow"全新口号的启用，预示着三星电子从"速度经营"转向"前瞻性经营"发展轨迹的战略变化，是三星电子物联网战略的具体体现。

据了解，"Turn on Tomorrow"是继十年前"三星数字世界欢迎您"之后，三星电子再次启用新的口号。十年前，为了扭转金融危机后的颓势，三星电子整合市场营销资源，传达统一品牌信息，发布了"三星数字世界欢迎您"的口号，并以此为核心建立了品牌形象。正是这具有革命意义的举措开启了三星电子的成功之道，十年的时间让三星电子成为全球电子消费品第一品牌，并在 2009 年以 175.2 亿美元品牌价值跃身为全球百强企业的第 19 位，成为发展最为迅速的品牌企业之一。

现在，三星电子已经发展成为全球最重要的消费电子企业之一，实现了从"数字世界"引领者，到家电、数码、通信、IT 等全线电子产品开启者的身份转换。为了适应三星电子全球战略的发展和变化，三星电子需要塑造未来数年全线消费电子新的品牌理念与消费者进行沟通，与顾客建立更亲近和人性化的品牌关系，"Turn on Tomorrow"全新口号由此诞生，它希望消费者与三星电子一起，面对和拥抱一切有可能的美好未来。

三星电子对"Turn on Tomorrow"有着更具前瞻性的解释：三星电子将带您进入崭新的世界。在 2010 年的第 43 届美国国际消费电子展（CES）上，三星电子就秉承"Turn on Tomorrow"的品牌理念，为消费者展示了其最完善的 3D 产品线，推出了完整、卓越的 3D 家庭娱乐解决方案。从内置 3D 处理和发射器的 LCD 电视，到支持 3D 回放的蓝光播放器和蓝光家庭影院，再到与之配套的专用 3D 眼镜，三星通过一系列产品将真实鲜活的 3D 视觉体验带到了用户家中。

作为前瞻性的产品表现，让三星电子成为韩国物联网发展的代表。除了在未来家庭娱乐产品上进行完美展示外，三星电子在移动通信领域也有超凡的表现。

2．NFC 物联网手机技术

随着智能手机的发展和日益普及，NFC（近距离通信技术）发展也相当迅速，并得到越来越多的认可。NFC 与现有非接触智能卡技术兼容，目前已经成为越来越多主要厂商支持的正式标准。市场研究公司 Forrester 的数据显示，2011 年支持 NFC 技术的手机出货量达到 4000～5000 万部。到 2012 年年末，全球将有约 3 亿部手机/PDA 将具备 NFC 功能，将占据智能手机市场总量的 20%，NFC 渐成智能手机的标配。

尽管由飞利浦公司和索尼公司共同开发的 NFC 目前还主要用于店内支付等应用，但近场通信技术多年来已经获得了广泛支持。

3. 智能手机的 NFC 拓展

2010 年 11 月，谷歌公司董事长兼首席执行官（2011 年 4 月 4 日就任总裁）埃里克·施密特就表达了对近距离无线通信技术（NFC）的期待。一个月之后，谷歌（Google）便宣布新版便携设备软件平台"Android 2.3"支持 NFC，并且在该公司的智能手机"Nexus S"（韩国三星电子公司制造）中嵌入了 NFC 功能。2011 年 5 月 27 日，谷歌又召开新闻发布会，宣布测试移动支付系统 Google Wallet，用户只需将一款内嵌 NFC 芯片的移动设备在特殊终端前扫过，即可迅速完成付款。

韩国三星一直以来都在密切关注 NFC，并开始在 NFC 技术方面暗暗发力。据悉，三星将推出一款新版三星 GALAXY S II，代号为 9101，它将支持 NFC 功能。

业界人士称，2012 年至少 10%的手机支持 NFC 技术；智能手机操作系统的巨鳄 Google 则表示，未来所有 Android 手机将内置 NFC 芯片。当智能手机逐渐成为人们生活的标配时，NFC 也开始逐渐成为智能手机的标配。

毫无疑问，智能手机当属终端市场上最耀眼的明星。市场规模不断扩大，手机新品层出不穷，产品功能花样繁多，操作系统眼花缭乱，目标群体越分越细，产品特色越发鲜明……但纷纷扰扰之下，智能手机最重要的使命还应该是回归本质即服务于人们的日常生活，NFC 当属一大典型应用。NFC 将非接触读卡器、非接触卡和点对点功能整合进一块单芯片，为消费者的生活方式开创了不计其数的全新机遇。

NFC 应用主要可分为"安全应用"及"非安全应用"两类。所谓安全应用主要包括像银行卡、公交卡、校园卡、门禁系统、企业一卡通等，其主要以 NFC 卡模拟方式得以实现；而非安全应用则包括像标签阅读和点对点的信息交换作为典型应用。这一应用在未来将与线上线下、移动互联网、位置服务系统及社交网络的服务结合，实现更多富有创意的应用场景。

据了解，目前近场通信领域最常提及的情景是将 NFC 智能手机当做"电子钱包"来使用，NFC 可以完成小额手机支付，现在已成为全球手机移动支付领域的事实性标准。当你把手机靠近带有 NFC 芯片的"卡扫描仪"4cm 以内时，手机就可以读取支付信息，还可以扫描与二维码（QR 码）相似的小点或标签，知道产品信息、广告、优惠券或其他优惠。通过支持 NFC（近场通信技术）的手机，用户可以在显示广告上下载优惠券，系统还会引导用户到最近的餐馆消费，给消费者、商家和企业带来实惠。

5.4.3　LG 电子

1. MID 技术

LG 电子（LG）与英特尔公司 2011 年宣布，围绕基于英特尔下一代 MID 硬件平台（研发代号 Moorestown）和 Moblin v2.0 软件平台（基于 Linux）的 MID 展开合作。LG 的 MID 有望成为最先上市的基于 Moorestown 的产品之一。

LG 与英特尔的共同目标是通过一系列 MID 产品为用户提供丰富的互联网体验，同时实现当今高端智能手机的功能。本次在新设计上的合作延伸了两家公司在各自移动产品线方面已有的密切合作关系，双方的合作现已覆盖笔记本电脑、上网本和移动 MID 领域。

LG 电子执行副总裁兼移动通信事业部负责人 Jung Jun Lee 表示："MID 将成为 LG 电子的增长推动力。由于英特尔下一代 MID 平台 Moorestown 和基于 Moblin 的操作系统能够为我们的服务供应商客户带来高性能和对互联网的兼容性，我们选择这二者来寻求在这一市场领域的发展。与英特尔在 MID 平台方面的合作很有价值，进一步扩展了我们的长期合作关系。我们的工作进展良好，期待早日将 MID 投放市场。"

2008 年第 4 季度，LG 推出了基于英特尔凌动处理器的上网本，并一直向全球运营商和零售商供应该款移动伴侣设备。LG 也不断推出基于英特尔酷睿处理器的笔记本电脑产品。

MID 代表了业内的一个新兴的增长领域，其设计宗旨是在口袋大小的设备上实现类似电脑一样的、丰富的、互动式互联网体验。MID 体验将帮助人们把主要表现在 PC 上的很多互联网新趋势引入各种移动设备中。

与基于目前的英特尔凌动处理器的 MID 相比，基于英特尔"Moorestown"的 MID 有望使待机功耗降低 90%以上。此外，Moorestown 平台将伴以更新的基于 Linux 操作系统的 Moblin 软件版本——Moblin v2.0。此软件在实现类似 PC 的出色互联网体验的基础上，还支持手机语音功能。"Moorestown"平台已于 2010 年上市。

英特尔公司高级副总裁兼超便携事业部总经理阿南德表示："LG 电子造出了一些世界上最具创新性的电脑和智能手机，在他们所参与的各个市场领域都是最具创新性的企业之一。我们期待为他们提供一些出色的英特尔产品，在显著降低功耗的同时带来最佳的互联网体验，从而为具有超凡续航能力的超轻薄便携设备的发展作出贡献。"

为了提供多样化的网络连接和互联网接口，LG 还与爱立信进行合作，为其计划中的 MID 带来 3G 网络功能。这是两家公司现有合作关系的延伸。LG 已从 2008 年第 3 季度开始供应带有爱立信移动宽带模块的笔记本电脑和上网本。

2. 下一代通信技术

2010 年 1 月 13 日,阿尔卡特-朗讯和 LG 电子宣布,两家公司已经完成长期演进(LTE)和 CDMA 移动网络间端到端数据通话的成功切换，该切换遵从 3GPP 项目小组制定的移动宽带网络相关标准要求。本次实时的空中切换包括在纽约大都会地区实现的一场不间断的视频会议,该项测试基于阿尔卡特-朗讯端到端商用 LTE 和 CDMA/EV-DO 基础设施,采用 LG 电子的 CDMA/ LTE 双模终端设备实现。

阿尔卡特-朗讯是推动 LTE 技术商用化的领导者,也是全球最大的 CDMA/EV-DO 移动网络基础设施供应商。LG 电子（LG）是移动通信技术的全球领先者和创新者,在 2008 年 12 月推出了世界上第一个用于 4G LTE 终端设备的调制解调器芯片组。本次与阿尔卡特朗-讯联手进行的测试中,LG 的 M13 CDMA/LTE 双模终端所具备的技术特性,成为保证 LTE 网络与现有 CDMA 网络实现顺畅操作的关键。

阿尔卡特-朗讯 4G/LTE 事业部总裁 Ken Wirth 表示:"本次测试的成功是一个关键的里程碑。它表明阿尔卡特-朗讯已经可以为 CDMA 运营商提供 LTE 技术。现有的网络在设计时主要考虑到的是语音业务,而现有数据流量爆炸式的发展为业务提供商带来了挑战。利用 LTE 技术,运营商将能部署一个专门用于支持数据业务的系统。阿尔卡特-朗讯将帮助运营商以对用户透明的方式,将 LTE 的功能引入到 CDMA 现网环境中。"

阿尔卡特-朗讯正致力于确保如 Verizon Wireless 这样的业务提供商的 LTE 网络能够与其现有 2G 和 3G 网络实现平滑、无缝的连接,从而使其用户体验到 CDMA 网络的不间断服务。本次成功的测试是阿尔卡特-朗讯在此方面努力的体现。无缝而有效的切换对于无线网络而言至关重要,当移动数据用户在 LTE 和 CDMA 网络覆盖区之间进行移动时,它将支持如视频下载、网上冲浪和 VoIP 通话等移动数据应用的持续性。阿尔卡特-朗讯是 Verizon Wireless 公司 CDMA 和 LTE 系统设备的主要供应商之一。Verizon Wireless 是第一个宣布在美国部署 LTE 基础设施的运营商,并于 2010 年在 25~30 个区域市场完成其 4G LTE 网络部署。

本次测试中,阿尔卡特-朗讯提供了端到端 LTE 解决方案,包括基站（eNodeBs）、分组核心演进（EPC）、IP 多媒体子系统（IMS）、IP 回程传输解决方案以及相关的管理系统。该测试还演示了 CDMA/EV-DO 网络中称为高速分组数据演进（eHRPD）的功能,它作为一个接口来管理两个不同类型网络之间数据业务的无缝切换。 2009 年,阿尔卡特-朗讯的 eHRPD 获得了 CDMA 发展集团（CDG）的"网络技术创新大奖",以表彰阿尔卡特-朗讯在发展 eHRPD 标准中的领导者角色,以及其 eHRPD 产品在业务提供商网络中的成功部署。

在此次测试中,阿尔卡特-朗讯还充分利用了其在专业服务领域的专长和经验,包括项目管理和规划,以及安装、调试、集成和测试计划执行服务等。

本次参与测试工作的 LG M13 CDMA/ LTE 终端采用了将成为消费电子设备核心组成基础的商业级元件。该终端在 2010 年已面向市场发售。M13 也获得美国联邦通信委员会（FCC）的认可，并同时全面支持 CDMA/EV - DO 和 LTE。

LG 电子移动通信公司研发中心负责 4G 发展的副总裁 In-kyung Kim 表示："LG 电子致力于推进 4G 技术的商业化，并很高兴能参与此次成功的 CDMA 和 LTE 之间的互操作性测试。LG 的 M13 终端将成为支持 CDMA 网络运营商在其 CDMA 网络上逐渐部署 LTE 网络的关键设备。"

5.4.4　KT 集团

KT 从投资和运营等方面对 FTTH、IPTV、数字内容等宽带领域的服务投入更多的精力，计划从 WiBro、IPTV 与其融合服务中吸引用户，以期获得大量的收入。

在韩国，宽带上网服务已经非常普及，作为当地固网业务排第一、移动业务排第二的运营商，韩国电信（KT）集团目前也如同其他地区的全业务运营商一样，面临固话被移动取代的窘境，战略转型正成为集团的发展方向。

目前，宽带服务是 KT 发展重点，其中有线接入服务 Megapass 的市场占有率在 50% 左右，受到 Hanaro 等对手的竞争，近期 Megapass 业务出现了少许的下滑。KT 在稳固 Megapass 市场地位的同时，积极发展无线接入服务 Nespot，并在 4 月份开始 WiBro 网络的正式商用，KT 积极打造"无线城市"计划，并充分开发"WiBro+HSDPA"宽带服务。

1. 以融合作为转型突破口

面对整个行业环境的改变，KT 提出战略转型的概念，期望能够从传统的通信网络提供商，向解决方案提供商转型。在此过程中，KT 将转型的关键寄望于融合，且结合客户需求和网络演进情况，认为融合可以分成多个层面来实现。第一，传统 ITC 行业：固网+移动+广播；第二，移动固定融合：固网+移动；第三，通信广播融合：通信+广播；第四，行业间融合 IIC（Inter Industry Collaboration）：如 IT+汽车、IT+建筑行业等。其中，行业间合作目前是 KT 的一个重点发展领域，基本上采用思科等公司提出的解决方案。

2. 以 BcN 服务为主导

现阶段，KT 注重语音、数据以及移动服务的创新和增值，并且主要围绕"融合"这一核心来进行。KT 实施的融合战略正是配合了政府制订的"BcN 宽带融合网络"战略计划。按照韩国信息通信产业部的规划："BcN 宽带融合网络"将有线与无线系统、通信和广播系统融合在一起，为企业用户和个人用户提供一个共同的渠道来收/发语音、文本、图像和视频文件，可以整合业务模式，为运营商创造更多的价值。"BcN 宽带融合网络"计划使韩国的互联网速度大大提高，网络运行速度在 2010 年达到 100Mb/s。KT 计划在

2015 年之前共投资 100 亿美元用于 BcN 计划。

3．注重网络计算能力和解决方案

KT 认为，过去十年，KT 注重提供的是网络的带宽，是产品；当前十年，KT 注重语音、数据以及移动业务的增值与创新，是服务；下个十年，KT 希望能够提供网络计算能力和解决方案，从而使用户可以分享计算能力和解决方案，比如互联网数据中心（IDC）和互联网计算能力中心（ICC）。

为此，在 2007 年上半年新发布的中长期发展规划中，KT 新提出了"对客户价值创新（CVI）"的口号。第一，了解客户需求，挖掘客户潜在服务；第二，扩展客户价值；第三，提供差异化服务；第四，重新规划商业领域。

根据客户需求和市场环境的变化，KT 确定了 4 大核心商业领域：其中传送承载包括固话、宽带、移动、WiBro 等；以 IPTV（MegapassTV）为代表的数字娱乐；要解决整体安全性\MOS\遥控性的生活化解决方案；为企业客户服务的 Biz 解决方案。KT 认为，传送承载部分今后的潜力变化不大，今后集团将侧重其他三个领域的资金投入和运营发展。

4．着重开发价值业务

目前，KT 最大的重点是要提供给消费者真正有价值的服务，重点锁定在 FTTH、WiBro、HSDPA 等承载技术、"数字娱乐"（IPTV）、"Biz 商业解决方案"等领域，并提出了有线、无线综合产品的 U-KT 品牌，根据客户群和应用场所的细分，将集团的重点项目纳入其中，开发融合领域的创新产品。

5．FTTH 等宽带接入服务 Megapass

"Megapass"是 KT 的有线宽带品牌，目前是韩国宽带市场的领导者。在 Megapass 下，KT 针对不同客户群体开发了一系列宽带增值服务，丰富了 Megapass 品牌内涵，在此之下设计了 Megapass Premium、Megapass Light、Nespot Family、Nespot Swing 等子品牌。由于韩国宽带市场普及率高、竞争激烈，Megapass 虽稳占当地第一的位置，用户和渗透率也在不断攀升，但近年来 Megapass 的收入出现了下滑趋势。

为此，KT 积极加强基础设施的建设。目前，KT 的 Megapass 宽带服务主要采用 ADSL、VDSL 以及以太网技术等多种有线接入技术。考虑到 FTTH 比以铜轴线为基础的 ADSL 更具稳定性，并适合提供融合服务，KT 将 FTTH 作为 Megapass 宽带接入的重点发展技术之一。

2010 年，韩国 FTTH 普及率超过 53.5%，全球排名第一；FTTH 用户数达 980 万户，全球排名第三。

6．IPTV 等数字娱乐服务

数字娱乐以 IPTV（Mega TV 为品牌）为代表，即通过高画质电视向消费者提供上网搜寻、收发 E-mail、银行交易等丰富的内容服务。关于 IPTV 业务,尽管目前韩国的广播委员会不允许 KT 提供 IPTV 业务,但是 KT 一直在准备和试验该业务。KT 于 2007 年下半年在 IPTV 上得到政策许可,并积极做好在内容、基础设施、服务等方面的准备,开始进行大规模商用。

为弥补目前信号无法覆盖到的区域,KT 将与地面广播业者合作提供 IPTV 接入服务。根据 KT 研究部门当前研发的情况,KT 的 IPTV 系统可以提供至少 150 个频道,最多 1000 个频道,并同时实现了诸多的附加功能,比如可以边看电视边选台,通过文字选台;可以通过一些设定来限制儿童观看 IPTV 的内容和时间。

2007 年,KT 为 IPTV 的投资金额是 1400 亿韩元,除了在政策资质上取得突破之外,KT 还加强 Mega TV 的市场推广力度。目前,KT 的 IPTV 还处于小规模的应用,此业务的用户数已达到 3.8 万左右。

7. WiBro 无线宽带接入服务

2007 年 4 月,KT 发布最新的 Wimax 运营思路,并开始为扩大用户正式开展宣传工作及市场活动。

第一,KT 将 WiBro 品牌确定为"KT WIBRO",同时推出"Korea Portable Internet"的口号。

第二,WiBro 业务覆盖到首尔全域和地铁、首都圈 17 个主要大学街以及机场、酒店等市内地区。至 2008 年,全面覆盖韩国 38 个大城市。

第三,协调好 WiBro 与 HSDPA 的关系:WiBro 定位为 3.9G 技术,位于 3.5G 技术 HSDPA 之后,主要为超 3G 业务;KT 根据消费者的使用量将无线数据需求分为 WiBro 和 HSDPA 两种实施战略:计划在有 WiBro 信号的地区使用 WiBro。其他地区提供 HSDPA 业务。

第四,价格对 WiBro 的发展至关重要,尤其"WiBro+HSDPA","WiBro+2G 语音"捆绑产品的价格打折率是扩大用户的关键:WiBro 新费率水平为包月不限流量用户月使用费为 21 美元,同时,加入 KT 公司 HSDPA 服务和 WiBro 服务的用户,还可以得到 20% 的费率优惠。

第五,为 WiBro 准备广泛的终端支持。从 3 月 5 日开始,KT 开展 WiBro 与 KTF 的 HSDPA 结合的含有 USB 接口的调制解调器"IPLUG Premium"业务,并将 PCMCIA 卡和 WiBro 内置笔记本电脑等以单一形式提供的业务扩展为捆绑型产品。KT 于 3 月末推出 DBDM(Dual Band Dual Mode)智能手机,并计划开始利用一个终端同时提供 WiBro 和 2G 语音业务,这是为了使 WiBro 终端实现语音通话。

第六,全面确保 WiBro 差异化服务内容。KT 除了提供单一的互联网接入业务之外,将提供电子邮件、购物、交通、金融等生活信息型业务和附加定制型业务。WiBro 的核心关键性内容是提供 M-VoIP（移动网络电话），为了大幅度扩大用户，在实现内容多样性的基础上，KT 计划先推出 M-VoIP 业务。

目前，WiBro 可以提供下行 3～5Mb/s 的下行速率，但 WiBro 友好用户的数量还非常少，KT 还没有得到政府许可允许利用 WiBro 来传播话音业务。2007 年，KT 花费了 2 400 亿韩元用于 WiBro 服务的扩展之用。

8. 数字、融合服务提上日程

KT 由下属的子公司 KTH 专门运营内容和电子商务，并在 2002 年之前开展了在线游戏、互联网接入、即时通信、Webhosting、域名服务、信息内容、IDC 等业务。2002 年前后，KT 进行互联网业务的重大调整，KTH 主要为普通大众用户服务，KT 将旗下的门户、内容网站等归由 KTH 统一经营管理，KTH 独立运营互联网应用业务。

KTH 定位于服务提供商（SP），向最终客户提供的宽带应用内容很少由自己制作，大部分是靠外部内容提供商（CP）提供。KTH 与 CP 的合作方式多种多样，包括委托运营、共营、投资、支撑、购买、联合销售等。目前，KTH 合作的内容提供商达 1500 多家，拥有 5000 多个社区，提供 5000 种左右的内容服务，占据韩国内容市场 13%左右的份额。

此外，KTH 创建了自己的综合门户：corp.paran.com。综合门户，顾名思义，是移动门户和基于 Web 的门户的融合。一方面，综合门户可以看成是 Internet 门户销售渠道的扩展，超越了传统的 Web；另一方面，综合门户通过移动 Internet 网络提供成批的内容和业务，使移动网络运营商的商业模式更加多样化。综合门户为移动和固定 Internet 之间的内容和应用提供起着很大的作用。

9. U-KT 融合服务

目前，KT 作为韩国最大的固话、宽带运营商，在这两个领域占据了主要的位置，但在移动领域受到 SK 的激烈竞争，因此，KT 目前的重点投资领域多数放在宽带服务上。但融合是电信转型的核心，KT 将固话、宽带服务与移动服务的融合已摆在日程当中。由此，KT 推出有线、无线综合业务 U-KT，根据客户群和应用场所来细分规划下属的产品服务。

其中，One-Phone（DU）是 KT 在 2006 年 4 月推出的 FMC 语音产品，这是基于KTFCDMA20001xEV-DO 的手机服务，支持蓝牙技术，蓝牙覆盖范围为 20m，接入点与PSTN 和 DSL 相连接。当用户进入有线接入范围内时支持从移动网到 KT 本地网的自动切换。用户购买带有商标"DU"的 CDMA/Bluetooth 双模终端，该服务能够使用户同时使用 KTF 的手机和普通有线电话。也就是说，在外利用 KTF 手机，在家当做无线电话使用。目前，该业务受到严格管制，仅服务于住宅和 SOHO 用户。

在 U-KT 中，KT 还将 IPTV、Bizmeka、WiBro 等宽带重点产品纳入其中。U-KT 是

KT 贯彻执行 FMC 融合趋势中一个很好的产品。

总之，战略转型目前是韩国 KT 集团的重点任务，而融合是其转型的核心。为了实现多层面融合，现阶段 KT 为之准备了多项举措，包括从投资和运营等方面对 FTTH、IPTV、数字内容等宽带领域的服务投入更多的精力，计划从 WiBro、IPTV 与其他融合服务（Convergence services）中吸引到大量的用户，以期获得大量的收入。

5.5　物联网典型应用

物联网在韩国主要应用于军事、电信等领域，在智能城市和智能电网方面也有较好的发展。尤其是 2010 年以来，通过示范区等形式来推动 RFID 的发展更是取得了一些进展。

5.5.1　RFID 技术应用于韩国陆军的物流管理

"没有物流行业的创新，军事后勤也不会有创新"，韩国陆军参谋长 Shinseki 的观点把物流创新提高到了优先考虑的位置。以韩国陆军的一个师级单位为例，当基层需要补给时，补给需求经过 5 级逐级上报到师一级单位相关部门，然后每级履行 3 步处理手续，补给物资最终到达士兵手中要经过 7 步配发程序。除此之外，尽管上级承诺配给物资，但是仓库目前库存不足，物资不能自动补进会导致不能及时供应。和上级部门的军官不同，基层部门不可能知道补给品的交货时间，这样也使得物资不能及时供应。由于在师部、后勤供应部门、后勤指挥部门不存在自动信息传递系统，因此了解补给品需求信息是很困难的事情。为了解决这个问题，韩国军队在新的军事配送体系中推广使用 RFID 标签。

1．物流信息系统概述

生产过程中原料供应、生产商品、出售商品的活动，每个阶段的活动都离不开人员、原料和资金，随着原料最终转换为产品，就会进行实物配送。物流信息系统就是为实物配送活动提供支持。实物配送过程与企业的所有活紧密相关。也就是说，物流信息系统是一个为实物配送提供便利的系统。该系统使用了所有关于配送的信息。并对这些信息进行处理和传输。由于中小型企业的物流信息系统与非配送活动紧密相关，他们不仅应该处理配送活动，而且应该处理生产活动，以促进该系统与其他供应活动的融合。

（1）物流信息系统和配送服务的目的

物流信息系统规划的目标是提高客户服务水平和减少配送成本。这两个目标是有冲突的，它们之间存在着一种平衡关系，客户服务包括商业配送服务和实物配送服务。当然这两个目标在一定程度上紧密相关，这就是它们之间的平衡关系比较麻烦的原因。同时，销售配送是一种始于订购合同（口头或书面均可）的货物流动，它从理解订购者的要求开始，到把货物运送到正确的地点为止。

（2）RFID 在物流信息系统中的角色

RFID 技术最早应用于军事领域，目前对 RFID 技术应用水平最高且最具代表性的是美军。美军对 RFID 技术的应用源于现代战争的需要。1991 年海湾战争中，美国向中东运送了约 4 万个集装箱，但由于标识不清，其中 2 万多个集装箱不得不重新打开、登记、封装并再次投入运输系统。这种标签在 FMCG（快速消费品）供应链中也进一步被使用，由于 RFID 技术和无线条形码在很多领域（如销售链管理和航空、邮政配送）可以降低成本，已经越来越引起人们的重视。

2．韩国陆军的物流管理

（1）按种类进行分类

军用补给品可以按件数、特性（消耗品和非消耗品）、单位价格等进行分类，除这些分类标准外，按种类进行分类也很普遍。这种分类方式将补给品分为 X 级。I 级补给品为食品类，包括主食和副食；II 级补给品为装备，包括被装、个人用具、作战服、作战靴、工兵锹、钢盔等物品；III 级补给品为燃料，包括燃油和汽油；IV 级补给品为建筑材料，包括木料、水泥、夹板、油漆、铁钉等物资；V 级补给品为军需品，包括火箭筒、炮弹；VI 级补给品为个人生活用品；VII 级补给品为遂行作战任务的器材，包括步枪、坦克、汽车；VIII 级补给品为医疗用品，包括各种医疗设备和药品；IX 级补给品为机械设备的零配件，包括螺栓、螺母、发动机、轮胎等物资；其余的物资划分为 X 级补给品。

（2）按职能进行分类

军用补给品也可以按职能进行分类。可分为火力装备、运输装备、专用武器、通信和电子装备、航空和海运装备、通用装备、补给品、军需品、药品共 9 大类。火力装备包括枪械、监控器、炮兵测量设备；运输装备包括各种车辆及其零部件；专用武器包括防空火炮、防空导弹、反坦克武器、地对地武器；通信和电子装备包括有线、无线通信设备、侦测设备、雷达、照相设备；航空和海运装备包括飞机、舰船及机载、舰载设备；通用装备是指用于基建、能源供给、内河运输、服务行业的装备。

3．韩国陆军后勤体系

韩国陆军的物流系统是根据企业的交货方式划分的。首先，补给品既可以直接送到军需单位也可以直接送到需要这些物品的需求单位，或者先经过军需单位再转到需要这些物品的作战单位。对于消耗品，需求单位可以根据单位消耗品的需求填写报告单，临时请求上级配给。

这种方式可能比较浪费时间。因为军需部门负责配送，需要掌握精确的项目清单才能准时服务。引入一个 RFID 技术到物流系统中，通过对物资的迅速运送和精确管理，可以防止预算浪费、节省其他资源。

另外，尽管一个部门承诺配给物资但是仓库目前库存不足。物资不能自动补进会导致有效供给大量减少。需求单位跟上级部门不同，因为在师部、后勤供应部门、后勤指挥部门和作战单位之间没有一个自动的信息传递系统，他们不知道物资的供应时间表，导致接收供给物资很困难。使用 RFID 技术就可以解决这个问题，可在国防部、后勤部门、物资供应部门之间建立一个信息网络。

4. 结论

如今，深入人心的电子商务，利用智能交通管制和跟踪技术的自动运输系统也可应用到互联网服务的企业配送系统中。随着企业配送系统的发展，军事配送系统也将采用这些前沿的技术。传统的军队后勤系统要对各种情况提前做出反应，会造成时间及预算的浪费。目前许多物流公司都在积极采用 RFID 系统，有理由相信 RFID 技术必将在不久的将来在军事物流中得到广泛应用。

5.5.2　智能城市

1. 城市设施管理

利用无线传感器网络，管理人员可以随时随地掌握道路、停车场、地下管网等设施的运行状态。例如，城市供水系统的管道漏水会浪费宝贵的水资源。韩国供水系统管道漏水率全国平均水平为 14.1%，大城市供水系统管道漏水率为 10%。漏水率每降低 1%，一个城市一年可节约 40 万美元。利用基于无线传感器网络的城市设施综合管理系统，可以实时监测流量、水压和水质，对漏水情况及时进行处置。仅此一项，韩国一个城市一年平均可节约 564 万美元。

2. 城市安全

传统火灾监测需要配备高清晰度摄像机，而且很难区分火灾烟雾和自然雾气。利用红外摄像机和无线传感器网络，在监测火灾时，可以突破人类视野的极限，提高火灾监测自动化水平。监控中心利用地理信息系统可以对火灾发生地点进行定位，通过大屏幕液晶显示器可以播放火灾现场情况，视频监控系统可以实时监控火灾现场。城市综合信息中心由传感器监测系统、集成数据分析系统、广播系统、外灯控制系统、门控系统、基于位置的短信服务系统、通风控制系统、三维地理信息系统等组成。当大楼遇到紧急情况时，城市综合信息中心可以监测现场的控制门、通风系统、灯等，并通过广播、短信告之险情。儿童走失是普遍问题，韩国每年寻找走失儿童的社会代价是 47.6 亿美元，平均寻找每个走失儿童花费为 56 万美元。有的韩国城市在街头安装智能视频监控系统，该系统可以进行人脸识别，当探头发现走失儿童时，就可以向警察发出报警信息。

3. 城市环境

"u-环境系统"可以自动给市民手机发送是否适宜户外运动的提示，市民还可以实时查询气象、交通等方面的信息。据统计，可吸入颗粒物污染程度最高的城市比最低的城市的病死率高 17%。而 72.8%的可吸入颗粒物在道路表面，多数来自汽车和沙尘。利用u-环境系统，可以根据空气可吸入颗粒物浓度，自动开启道路洒水系统，这样不但可以减少可吸入颗粒物，还可以降低城市热岛效应。u- 环境系统一般由空气污染监测系统、清洁道路系统、水循环系统组成。

4. 城市交通

"u-交通系统"是智能交通系统发展的高级阶段。u-交通系统一般由公交信息系统、残疾人支持系统、公共停车信息系统、智能交通信号控制系统、集成控制中心组成，并与 u-环境、u-物流、u-安全等系统互联互通。安装在公交车上的全球卫星定位系统可以给公交车实时定位，并计算与下一站的距离，然后将公交车位置和距离信息发送给公交车站的电子显示屏，使乘客可以知道某路车的预计到达时间。安装在路口的传感器可以感知路口车辆，智能交通信号控制系统可以根据各路口的车辆数来决定红绿灯时间，提高路口通行效率。市民开车到某地，可以通过公共停车信息系统知道附近停车位信息。如果某个市民想去某地，u-交通系统可以根据交通情况选择一条最优线路，并给市民实时导航。韩国在许多斑马线安装有传感器，当带有 RFID 的老人、残疾人或小孩过马路时，u- 交通系统就能感知，并可适当延长红灯时间，保证老人或小孩顺利通过。在路边安装有电子测速传感器，如果某汽车在接近路口时速度超过规定，系统就会报警，提醒司机减速慢行。

5. 城市生活[77]

韩国首尔的不少街道或广场都安装有一种生态友好的媒体显示屏，这种显示屏利用电子芯片，可以使 LED 的能耗降低 26.7%。通过不同环境背景下的亮度控制，可以使显示屏能耗降低 18%。首尔有条媒体街，街道两边立有许多媒体柱。媒体柱包括街灯、视频监控探头、LED、网络摄像头、触摸屏、脚灯/ 安全后灯、麦克风等。另外，媒体柱还具有上网、拍照、玩电子游戏等娱乐功能，还可以进行电子投票。

5.5.3 电信业物联网应用

1. 三大电信业者物联网营运策略方向

Korea Telecom（KT）的主要营运策略有四个方向：（1）建立完备低价的通用 M2M

模块以及收费制度；（2）提供 M2M 平台；（3）建立以 Data 为主的 MVNO 政策；（4）建构开放式的 M2M 商业联盟。

KT 主要采用 WCDMA、WiBro M2M 专用模块，并提出"提供 M2M 平台"的策略。主要是由 KT 建构物联网基础建设平台，关键在于呈现出能满足顾客解决方案、平台支持范围等各式需求的 M2M 服务平台。韩国 SK Telecom（SKT）于 2010 年将物联网确定为该公司未来事业战略——"产业生产力提升（Industry Productivity Enhancement，IPE）战略"的核心发展目标，更在同年 11 月 18 日于 KCC 主办的"物联网论坛成立纪念研讨会"上再度表示，SKT 可透过基于 CDMA、WCDMA 的传感器网络，提供包括远程抄表和车辆管制等在内的各类 M2M 应用，并表示将积极扶植 M2M 发展，以开拓 IPE 市场。

LG Telecom 与 KT、SKT 同样提出了促进物联网发展的营运策略，主要利用 CDMA、WiFi 提供服务应用，并且也把"建构 M2M 平台、开发 Data MVNO 与 BTL（Built-Transfer-Lease）模式"作为首要发展方向；其次，提供物联网领域的 Total ICT 服务；积极建构 M2M 的新营运模式以及全新付费机制。最后，是扩大与其他企业间的合作范围以提供多样化的物联网服务。LG U+借由前三项包括建构平台、提供完整通信服务、发展新兴营运模式与付费机制等，扮演 SI 的角色，以创建一个完整的 M2M 生态体系（Eco-system）为依归。

2. 三大电信业者物联网主要应用案例分析

在韩国物联网应用中，主要成长动能来自 "远距监测"以及"车载通信系统"两个领域，两者结合可形成智能型交通体系相关服务，为目前韩国电信业者积极开发的领域；而在远距监测应用范畴中的远距医疗，则有赖韩国政府支持，选择 SKT 与 LG 为主要示范业者。

韩国在物联网的应用服务上，特别着重在远距监测、车辆管理、物流管理等交通管理系统的发展上。因此，成立了 ITS 国家交通情报中心，发展出智能交通系统，将各类交通工具与交通设施，通过结合了电子、控管、通信等技术，提供实时的交通情报信息和服务，以科学化、自动化方式营运和管理。不但借由智能交通系统实时提供的交通现况信息提高交通的安全性，也致力于达到节能减排之绿色成长的目标。

相较于 KT 投入在公共交通管理系统的开发，SKT 则是着重于车载行动平台的研发。2010 年 4 月 SKT 便与电动车业者 CT&T 合作，整合、开发电动车专用 MIV（Mobile in Vehicle） 平台基础之 Java-based Mobile 软件，以及汽车和行动网络领域相关技术，共同研发电动车的 MIV 系统。

而 MIV 系统平台的主要特点在于，高度重视电动车的电池管理、智慧电网（Smart grid）服务以及路线导航服务。在电池管理部分，MIV 平台可让车主随时察看电池使用情况，如电池电量、剩余充电时间及在现有电量下的剩余行驶里程。当电动车在充电站充电时，用户则可以通过行动电话联网了解充电情况。

　　LGU+在物联网的交通应用相关服务发展与 SKT 相似，主要着力于发展车用服务管理平台。该公司与韩国的现代汽车合作，提供车用信息系统，以自动收集车辆的行车记录，分析其数据，并加以管理车辆、驾驶及节约能源等。此外，在济州实验园区内积极建构电动车充电设备的通信网路，并进行前导试验。

　　SKT 的 U-Health 服务主要以 U-Care 作为首要发展重点，目的是提升服务独居老人的生活和起居的质量。因此，针对 65 岁以上行动不便的独居老人，提供生活行动感知、火灾及瓦斯外泄监测等紧急救护和防灾等服务。目前该服务集中施行于南韩瑞山市、光阳市、金堤市、东海市、三陟市和闻庆市六个老年人比率较高的地区。

　　而 2010 年 6 月更与瑞山市合作，为独居老人的家中安装各类感测终端，通过这些终端所收集的信息，经由 SKT 所提供的高安全性传输网络，直接串联消防局及瑞山市厅，以提供实时的紧急医疗或防灾服务。

5.5.4　智能电网应用

　　为了应对气候变化，保障能源安全，实现经济的可持续发展，2008 年 8 月，韩国提出了低碳、绿色经济增长的国家愿景。2009 年 2 月，韩国出台了《绿色增长国家战略》，将发展智能电网作为实现经济低碳、绿色增长的核心与关键。

　　韩国电力系统的输配电业务目前均由韩国电力公司负责管理，绝大部分电力供应也由韩国电力公司提供。在韩国电源构成中，煤电为 38%、核电为 37%、天然气发电为 18%、石油发电为 6%，还有 1% 的可再生能源发电（绝大多数为水电）。韩国的石油消费比例持续降低，从 20 世纪 80 年代的 61.1% 降低到 2008 年的 41.8%。目前，韩国经济高速发展与匮乏的国内能源资源之间的矛盾日益突出。

1. 能源、经济与环境：韩国发展智能电网动因

　　能源与经济发展的矛盾，发展与环境的矛盾，是韩国积极推动智能电网建设的最重要原因。具体而言，韩国发展智能电网有四方面原因。

　　一是促进可再生能源发展，保障能源安全。韩国是世界第十大能源消费国，96% 的能源需要进口，并且进口额连年持续上升。韩国政府认为，发展智能电网有助于可再生能源的开发利用，促进能源多元化发展，降低能源进口依赖。

　　二是为了增加劳动就业，创造经济发展的新引擎。近年来，能源瓶颈、气候变化和国际金融危机给韩国长期坚持的"数量至上"的经济增长方式带来极大的风险。韩国政府认为，发展智能电网将促进相关技术的工业应用和行业发展，并增加就业，加速经济发展方式向"低碳、质量至上"增长方式转变。

三是积极应对气候变化。截至 2007 年年底，韩国是世界第 16 大温室气体排放国，其中 84.7% 的二氧化碳排放来自能源行业。韩国政府希望通过提高可再生能源开发利用率促进电动汽车普及，有效地降低温室气体排放。

四是提高能源资源利用效率。韩国的能源利用率偏低。2007 年其能源强度为 0.479 吨标煤/1000 美元，远高于同期的美国（0.294）、英国（0.187）和日本（0.144）。韩国政府希望通过推广节能技术、需求侧响应技术等，提高能源利用效率。

2. 韩国智能电网"路线图"

韩国智能电网建设的特点集中体现在政府主导、顶层设计、法律环境、政策支持、市场开发和国际合作六个方面。

第一，政府主导，成立国家层面智能电网发展协调组织机构。

2009 年 2 月，韩国总统李明博宣布成立直接向总统负责的绿色增长总统委员会。该委员会是跨部门的政策制定机构，由财政部、运输部、能源部、环境部、土地部和旅游部等政府部门和相关领域的专家组成，其主要职责是审议与国家绿色增长有关的重要政策、计划，以及系统有效地落实相关的事项。韩国这一举措在国际上也颇具创新性。

第二，注重顶层设计，积极制定智能电网发展相关战略。

2010 年 1 月，韩国知识经济部发布了《韩国智能电网发展路线 2030》，提出韩国智能电网的三个阶段建设路线。其中，第一阶段 2009—2012 年，将建设智能电网示范工程，即济州岛智能电网示范工程，用于技术创新与商业模式探索；第二阶段 2013—2020 年，重点在韩国大城市区域，开展与用户利益紧密相关的智能电网基础设施建设，如电动汽车充电设施、智能电表等；第三阶段 2021—2030 年，完成全国层面的智能电网建设。

韩国选择了五个极具发展潜力的领域作为智能电网的建设重点，分别是智能输配电网、智能用电终端、智能交通、智能可再生能源发电和智能用电服务。

根据该路线，到 2030 年，韩国在智能电网建设上的投资约为 27.5 万亿韩元（约合 1617 亿元人民币），其中政府出资约占总投资的 9.8%。济州岛智能电网示范工程的总投资为 2372 亿韩元（约合 15 亿元人民币），其中政府投资约占总投资的 28%[80]。

第三，营造支持智能电网建设的法律环境。

2009 年 12 月 29 日，韩国国会通过了《绿色增长基本法》，明确了韩国经济绿色增长的基本理念、原则、战略、绿色增长委员会的作用等，同时提出了实现经济绿色增长、绿色生活、低碳社会和实现可持续发展的基本原则和措施。该法案明确提出"促进绿色发展是国家的第一优先课题"。

《绿色增长基本法》出台后，韩国加快制定了《智能电网建设及使用促进法案》。该法案主要包括智能电网发展规划、基础设施建设、投资回收和税收优惠、技术研发、信息监管和信息安全等。

第四，加大对智能电网建设的投资和财税政策支持。

2009 年 1 月 6 日，韩国政府出台了名为《绿色新措施》的经济刺激一揽子方案，从财政、金融和税收等方面支持智能电网发展。2009—2012 年，韩国将在可再生能源、高能效建筑、低碳汽车等方面投入约 97.9 亿美元。在税收方面，个人收入税起征点从 100 万韩元（约 6200 元人民币）升高到 150 万韩元（约 9300 元人民币）；对大公司和中小公司也有不同程度的税费优惠。

第五，重视智能电网核心技术研发、工业应用及海外市场推广。

韩国政府重视储能技术、信息技术和网络安全等智能电网核心技术研发与工业应用。韩国 2005 年制定的"Power IT"计划，提出了多项科研计划。该计划是韩国关于智能电网的初步构想。2008 年，韩国提出以出口为导向的 Power IT 工业增长政策，支持其科研成果出口。2009—2012 年，韩国知识经济部将投入 2547 亿韩元（约合 16 亿元人民币）推动智能电网技术的应用。

第六，积极组织和参与国际交流合作，大力提升国际影响力。

为了提高韩国经济绿色增长战略的国际影响力，韩国在 2010 年 6 月 16 日正式成立"全球绿色增长研究院"，这是第一个由韩国发起的国际性机构，旨在建立系统的绿色增长理论并在全球范围内推广。从 2009 年至今，韩国先后与美国、菲律宾、澳大利亚等国积极开展国际智能电网合作。2010 年 11 月，第五次 G20 峰会在韩国首尔召开，期间韩国举办了"韩国智能电网周"，集中展示济州岛智能电网示范项目建设经验和成果。

3．韩国智能电网的热点领域

韩国智能电网的工程首推济州岛智能电网示范工程。2009 年 6 月，韩国政府确定在济州岛建设智能电网示范工程。该工程建设周期为 2009 年 12 月至 2013 年 5 月，总投资约 2 亿美元。工程参与方包括韩国政府、韩国智能电网研究院、韩国电力公司、济州省与韩国智能电网协会等。工程由 12 个联合体参加建设，包括韩国通信公司（KT）、韩国电讯公司（SKT）、LG 电子、三星公司等 168 家企业。该工程主要在智能用电、智能交通、智能可再生能源、智能电力服务和智能电力网等领域推动技术创新，探索新的商业模式。

该工程的意义体现在三个层面：在国家层面，通过建设生态友好型基础设施，减少二氧化碳排放，提高能源效率，支持绿色能源发展；在行业层面，有助于确定韩国实现绿色增长的新引擎；在用户层面，鼓励用户参与社会的低碳绿色发展，提高生活质量。

韩国在现阶段正在积极普及智能电表。韩国方面认为，普及智能电表是实现用户端能源利用效率最优化的重要手段。为此，他们向用户传递有关信息，引导能源消费方式的转变；提出未来高级计量基础设施（AMI）的发展方向和基本运营模式；与现有自动抄表系统（AMR）的融合，促进形成开放式的计量系统；确保适用最新技术和最新标准，保障未来高级计量基础设施市场的联动性。2010年年底，韩国在首都圈和其他地方安装智能电表约2万只。

韩国也在推广电动汽车的发展。在电动汽车方面，韩国出台了电动汽车充电基础设施建设以及电动汽车普及扶持政策。2010年9月，韩国发表了《充电基础设施建设方案报告书》和《电动汽车推广扶持方案》。韩国计划到2015年，电动汽车占国内小型车市场的10%，到2020年，20%的汽车为电动汽车。同时，提高公共机关的电动汽车比例，从当前的20%提高到2011年的30%和2013年的50%。同时，将汽车制造企业义务销售比例从6.6%提高到7.5%。到2020年年底，电动汽车数量要达到100万辆。

在扶持性政策方面，韩国政府补贴电动汽车与同级汽车价格差的50%，最高达到2000万韩元（约合12.5万元人民币）。同时，韩国还减免通行费、公营停车场停车费等。在充电设施方面，韩国计划到2020年年底在公共设施、大型超市、停车场等地安装220万个充电桩；2012年之前，政府对换乘停车场、主干道路及公共停车场等建设的充电设施给予资金支持，对于2013年后用户自行建设的充电设施也给予政策支持。

5.5.5　RFID/USN 应用

1. 政府推出一系列 RFID 示范项目

2010年1月，韩国首尔市表示将耗资27亿韩元，建设RFID公共自行车系统示范项目。而韩国的其他国家部门也相继推出一系列关于RFID的项目：韩国海洋研究院出台了构建RFID资产管理系统的政策；韩国警察厅宣布试行第四次RFID基础档案管理系统扩大项目；韩国国土海洋部推出了关于构建顺天地区USN海洋群及融合服务的项目；韩国行政安全部推出2010年视频档案RFID运用安全扩大项目。

另外，2010年4月14日，行政安全部还宣布实施根据垃圾倾倒量收费的RFID触摸式食物垃圾容器项目。该项目也属于"2010年地区基础U-服务"系列项目。行政安全部与环境部合作，将在首尔的永登浦区、忠北的清州市、济州岛的西归浦市等地区同时实施该项目。

与此同时，韩国知识经济部继去年对韩美制药公司在药品上附加RFID的示范项目提供支持后，又推出了第二个相关举措，即2010年示范项目的试点企业扩大到了2~3家制药公司和10多家大型药店。韩国知识经济部也于2010年发布了"制药+IT融合发展战略"。

政府推出的一系列示范项目及大力支持政策，不仅给RFID/USN技术在多领域的运用提供了机会，还对RFID的生产起到了积极促进作用。

2. 将 RFID 技术与国际接轨

据韩国 RFID/USN 协会的调查，2008 年韩国国内 RFID 市场规模为 2500 亿韩元，2009 年增长到了 4000 亿韩元的规模，2010 年达到 6500 亿韩元。该协会预测 RFID 市场能达到年平均 49%的高增长率。不过，仅仅满足内需是不够的，这将阻碍 RFID 产业发展成为新的增长动力，因此必须走向出口。

虽然 RFID 的出口市场现在还未打开，但是出口的前景并不黯淡。2010 年，韩国采用了国际标准，研发出了具有世界领先水平的核心技术。韩国国内研发的 RFID 技术都采取的是国际标准（ISO），尤其移动 RFID 及 RTLS（实时位置追踪系统）相关技术是拓展世界市场的关键，因此只要好好把握现在的时机，就有可能打开国际市场突破口。

5.6   小结

韩国认为，物联网建设能够使城市更加智能、使市民生活更加便捷、使社会系统更加进步。此外，韩国各界还对其所带动的经济效果寄予厚望。随着韩国各界对物联网发展的积极推进、各级政府与公共机构以及民间企业积极的投资、物联网技术的发展、对"城市再生"需求的增加，韩国国内 u-City 市场规模有望呈现飞跃式增长。物联网及其对其他产业如教育、交通、公共安全、保健、医疗、金融、环境等的带动作用，将产生巨大的经济和社会效益。

第6章

其他国家和地区物联网发展概况

内容提要

　　本章从三个维度出发，选取了一些重点国家和地区，一是以加拿大为代表的发达国家和地区；二是以俄、中、印、巴为代表的金砖四国；三是亚洲地区的近邻国家。着重介绍其物联网发展的概况和特色。这些国家的物联网发展概况势必对我国物联网产业的发展提供重要的参考和借鉴作用。

物联网正兴起全球性的发展热潮，除上述美国、欧盟、日本、韩国积极布局物联网发展外，加拿大、俄罗斯、印度、新加坡等其他国家的物联网发展也各具特色，值得我们学习借鉴。

6.1　加拿大

6.1.1　医疗方面的应用

2011 年 8 月 11 日，加拿大医院 Hotel-Dieu d'Amos 宣布，正式采用 Logi-D 公司提供的 RFID 解决方案帮助管理其医疗用品。医院还没有就该系统带来的好处发布任何信息；根据 Logi-D 公司方面的消息，该技术有望降低 50%的补货量和 20%的库存量。

除了消耗性医疗用品补货订单的自动生成，该系统还有助于确保供应品处于保质期内。该系统自 2011 年 2 月安装以来，该公司提供的 RFID 解决方案已帮助医院在一定的时间追踪约 1400 项医疗用品。

魁北克省的 Hotel-Dieu d'Amos 医院设有 96 张病床，一直寻求一套能够帮助医护人员管理消耗性医疗用品的使用和自动补给的系统。这些消耗性医疗用品包括针头、手套和大约 1400 种不同类型的治疗用品，共计约 8000 件。

医院采用该系统的主要目的是减少工作人员花费在库存管理、订购耗材以及等待补货的时间。同时也要确保补货品在保质期内得到充分利用。

RFID 系统安装之前，Hotel-Dieu d'Amos 医院采用一套定期的自动补货（PAR）库存管理系统，以随时关注库存水平。根据物品的平均使用率，医院针对每项物品使用的数量建立能支持日常运作的库存量。除了观察在自动补货（PAR）库存管理系统下有针对性的补给日期，材料管理人员还要大约统计日常消耗物品的数量。这套方案能够解决供应品缺失的现象，但往往会导致库存积压。

2010 年年底，Logi-D 公司给医院安装了 80 台存储机柜。每个机柜有 9 个抽屉，通常分为 4 个隔间，2 个在前，2 个在后。Logi-D 公司的营销协调员 Jean-Philippe Racette 说：医院的工作人员将他们公司生产的高频 13.56 MHz、ISO 15693 的无源 RFID 标签粘贴在每个隔间表面的标签固定夹上。每个标签都有一个唯一的与医疗用品相对应的 ID 号码，如某类型的手术手套等，所有这些数据都存储在医院后端系统的软件中。该软件由 Logi-D 公司开发，且已与供应链管理系统集成。

前面隔间里的供应品应首先被消耗掉，前两个隔间一清空，医院员工就将带有 RFID 标签的固定夹移到安装在存储机柜附近的墙壁的 Lexan 聚碳酸酯板（大小为 14 英寸×10 英寸或者 19 英寸×19 英寸）上。医院使用了两个较大的板，每个可容纳多达 50 个标签。板本身有一个内置的 Logi-D 读写器，可以读取标签的 ID 号并且通过有线网络或是 WiFi

将信息转发到 Logi-DATA-D 数据软件。

该软件通过补货的 ID 号码查询到补货的相关信息，并将这些信息转发给医院的库存管理系统，以提醒工作人员办理补货订单。在此期间，临床工作人员可以使用存储机柜后两个隔间的用品。一旦新的医疗用品到达，材料管理人员将后两个隔间的物品转到前两个隔间，然后将新到的用品补充到后面的隔间中。最后，将 Lexan 聚碳酸酯板上的标签固定夹放回到机柜的前两个隔间表面。

双箱 RFID 补货系统比以前的供应系统有很多改进。Labonville 说：由于该系统的安装，材料管理人员免除了每天统计供应数的麻烦。防止医疗用品完全用光的"紧急命令"已不再需要。另外，这种隔间轮换系统的使用，使得由于物品过期而被丢弃的数量减少。

此外，当某标签放在聚碳酸酯板上的时间过长或者某产品被召回时，Logi-DATA- ID 数据软件会发出警报。如果必要的话，警报可通过电子邮件的形式发送给多个收件人或发送到传真机。根据供应的来源，可将警示信息发送到不同部门。例如，对于库存物品（医院内部的存储），消息会发送到能够生成选择列表并提供耗材的配送中心；对于非库存物品（特别是医院外部供应商），信息将发送到医院的采购部门，然后由采购部给外部供应商下订单。

根据对已使用该解决方案的医院的调查发现，该解决方案的采用使得护理人员花费在医疗用品相关任务上的时间量减少约 60%、材料管理人员节省 15% 的时间以及重复浪费成本降低了 50%。

除了 RFID 系统，Logi-D′s PA-iD 系统还有协助材料管理人员管理橱柜的语音导向功能。例如，每个员工都戴着耳机，使用语音命令提示软件查找具体的物品——手套的详细位置。当整理物品时，员工对讲麦克风耳机，软件会自动查询物品的位置并提供语音提示。语音导向功能只是该 RFID 系统的一个附加功能，并没有采用 RFID 技术。

6.1.2　RFID 技术应用于公园

2010 年，加拿大 Unleashed Dog Parks 决定采用 GAO RFID Inc. 提供的 RFID 产品及技术应用于公园管理。

Unleashed Dog Parks 是一个集度假村和咖啡厅在内的全方位服务的狗公园。这里为狗提供了一站式的服务，不仅可以让狗有放松娱乐的地方，同时也可以让狗接受美容、购物等服务，让我们的爱犬在不受打扰的情况下享受着自由而美好的生活。由于狗爱动的天性以及狗公园的本意就是让狗有个自由的活动空间，所以在狗享受着公园服务的同时，那些为狗服务的后续工作就显得异常的杂乱和繁重。很多时候狗会一起到一个地方玩耍，来去时间也许就是这么一瞬间，但工作人员可不会有如此的速度去跟踪计费，这也成了狗公园迫切需要解决的问题。

经过多方的了解和比较，Unleashed Dog Parks 决定使用 GAO RFID Inc. 的产品和技术支持来解决这个问题。经过详细而科学的分析，GAO 做了一个特殊的身份证，在您的爱犬进入狗公园后只要进行一次性的登记程序，就不必每次为狗获取服务都要付费，因为在狗项圈内的标签会记录下狗每次进入服务区的信息，所有的服务将被电子性捕捉和记忆，等到离园时由读写器读出所有信息后再进行计费。

GAO Research Inc.专注于 RFID（射频识别）和物联网领域，特别是读写器、电子标签、软件和系统集成等方面，开发了领先的技术，取得了卓越的成就。通过数年的投资和努力，GAO RFID Inc.已成为全球 RFID 行业的领先企业之一，并建立起一个国际知名品牌。公司产品和系统广泛应用于各个领域的 600 多个项目，客户遍布全球 40 多个国家，其中包括众多世界 500 强企业和美国、英国、加拿大、巴西、伊朗、沙特阿拉伯等国家的军政部门。

6.1.3　石油开采的物联网应用

加拿大 Nabors 公司是一家提供陆上钻井产品和服务的公司。该公司正在采用 RFID 技术来帮助其维护和管理全国范围内的油气井田的钻机设备。该系统是由 TrigPoint Solutions 公司提供的，利用该系统，Nabors 公司的管理者可以在任何时间知道公司的设备在何地，它们是否被检修，甚至能知道检修的时间。

这个系统解决了一个劳动密集型的问题，即远程追踪上百种资产的位置、情况和使用记录。大部分的设备，像安装在石油钻机上的发电机、水泵和马达都是通过钻井基地的工作人员填写书面材料，然后手工将这些材料输入到 Nabors 办公室的数据库来进行追踪的。通常管理者每周或每天再根据纸笔记录提供关于资产情况的报告。"我们想要的是一个无纸化的系统，" Nabors 的首席运营官 Joe Bruce 说。他同时认为，这个系统会带给公司有关每个设备的位置、检修历史的实时电子记录。

一个一般的石油钻机平均需要维护约 100 个部件，另加 86 台不同的钻机每台上的所有资产都需要追踪，这对于 Nabors 来说是项繁重的任务。这些设备可以从一台钻机移动到另一台上，也可以从一台钻机移动到钻场的不同部位，或者从一个钻场移动到另一个钻场。因为人们的错误放置和偷窃，这些设备经常以丢失告终，并最终被注销和替换掉。此外，设备经常需要由 Nabors 员工或第三方公司进行检查，有时需要验证是否合格，Nabors 公司必须保持对这些工作的记录。

在 2008 年，加拿大 Nabors 公司在亚伯达省的埃德蒙顿对 TrigPoint PROMPTT 系统进行了为期 6 个月的试点,在两台钻机上应用符合 ISO 15693 标准的无源 13.56MHz 标签，然后用钻井基地现场的手持式读写器扫描标签。该试点的成功导致了公司现在正在开展的全方位的部署。Bruce 说，每台钻机上的将近 100 个设备都要安装标签，总共有 86 台。

他预期该系统的全面调配会在 2012 年年底结束。他透露,一旦调配完成,公司将会开始给每台井田服务钻机的设备安装标签,这些钻机用来在油气抽离井田前加强钻孔。

在钻井现场,Nabors 的现场作业人员使用通过卫星通信连接到后台服务器的手持式读写器。标签被嵌入在 TrigPoint 公司为钻机操作而制造的聚碳酸酯包装中。每个标签编码有唯一的 ID 号,该 ID 号码与贴有标签的设备的信息相连。标签 ID 号和设备数据存储在由 TrigPoint 主持的网站的软件里。

一旦数据存储在系统中,各种数据就在后台系统中互相连接,比如安装在某个石油钻机上的油泵也可以通过其自身的 RFID 标签进行识别。

在钻探基地,Nabors 的现场作业工人使用手持式读写器读取标签。手持式读写器有一个无线卫星通信连接到后台服务器,因此它们可以与 TrigPoint 的 PROMPTT 系统实时交换数据。

Nabors 的现场作业工人定期扫描每个 RFID 标签来提供关于每个设备的位置更新后的数据。如果一个设备需要被检查或认证,手持式读写器会在该设备的标签被读取时发出警告,显示它需要的专门服务。当员工需要现场检查设备时,他可以用手持仪器的提示来指导自己应该如何着手进行。该系统还可以被用来确认设备符合原始设备制造商的规定和监管要求。该过程包括在一定的范围内测试设备,然后打印一个认证书表明该组件已通过测试。

公司未来计划使用该系统进行维修跟踪。例如,如果一个组件需要被运离现场进行维修,标签被扫描后,输入的数据会显示它将运往何处,当组件返回时,再次扫描标签以表明它已经返回。

TrigPoint 公司提供 Nabors 使用的网站的初始配置,以后可以在需要时修改初始配置。公司负责配置整个系统,完全整合网站和手持应用设备,并将该系统交给客户进行持续的调配。系统存储与贴有标签的设备有关的所有信息,工作人员需要执行什么任务,比如追踪维修、认证或确定安全性以及由谁履行。

6.2 印度

6.2.1 印度农村的信息化建设经验

印度的政府部门、非政府组织、私营企业、科学研究机构等都在农村信息化建设方面做了许多工作,形成了不同的组织和服务模式。从性质上讲有政府主导、公私伙伴关系、企业自主经营三种组织模式;从经营方式上讲有以追求社会效益为主的开放式网络模式和以追求经济效益为出发点的成员资格联络模式;从信息化建设方向上讲有侧重基础设施建设的项目,有侧重信息内容建设的项目,有侧重为农民实际服务的项目,也有把形式和内容有机结合起来为农民提供切实服务的项目。经过这些年来的工作实践，可以从印度农村信息化建设中总结出如下经验。

（1）积极发展农村信息化建设。印度作为一个农业大国，农村不发展起来的话，将对印度整体国力的提高形成巨大的制约。印度农村由于地域广、人口多、基础设施落后、知识水平低等原因，发展困难很大。现代信息技术是促进印度农村发展的有力手段和得力工具，只有加快农村信息化建设的步伐，才能够使农民在现代技术和知识的帮助下提高生产力，提高生活水平。

（2）以信息技术基础设施为骨干。农村信息化需要有必要的基础设施为支柱，农村地域广、地形复杂、条件差、建设成本高，应该考虑应用多种形式的信息化手段，比如卫星通道、互联网、广播网、电视网、电话网、微波网、手机网等。印度目前用手机解决农民获得信息"最后一公里"的问题颇为见效。印度的手机比较便宜，农民基本上都有手机，手机成为农民方便地获得信息的有效途径。这种无线上网漫游通信的方式也有利于节省电信基础设施建设费用。

（3）让各利益攸关者参与。政府作为国家的管理者可提出宏观战略方向，制定政策导向，营造整体环境，发起倡议行动，组织项目实施，提供一定的经费启动或支持，但无法大包大揽，也不可能长期在第一线坚持为农民具体服务。非政府组织有既定的宗旨和追求的目标，往往还有自己的筹资渠道，做事扎实认真，可以作出一定的贡献。但一般来讲非政府组织影响的范围有限，可以做模范典型，难以大范围奏效。公司企业有经济和技术实力，很务实，如果经营方式得当可以成为主力军，但如果无利可图，长期投入不会持之以恒。科研教育机构往往不以营利为主要目的，可以提供知识和技术方面的支持，起辅助和促进作用。当地的行政机构、社会团体、行业头人、基本骨干等是不可忽视的力量，可以动员、组织和依靠他们开展信息化工作。各方利益攸关者的参与和有机结合是农村信息化发展的最佳路线图。

（4）有适合农民特点的模式。印度作为一个以信息技术为强项的国家，农业和与农业有关的数据库、网上和网下的信息资料等资源很丰富，流转也很通畅，但都在距离农民"最后一公里"之外。印度农村许多地区还处于缺乏信息技术基础设施、道路交通条件差、电力供应不稳定或没有、宗教思想束缚、村庄长老会和村庄小业主影响势力大等客观情况，农民自身的年龄、性别、经济水平、文化程度、语言、工作量、种姓、所在地理位置等也都影响着他们接受新技术和利用信息的程度，因此需要有因地制宜、因人而异的多种服务形式。印度 DSCL 公司已经在 8 个邦建立起 300 多个哈里亚里连锁店，从农民切身利益出发，其多种经营、多项服务的做法是一种有益的尝试。

（5）有符合农民需要的服务内容。在信息化服务方面需要给农民提供符合他们需要的信息内容，越具体、越实在、越本地化越好。从实际效果中可以看出，用当地语言和适合农民文化水平及接受能力的方式提供的信息服务受到欢迎，也容易产生效果。

（6）有可持续的发展方式。印度各级、各界、各地开展了相当多的为农民服务的信息化项目，有的从试点做起，逐步扩大；有的一业为主，慢慢完善；有的已成势头，雄心勃勃。凡此种种，不一而足。不管何种项目，都应该从资金、资源、内容、模式等方面找到适合自己可持续的发展方式，注重实效，把农村信息化事业做好做长。

（7）克服文化障碍。印度有悠久的文化历史，语言种类多，仅官方语言就有 16 种，方言更是多达几百种；农民都是讲本地方言，而且文盲率高，还有宗教种姓的深刻影响。印度有 4 大种姓，还有排除在种姓之外的大量贱民，高低贵贱分明，形成了一个存在巨大差异的社会和文化环境。高低种姓之间不仅不共事，甚至不来往，这给农村信息化的发展带来很大障碍。克服这种障碍需要付出极大努力，有时不可能改变它，只能想办法顺应它。

（8）争取社会效益和经济效益双赢。公营部门注重社会效益，但财力和人力资源有限，往往心有余而力不足。私营部门注重经济效益，有实力把事业做大做好，但不会去长期施舍"免费的午餐"。比较理想的模式是建立公私伙伴关系，政府倡导方向，营造政策环境，给予适当支持，企业按照经济规律运作，既有投入也有收益，携手取得经济效益和社会效益。

6.2.2　印度的 RFID 系统应用

印度是一个"世界工厂"——每天都有很多的廉价商品从印度运往世界各地。作为世界商品采购和生产中心之一的印度，RFID 系统的应用似乎是理所当然的。印度已将 RFID 系统应用于医院、智能停车场、煤矿、马拉松比赛、烟草制造过程的监控等诸多领域。

印度医院则利用 RFID 技术减少数据收集错误。孟买的 Seven Hills 医院采用了美国优科无线公司的自动实时数据收集系统。医院使用无线手持设备和病人的手腕带，使医院可以应用 RFID 技术，随时跟踪病人在医院内所处的方位和身体状况。这个系统将日常的数据收集工作自动化，有效减少数据收集的错误，改进医疗记录、测试结果和其他信息的保管工作，这能大大提高医生对病人评估的准确率。

为了保证烟草产品的质量，印度最大烟草卷烟出口商 ITC 必须在生产的每一阶段（从原材料到成品）监测烟草的湿度。通常在加工过程中，ITC Calcutta 工厂的工作人员不得不对烟草的样本进行称重，并将结果手工记录在纸质标签上。目前，该公司引进了一套 RFID 系统，该系统大大简化了湿度监测的操作流程，使生产操作的人工工时减少了 40%。采用这套系统后，RFID 系统改变了烟草样本数据记录的方式。ITC 不仅可以摒弃低质标签，还节省了收集样本的时间。据 ITC 称，RFID 系统使烟草的湿度控制更精确、更可靠。

　　ZDNetAsia 研究机构就印度 RFID 的应用进行了调查。调查发现，在印度，有三大因素阻碍着 RFID 的应用：一是印度企业规模相对较小；二是 RFID 技术成本较高；三是缺少企业或政府的强制性推动。印度三大 IT 服务公司之一的 TCS 公司认为，与西方的公司相比，印度企业规模较小，从而就没有能力去主动推广包括 RFID 在内的任何技术。尽管印度 RFID 之路阻力重重，但印度当地企业却对未来充满信心。随着印度经济继续蓬勃发展，货物运输效率的要求必然越来越高，供应链效率的提升，自然也要借助于 RFID 技术。另外，越来越多的印度生产的产品被运往国外进行销售，这些目的地国已经部分采纳了基于 RFID 技术的供应链管理，这必然会推动印度的生产商不得不使用 RFID 技术。

6.2.3　印度智能卡技术的发展与普及

　　印度产业界早已意识到智能卡的巨大潜力，但其普及应用从近期才开始。在印度，智能卡的应用在开始时以银行业为首（在线交易），之后拓展至医疗保健业（医疗保险卡）等领域。在印度信息技术部（DIT）的支持下，印度已对一些智能卡开发项目进行规划，旨在推进该领域的研发、产业发展和应用。

　　印度国家信息中心（NIC）与其他机构合作实施了一个名为"智能卡操作系统交通应用标准"（SCOSTA）的项目，该标准被印度交通部（MoRT&H）批准在全国范围内采用。信息技术部还对印度理工学院（IIT）孟买分校和海德拉巴 IDRBT 公司的"基于支付系统的多功能智能卡"项目提供了支持。

　　随着智能卡技术的不断发展与普及，印度各地也纷纷展开智能卡的试点项目。除了为城市中较富裕的人口提供便利外，印度还致力于通过智能卡技术改善农村贫困人口的生活。昌迪加尔政府于 2008 年年底开始实施"用于公共分配系统（pDS）的智能卡计划"。该计划旨在通过确保服务提供的及时性和有效性，使印度食品和物资部的职能合理化。

　　昌迪加尔的智能卡试点项目的内容表述如下：

　　在印度，生活在贫困线以下或低收入的人群，一般都允许在政府运营的"平价商店"内购买基本的粮食产品。很多地方的家庭拥有纸质的"定量配给本"，上面记录着购买粮食的量和人。

　　昌迪加尔的试点计划旨在用智能卡代替纸质的配给本，创建一种有别于以往的新型系统。项目计划在昌迪加尔所有平价商店（fair-price shops）内设立销售点（POS）终端。智能卡持有人的身份验证将通过生物识别来实现。

　　目前发行的智能卡与信用卡外形相似，内嵌 64 KB 容量的微型芯片，能够存储持有者三个家庭成员的指纹、照片等信息。通过智能卡，受益者便能够储存一系列购买记录如购买的数量和价格等。昌迪加尔智能卡模型的另一个特点是，居民在获得平价商店的分配后，还需重新提交指纹，以确认交易的完成。该系统同时支持在线模式和脱机模式，当连接可用时，便可将储存在销售点终端内的数据与中央数据库进行同步。

昌迪加尔政府委任普华永道（Pvvc）担任项目顾问，软件开发由国家信息中心（NIC）完成。在整个联邦范围内的推广工作分阶段地进行。项目的第一阶段主要包括"贫困家庭发放粮食卡计划（AAA）"，即贫困线以下（BPL）和以上（APL）的家庭通过定量供应卡从平价商店和油库领取配给。

行政部门获悉，近 55 000 个家庭的数据和每个成员的指纹通过数字化的方式提供给了印度食品和物资部。在第二阶段，第一阶段未涉及的所有供应卡的所有者将获得基于定量供应卡的智能卡；第三阶段的工作重点是通过增加提供服务的渠道，进一步改善服务质量。

该计划的支持者认为，该技术能够有效防止欺诈，确保粮食到达真正的接受者手中。而过去的纸质系统，居民在领取粮食时身份无法得到准确认证，这使得其他人可以轻易地冒用别人的配给卡。

昌迪加尔粮食和物资部负责管理该计划的官员 Bachan Singh 称："这意味着只有持有智能卡的人才能领取粮食，别人谁都不行。每个人都可以以合理的价格获得适量的粮食分配。"

当地一些民众对新系统表示欢迎，但也有一些民众提出了问题，比如设备有时无法正确识别指纹，甚至出现故障，效率较低，为民众造成了不便。另外，负责处理设备技术方面事务的 Vinay Verma 称，很多问题的产生源于供应商自己对这些设备不够熟悉。他认为，人为失误往往造成了设备的故障，比如智能卡没有正确插入等。

当然，该计划面临的另一个巨大挑战则是如何使人们相信新技术。在没有电脑和电视的贫民窟，对大多数人而言，利用电子技术做事简直就是天方夜谭。该计划曾野心勃勃地宣称到 2011 年 9 月普及至 20 万户家庭，然而至 2011 年 6 月，只有 5000 户家庭签约参加了该项目。

昌迪加尔消费者协会的 Surendra M Bhanot 称："政府希望人们提交其生物统计数据和指纹，但是很多人害怕这些资料会被用于其他用途。计划面向的居民中，有很多都没有受过教育，他们担心这些资料最后会流入警察手中。"他认为解决这一问题的重点在于适当的引导。

为了通过这种技术实现粮食分配，昌迪加尔当局花费了近 44 660 万卢比（近 1000 万美元），而持卡人不用支付任何费用。

发展用于粮食分配的智能卡，是印度政府试图确保其粮食分配行为能够惠及所有国内贫困人口的重要手段之一。在其粮食安全法草案中，印度政府保证至少 90% 的农村家庭和 50% 的城市家庭能够获得粮食补贴。新技术是实现这一目标的方法之一，一旦昌迪加尔的智能卡计划成功实施，它将作为范本在印度全国范围内得到普及。

6.3　新加坡

6.3.1　新加坡的物联网发展现状

在世界银行发布的《2010 年全球经商环境报告》评比中，按经商环境的排名，新加坡高居全球 183 个经济体的首位。在全球经济尚未完全从金融危机中复苏的今天，新加坡是因何获得这一殊荣的呢？当今世界，谁占领了信息通信的制高点，谁便取得了先机，新加坡便是充分利用 ICT 取得长足发展的例子之一。

通过一系列项目和计划的实施，新加坡已在物联网建设方面走在了世界前列，除政府通过"智慧国 2015"计划大力扶植外，新加坡企业对于创新的追求和信息通信技术的接受也助力新加坡信息通信产业长足发展。

新加坡近几年在信息通信领域的发展受到世界的关注，除本国政府有效的政策引导、扎实的基础建设及丰富的应用成就了新加坡信息通信产业的高速成长，还带来了巨大的社会效益和经济效益。

新加坡经济社会迅速发展、国际竞争力达到世界先进水平，与该国 30 年前出台 6 个国家级信息化战略密切相关。总结起来，一是国家要有远见，新加坡政府在信息化战略上一直有清晰的愿景和战略眼光；二是要执著，政府要统筹规划，持续克服各种阻力；三是要政府带头，身体力行，引领信息化的应用；四是要做好整合，政府、企业、国民共同参与，协同作战。

6.3.2　新加坡的"智慧国 2015"

自 2006 年开始，新加坡实施"智慧国 2015"计划[81]，欲将新加坡建设成为以信息通信为驱动的国际大都市。在多年的发展过程中，新加坡在利用信息通信技术促进经济增长与社会进步方面都处于世界领先地位。在电子政府、智慧城市及互联互通方面，新加坡的成绩更是引人注目。

（1）电子政务：提升政府能效

新加坡电子政府建设处于全球领先地位，其成功有赖于政府对信息通信产业的大力支持。政府业务的有效整合实现了无缝管理和一站式服务，使政府以整体形象面对公众，达成与公众的良好沟通。时至今日，电子政府公共服务架构（Public Service Infrastructure）已经可以提供超过 800 项政府服务，真正建成了高度整合的全天候电子政府服务窗口，使各政府机构、企业以及民众间达成无障碍沟通。

其中一项成功的大型电子政府工程——网上商业执照服务（OBLS），旨在缩减商业执照申请的烦琐流程。通过使用 OBLS 的整合服务系统，新加坡企业可在网上申请 40 个政府机构和部门管辖内的超过 200 种商业执照。执照的平均处理时间也由 21 天缩短至 8 天。这一服务的实施，使企业执照申请流程更有效、更经济、更少争端，有利于培育亲商环境，使新加坡成为最有利于企业启动和成长的地方之一。

（2）无线通信技术：激活"智慧城市"

在"智慧国 2015"大蓝图中，完善的基础设施和高速的网络是信息通信技术服务国民的基础，新加坡正着力部署下一代全国信息通信基础设施，以建立超高速、普适性、智能化的可信赖的信息通信基础设施。为此，新加坡于 2009 年 8 月全面敷设了下一代全国性宽带网络。根据新加坡政府规划，光纤到户实施"路网分离"——由基建公司负责全盘规划与维护，避免重复投资；运营企业可以实现竞争的全面市场化，使民众得以以最低的资费获得高速网络接入。

"智慧国 2015"计划的另一重要组成部分是"无线新加坡"项目。"无线新加坡"项目目前已在全国拥有 7500 个热点，相当于每平方千米就有 10 个公共热点，覆盖机场、中心商务区及购物区。WiFi 热点的进一步拓展与增设，为新加坡国民提供了真正意义上的全方位无线网络。

新加坡网络现有 130 万用户，其中 35%的用户每周平均用网时间超过 3.6 小时。同时，未来提高网速的呼声将越来越高。在 2009 年 6 月，新加坡政府宣布为"无线新加坡"项目继续注资 900 万新元，将接入速率由原计划的 512Kb/s 提升至 1Mb/s，并且将免费服务期延长至 2013 年 3 月 31 日。

（3）互连互通：打造物联网未来

物联网概念由来已久。目前，全球已形成共识，要抢占经济科技的制高点，必须在物联网产业方面有所作为。物联网技术的革新，可以提升信息化与智能化水平，提高物流、供应链、电子商务的应用与管理能力，实现通过网络通信技术提高效率，最终带来新的发展机遇。作为东南亚的重要航运枢纽，实施"智慧国 2015"计划时，新加坡注重利用信息通信技术增强新加坡港口和各物流部门的服务能力，由政府主导，大力支持企业和机构使用 RFID 及 GPS 等多种技术增强管理和服务能力。

6.4　其他国家和地区

6.4.1　俄罗斯

信息技术正推动着一场新的军事变革。信息化战争要求作战系统"看得明、反应快、打得准"，谁在信息的获取、传输、处理上占据优势（取得制信息权），谁就能掌握战争的主动权。无线传感器网络以其独特的优势，能在多种场合满足军事信息获取的实时性、准确性、全面性等需求。

俄罗斯发布俄正计划构建太空互联网，支持航天器之间的联络，实现在地球上任何地点都能对航天器进行控制，这就是最先进的物联网技术应用。它是太空物联网的计划，用物联网技术智慧地监控航天器。它是互联网的智慧延伸。

俄拟组建的太空互联网将由"信使"卫星系统公司负责研发，初步设计太空互联网将由 48 颗卫星组成。每颗卫星重 200～250kg，所有的卫星都将在高度为 1500km 的低轨道运行。据初步估算，整个太空互联网项目的建设需花费 200 亿卢布（1 美元约合 30 卢布），相关准备工作需 3 年左右。如果资金充足，从 2014 年起可望在 5 年内建成太空互联网。该网建成后，可为全球提供语音通话、宽带上网、视频会议等服务。届时无论在地面还是飞机上，在船舶上或是太空中，任何地方都可以登录互联网。俄罗斯强调，太空互联网尤其适用于灾区通信、与各海域船只保持联络、危险货物运输监控等方面，其优点在于不会完全依托地球上的某处设施，即使地面发生严重灾害或其他意外，该互联网仍会稳定运行。这已经超越了智慧地球的层面，把物联网技术已经运用到太空领域，加强了在太空领域的物联网技术的竞争。

6.4.2　巴西

巴西政府重视物联网的发展，在智能城市建设、智能电网、智能交通的应用领域都取得了一些进展。巴西已经成功取得了 2014 年世界杯和 2016 年奥运会的主办权，如今，巴西正努力改变城市形象，为两大世界级体育盛会的举办做出积极努力。

1. 巴西智能电网的建设情况

智能电网是巴西政府为改变城市形象而做的重要努力。巴西战略研究和管理中心（CGEE）在科技与创新部技术开发和创新秘书处的监管下进行了智能电网研究，参与研究的人员分别来自矿产能源部（MME）、工业和外贸发展部（MDIC）、行业发展处（ABDI）、巴西国家计量机构、大学、研究机构、国家电力调度中心（ONS）、电力管理局（Aneel）及英国国家电网和德国国际合作机构。研究的成果之一就是"Setec/MCTI 智能电网行动"，它是巴西 2011—2014 年科技创新国家战略中的重要目标之一。Setec 正在巴西东北部的福塔雷萨的塞阿拉州联邦大学（UFCE）建立智能电网实验室，2012 年年初正式开放。Setec 同时加入了一个咨询委员会，该委员会负责为巴西电力分销商协会 Abradee 和电信协会 Aptel 正在开展的国家智能电网计划的发展提供咨询建议。

巴西政府已经起草了法案，要求电力公司在未来 10 年里安装 6400 万台智能电表。有分析师预计，到 2015 年，拉美国家智能电网相关产品的销售额将从目前的 1 亿美元上升至 10 亿美元，其中预计有一半以上来自巴西。目前，巴西在全国范围内推动智能电网的计划取得了不小进展。

目前，巴西主要电表供应商 ELO Sistemas Eletronicos 已获得政府批准，成为巴西首家获准制造和供应智能电网产品的能源企业。ELO Sistemas Eletronicos 接下来将批量生产单相、多相以及电流互感器电表，美国埃施朗公司（Echelon）将与之合作，为其提供智能电表的辅助系统，包括电力线路控制器、通信技术，以及智能电表嵌入式固件。总部设在加州圣何塞市的埃施朗是美国知名能源管理网络公司，该公司表示目前已在全球范围内将 3500 万户家庭、30 万座建筑以及 1 亿个电子设备接入智能电网。

巴西政府积极推动智能电网建设除了两大体育赛事的刺激外，解决严重的电力偷窃问题也是一个很重要的契机。统计数据显示，由于输电线附近居住的人非法获取电力以及热损耗，拉美国家电力经销商通常会损失 20% 的电力，其中巴西的偷电行为最为严重。

ELO Sistemas Eletronicos 公司副总裁马库斯·瑞佐表示，巴西不仅拥有庞大的市场，还具有非常超前的思维，在拉美国家已成为推动智能电网发展的领跑者。华盛顿能源咨询公司东北集团总裁本·加德纳也指出，就智能电网的市场规模而言，巴西在拉美国家之中"处于非常明显的领先地位"，并预测市场条件优秀的巴西将是南美洲第一个大规模部署智能电网的国家，同时将成为该地区其他国家部署智能电网时的效仿对象。

2．巴西智慧公共安全

里约热内卢正在建设公共信息管理中心，中心互联和整合城市各政府部门及各公共部门的信息，24 小时应对城市安全及各类突发事件。该中心首次将危机管理的流程整合进系统，并收集反馈，以供未来参考。同时，中心应用高分辨率气候预测及水文模型系统（PMAR），收集各类地理、历史及雷达信息，提前 48 小时对暴雨进行预测；同时从城市不同系统进行实时视频信息收集、监测和分析，防患城市各类相关突发事件。

2011 年 6 月，NEC 宣布将与巴西最大建筑承包商 Odebrecht 集团公司旗下致力于都市开发的 Arena Consortium，共同实施巴西伯南布哥州雷西夫市（Recife）近郊的智能城市开发计划。

NEC 将参与"云计算电子政务"、"智能能源系统"、"可对应各种大型活动的 ICT 基础设施构筑"等项目，从观光、物流等核心问题出发，为建设下一代都市基础设施提供可持续发展的 ICT 计划。

6.4.3　阿联酋

阿联酋的"智慧城市"项目计划始于 2004 年，但后因各种法律和政治原因推迟了启动，总体框架协议也发生了许多变化。直到 2011 年 10 月，阿联酋才正式启动了"智慧城市"建设项目，项目总投资 16 亿 DHS（迪拉姆，当地货币单位），项目估计在前 3～4 年可直接创造 25 000 个就业机会，期望未来共计可创造 90 000 个就业机会。可使喀拉拉邦（Kerala）成为潜在的、可选择的投资目的地。第一阶段智慧城市将于 2012 年上半年投入使用，整个项目完成的时间是 2017 年。其中，Tecom 迪拜互联网城将侧重于营销，智慧城市将允许多家信息技术公司建立自己的软件开发设施。

该项目的首席部长 Chandy 表示，阿联酋"智慧城市"项目 Smart City 不只是一个 IT 项目，它是一项可使国家经济增长到一个新水平的重大举措。阿联酋的"智慧城市"建设已经吸引了思科、惠普等国际巨头，为智慧城市建设提供网络架构、云计算等服务。目前，来自美国的设计师正在修改总设计，总体规划修订版在 2012 年第二季度完成。

6.4.4　澳洲

澳大利亚具有世界领先的 RFID 芯片生产能力，有从事 RTLS 实时定位系统研发的 G2 Microsystems 公司等经济实体。目前，物联网在澳洲各行各业都有着广泛的应用，出口到美国的商品按照美国零售业和军方的要求，供应符合要求的货箱级和托盘级 RFID 标签产品，澳大利亚与新西兰的畜牧业都已经通过立法使用 RFID 标签，澳大利亚的海关应用物联网技术大幅提高了工作效率。图书馆也是应用 RFID 技术的一个重要阵地，书籍、DVD 和 CD 等音像制品等都使用了 RFID 标签，存放、清查、防盗、借阅与归还等以往的人工程序已经变得自动和精确。相对而言，澳大拉西亚（澳大利亚、新西兰及附近南太平洋诸岛的总称）的军方 RFID 应用是最少的。

1. 澳大利亚海关物联网应用

澳大利亚海关和边境保护局在该国辽阔的海岸线上经营着超过 50 个移动检测点，监测国家边境以及海外船只，所有巡检船由堪培拉这个中央位置出发。该机构在 16 000mile（1mile=1.6km）海岸线巡逻，是为了阻止非法药物、走私和恐怖主义，以及执行贸易法规和征收关税。海关和边境保护监督局使用武器、护具、专门设备和车辆等来执行任务。该机构的中央办公室需要实时了解各个据点的武器和其他资产。

在中央控制机构的网站，能看到人事管理设备分布情况，就像经脉一样，知道武器、个人防护装备、专业设备和车辆的位置，并确保它们的维护和更新。直到最近，该项目终于完成，并得到了综合信息的电子表格。然而，解决办法是低效的，由于每个网站都有自己的设备记录程序，每个资产的位置也经常变迁，因此报告往往是不够准确的，这可能导致延误报告，或延迟维护、修理和更换这些项目。

澳大利亚的海关和边境保护服务使用 Bluebird Pidion BIP-6000Max 手持读写器检查设备的进出。为解决这个问题，2011 年该机构安装了射频识别系统，智能资产管理解决方案公司 Relegen 提供了解决方案，采用的是高频（HF）RFID 技术。"Relegen 提供了 Assetdna 软件，以及 HID Global 标签，"Relegen 的创始人和常务董事 Paul Bennett 说。数据通过 Assetdna 管理软件解释之后，提供给用户，无论是客户自己的服务器，还是托管的服务器。它也可以在突发事件中发出警报，如未经授权闯入等。更重要的是，

Data Trace DNA 技术能让用户知道在安全的事件中资产标签是否被破坏。Data Trace DNA 采用特殊材料，相当于一个隐形条码。这种材料是人眼睛察觉不到的，只能用光谱仪进行检测。

2．新西兰畜牧业的物联网应用

乳业是新西兰的支柱产业，乳产品销往全世界，欧盟则是重要的销售地。而欧盟几年前就要求各国加快 RFID 应用速度，并在 2008 年之前完成了对绵羊群、山羊群和猪群的 RFID 标签识别与追踪管理，到 2010 年前，完成了对牛群的监管。对于进口食品，欧盟毫不手软，一视同仁，如果某国的牲畜没有使用 RFID 监管手段，那该国的肉制品恐怕敲不开欧盟的大门。欧盟的这一做法也加快了新西兰乳业物联网应用的步伐。

目前，新西兰已经通过立法要求农民为其牧群佩戴 RFID 标签，一旦疾病或者疫情爆发，农民可以及时发现并采取积极措施，将损失降至最小。RFID 还能够帮助牧场实时追踪牧群，掌握牲畜动向，提供自动化的最佳喂养方式、疫苗及畜药管理与补充、牧群的自动化电子记录。放于牲畜耳槽或植入身体内的 RFID 传感标签还可以记录体温变化，应对突发事件，保持牲畜健康，等等。

6.4.5 南非

1．南非采矿业的物联网应用

近年来，南非物联网发展较快，尤其是在采矿业的应用。2005 年，南非的采矿业就已使用 RFID 用于跟踪照明、援救、瓦斯检测和急救装备。

位于 Pretoria 的 iPico 公司开发了双频 RFID。该产品采用低频辐射加上有高速数据输送能力的高频 RFID，其优点是可以在矿工拥挤的场合读取多个标签，准确性好、读取速度快、读取距离大，在入口管理、计时和出勤系统、物品损失和防盗装置等方面均有良好发挥。双频标签的读取速度达到 10ms，采用标准单天线读取器即可，若采用多天线读取器速度可以提高一倍。连续读取时 1 分钟可以读取 7200 个标签。通过 Pardekraal 矿点的探索，iPico 公司的双频 RFID 技术已经在其他矿点得到推广。

2008 年以来，南非许多矿石开采商如 Goldfields、Harmony Gold Mining Co 和 AngloGold Ashanti 等都在采用名为 Oretrak 的 RFID 跟踪识别系统。这些矿石开采公司一般使用 2～8 个读写器，并将其安装在矿井开口或废物传送带上。此项系统由 RF Tags SA 公司提供，可确保挖掘过程中提取的金矿物质不会误转。

要在大型采矿作业中跟踪识别金矿是一项艰巨的任务。就拿南非豪登的 Goldfields 来说，仅在 2005—2006 年一个财政年内，就从 6.8 万吨矿石中提取了 110 万盎司黄金。即便是在小型矿山，隧道长度也延长至 17km，里面拥有成千上万的采矿工人。

矿井中众多的材料以每小时 3mile 的速度，源源不断地从矿井下沿着传送带输出。如果光凭矿井上面的工人，以视觉判断哪些是金矿哪些是废物，以及对运往特定地区的材料进行分类是不可能的。对很多大型采矿业来说，可能导致的结果就是：会把一些金矿误认作垃圾丢弃，或者将一些废物做金矿处理，不管是哪一种都将会付出很高的代价。

面对这一难题，以前采矿主会使用一项包含金属垫圈或印有 ID 号的球监控矿石或废弃物。在人员验证了黄金的所在地之后，下盘地块就要准备爆破，此时可以将垫圈或球放在施工现场。爆破后，破碎的岩石以及球或垫圈都会被移动。矿石材料移出矿井过程中，会通过一个大的磁铁，将垫圈或球从瓦砾中吸出来，同时提醒工作人员他们要监控的矿石材料已抵达地面。

不过，要确定材料，工人还必须读取每个垫圈上的 ID 号，并同纸质印刷的号码相对照，或必须将每个号码都输入电脑加以确认。但这样做，垫圈或球被准确找回或识别的概率不到 3%，原因就在于磁铁根本没有识别它们，或者上面的号码已经难以辨认。

应用 Oretrak 提供的系统之后，符合 ISO18000—6C 标准的 915MHz 一次性半有源 RFID 标签会取代金属垫圈或球。这种管状标签，可测量 8 英寸的距离。

人员返回到矿井上之后，会使用读写器读取 RFID 标签，以获取数据并将数据传送到数据库中。这些数据中会包括矿石材料的确切位置和类型以及开采的时间和日期，而矿山的位置号一般会用白色笔手写在标签的背面。标签会根据其位置号放在爆破地点。不过，Mcmurray 称，因为矿井中存在着很多限制性条件，目前该系统还没有将手持读写器用于矿井位置信息输入。

安装在矿井传送带和井面上的读写器和天线，能够读取 RFID 标签上的 ID 号，然后将数据传送到后台系统，这样就可以通知该公司矿石材料具体是在什么地点失踪的。利用 Wi-Fi、ZigBee 或 GSM/GPRS，再通过有线或无线连接，信息就可以由读写器发送到后台系统。如果出现错误，该系统会警示工作人员材料运往了错误的方向。

RFID 跟踪识别系统中的每个读写器都可以储存长达几个月的数据。这就意味着即使由于各种原因导致通信中断，数据也不会丢失。Oretrak 系统软件还可以进行自我诊断。在使用多个无线读写器的大型矿井中，一台询问器就可以管理一大批的读写器。Oretrak 系统获得的数据都储存在矿井公司的后台数据库中，这些数据包括第一次读取标签的时间、日期和地点。

2. 南非 2010 年世界杯的物联网应用

2010 年世界杯在南非举行，可以说，物联网的足迹遍布了整个世界杯赛场。本次世界杯使得球迷们在欣赏比赛的同时，也同样体味了物联网技术与智能建筑系统为足球带来的全新感受。

（1）智能安防

作为智能建筑的重要一环，安防系统为安全防范保障工作提供了有力的支持。南非世界杯的治安问题一直是各国关注的问题，南非是世界上犯罪率最高的国家之一，死于各种暴力的人数是世界平均值的 8 倍。为确保本届世界杯安全，南非政府在安保方面的投入一加再加，预算已超过 10 亿美元，是 2006 年德国世界杯的 2 倍以上。南非还在世界杯期间邀请国际刑警组织等介入安保工作，安防系统的重要性不言而明。

在世界杯开幕前，南非警方公布一系列安保计划，以便随时应对 2010 年南非世界杯各种突发情况。运动员营地及宾馆的安保准备工作已基本完成，所有参赛者肖像已记录备案，运动队下榻宾馆的出入口、电梯及体育馆都已安装安保监控装置。每支比赛球队还会有专门安保联络员和贴身保镖时时跟随。世界杯期间将对比赛观众席进行实时监控，并建立数据库存储可疑分子资料；进出体育场馆的车辆也将接受严格安检和远程监控。此外，南非警方还专门设置体育场外疏散区域，并在每个比赛地指定专门机构负责物资供给，以应对突发灾害。场馆内外、市区街道、公共交通等区域的安防升级，为保障球迷与游客的安全做出了努力。

（2）智能化场馆

除了新建的 5 座体育场，足球城体育场是南非最年轻的体育场之一，只有德班的皇家班佛肯比它更年轻（1999 年竣工）。为了打造这座非洲的超级球场，南非政府花费了 33 亿兰特（约合 4.4 亿美元），这样的大手笔甚至能和安联球场媲美，后者工程耗资 3.4 亿欧元（按照目前的汇率约合 4.7 亿美元），世界杯决赛将在这里举行。为了更好地迎接世界杯，足球城体育场从 2006 年 9 月开始了重大升级，由 8 万人扩容到 94 700 人。升级主要是围绕着上层进行的，除了增加 99 间行政套房外，还增加新的更衣室设施，加盖了一层环绕屋顶，以及安装上新的照明设备，这也使该体育场更具现代感，成为非洲大陆名副其实的"旗舰"体育场。

除了智能化，南非体育场在建设时也考虑到了节能，新绿点体育场被认为是世界上最先进的体育场，它建造了一个可伸缩的玻璃屋顶，中间可以打开，这也是世界上独一无二的。穹顶第一层采用 16mm 厚的玻璃面板，保护观众免受强风大雨侵袭，又可以让光线射入，下层板材是梭织聚氯乙烯布，可减轻球场内部噪声。整座体育场堪称一座无污染的"绿色体育场"。

（3）综合布线、通信

世界杯不仅给南非带来了巨大的经济收益，更重要的是，通过举办世界杯将使南非的整个基础设施得到增强。南非总统祖玛就指出：世界杯这样的赛事让我们的旅游业得到了很大的发展，然而这更是帮助南非提高基础设施建设的良机。2010 世界杯带给南非未来五年在基础设施建设方面的巨大发展，南非可从这些基础设施建设成就中长期受益。

南非还将多个比赛举办地的机场进行翻修扩建。作为南非最主要的机场，位于约翰内斯堡的奥利弗·雷金纳德·坦博国际机场斥资 22 亿兰特（约合 3 亿美元）修建了新的航站楼，并进行扩容，目前每小时可接纳 45～60 架次航班飞机。基础设施的建设离不开综合布线与通信等方面的支持。

6.4.6　马来西亚

近年来，马来西亚的物联网发展迅速，市场一直被强烈的需求牵引着，尤其是 RFID 市场一直在持续增长中。根据 Frost&Sullivan 的亚太区电子与安全行业分析师 Richard Sebastian 预计，许多从事 RFID 行业的公司都能够维持其利润率，并在经济放缓期间继续增长。马来西亚的物联网的快速发展源自政府推动和企业应用。例如，马来西亚在 2009 年就曾向穆斯林朝圣者分发 RFID 标签，朝圣者通常前往圣地的 Haj 或 Umrah 朝拜，仅 2009 年一年间，标签制造商 Senstek Sdn Bhd 及 Tabung Haji （TH）旅游服务公司已发出 10000 枚 RFID 标签给大约 5000 名 Haj 朝圣者。通过 RFID 加快了数据采集过程，并减少朝圣者丢失行李的情况。

1．马来西亚的"信息技术觉醒运动"

马来西亚前总理马哈蒂尔倡导了"信息技术觉醒运动"。他在 1995 年底提出建设总面积为 750 平方公里的多媒体超级走廊（Multimedia Super Corridor，MSC）[83]。马来西亚多媒体超级走廊范围涵盖吉隆坡城市中心、布特拉贾亚（Putrajaya）政府行政中心、电子信息城（Cyberjaya）、高科技技术孵化创新园区和吉隆坡国际机场。整个 MSC 计划将持续到 2020 年。建成后 MSC 将拥有世界最先进的信息技术硬件设施，以吸引世界性的高技术企业前来投资，从而实现马哈蒂尔塑造马来西亚"知识经济"社会的梦想。马来西亚多媒体超级走廊包括 7 个"旗舰计划"：电子政府、智慧学校、远程医疗、多用途智慧卡、研究与开发中心、无国界行销中心和全球制造网。

称为"电子化的行政中心"的布特拉贾亚将依靠信息化的公共行政系统，把日常的行政管理工作数字化、网络化，政府部门将实现真正的"无纸化办公"。距离吉隆坡 40 公里的电子信息城 Cyberjaya 占地 2800 公顷，是最能体现"智慧城市"的核心工程，号称"东方硅谷"。整个 Cyberjaya 分为软件开发区、系统综合区、电信与网络服务区、动画与电影区、电子区、教育与培训区等。马来西亚政府计划在 2020 年前把 Cyberjaya 建成世界芯片生产中心，发展多媒体产品，把多媒体应用于教育、市场开拓、医疗及医学研究等领域。

2．国会选举中将使用指纹识别系统

马来西亚即将在国会选举中应用物联网技术。马来西亚的选举制度一直备受诟病，也是在野党及有关团体批评政府的重要依据，每次选举都有大量"幽灵选票"，因此指责执政联盟国阵营操纵选举。2011 年 7 月 9 日，马来西亚在野党与有关团体还成立

了"干净与公正选举联盟",并在吉隆坡举行万人集会,要求政府改革现行的选举制度。马来西亚总理纳吉在此间说,马来西亚将推出选民指纹识别系统,最快下届大选即可投入使用,而且政府已经拨款,由选举委员会落实指纹识别系统,让选民扫描大马卡(即政府多用途智能卡)确认身份后,才可投票。落实指纹识别系统是改革及落实选举透明的最佳步骤,也将是世界上最先进的机制,即使最先进的国家,也没有采用这种措施。

3. 林业部利用物联网技术追踪木材和管理森林

马来西亚是世界上最大林木资源出口国之一,2008 年木材和木材产品出口额达 63 亿美元。2009 年,马来西亚半岛林业部(FDPM)完成了一项试点项目——采用物联网技术追踪木材和管理森林[84]。

马来西亚和欧盟有一份基于欧盟原木和木产品规定的自愿合作协议。欧盟要求木产品出口国遵守一套规则,确保产品原木的合法砍伐,符合环境可持续规律;欧盟还要求控制和监控流程实现透明性。马来西亚政府据此授权发布符合欧盟标准的出口证,同时打击了非法砍伐。其中,协议的一个要求是采用一套全国木材追踪系统,提高木材供应链的透明性和可追溯性。

目前,马来西亚半岛通过肉眼读取树身标识上的识别码,手工清点树木。然而,手工系统很难追溯每一块加工后的木材,尤其是无法在整个供应链保持完整的书面记录,确保所有税款的交付以及原木的合法砍伐。一套自动系统可以解决这些问题。为此,FDPM 邀请了一些技术供应商测试基于 RFID 和条形码技术的森林管理系统,此事交予追踪软件供应商 Helveta 来实施,并在丁加奴省森林部(TSFD)的一块面积为 129 143 公顷的林地开展工作。

试点项目的目的是展示 RFID 系统是否足以满足野外林地的合法需求,这套系统支持树木预砍伐盘点,收集砍伐信息,在堆场将树木切割成圆木及圆木被运出林地时,通过林地外 TSFD 检查站获取信息。所有在监管链被追踪的树木都贴有符合 EPC Gen 2 和 ISO18000—6C 标准的无源超高频标签。项目组根据供货能力和外形采用了两种标签,一种标签的运行频率是 860~960MHz,另一种是 865~869MHz。

RFID 标签采用 U 形钉固定,或用锤子钉在树或圆木上。尽管标签缺少特殊保护外壳,但这两种方式都不会损坏标签。项目采用 4 台运行 Helveta 的移动数据获取软件的 RFID Teklogix Workabout 手持机,读取每个标签的唯一 ID 码。从林地起,RFID Workabout 设备被用于在供应链各个检查点确认标签 ID 码。项目期间,工作人员在监管方变化的各个地点都设有检查点,包括原始树木被盘点、砍伐和处理成圆木的地点等,并记录木材到达、离开堆场,经过一个路边州森林站的时间。

Helveta 的 CI World 平台被用做一个中央数据库管理数据，并根据收集的数据生成在线报表，从而提供木材和木产品在供应链流通的可视性[36]。存储在 Psion Teklogix 设备的数据通过 USB 连接上传到总办公室一台在线笔记本电脑。信息还可以通过无线 Wi-Fi 接口或 GPRS 连接的移动网络传输。

项目报告包括官方表格，如预砍伐盘点和公司文件等。CI World 对所有获取的数据进行检查、分析和合并；当数据不一致时，系统也会生成警报。

与条形码对比，RFID 系统有许多优势。这些优势包括 RFID 读写能力，标签可写入所贴产品的历史；高速识别圆木；自动生成 RFID 报表，如库存、堆场报告等，这些都包括了 RFID ID 码，以便确认和重复检查。这套系统可支持森林库存和管理活动，如种植计划等；还可以管理森林相关文件、木材加工、运输和出口等信息；支持警报系统；自动计算和收集税款，提高账面透明性，识别非法活动。这套系统设计花费了 5 周时间，木材盘点 2 天时间，监管链实地测试持继了 10～12 天[37]。

4．物流领域的物联网应用

2010 年，马来西亚物流公司 Lee Ting San（LTS）Group 对旗下 400 辆卡车测试了一套 RFID 轮胎管理系统，测试结果证明贴标轮胎能得到更好的维护，与非贴标轮胎相比，爆胎情况大大减少。轮胎管理方案名为"E-Tyre"，是由马来西亚 RFID 公司 FEC International 提供的，由 EPC Gen 2 无源 RFID 片状标签、判断轮胎胎面深度和气压的轮胎探针（片状标签和轮胎探针由 Translogik 提供）、手持 RFID 读写器和 E-Tyre 软件组成。

Lee Ting San Group 是马来西亚提供整体物流、集装箱托运和仓库服务的最大的公司，在 Penang 和该国北部都设有分点机构。与绝大多数物流公司一样，LTS 手工追踪卡车轮胎的维修：检测员检测轮胎的压力和胎面，并手工记下结果；需要时维修轮胎，并再次纸面记录细节信息。然而，拥有大型车队的公司通常很难管理轮胎所有的细节信息，使得轮胎不能适时维修，从而导致安全问题、高燃油成本和较短的轮胎寿命。

这套 RFID 系统解决了上述问题，当轮胎需要维修时系统向公司发出警报，并记录每一次检测事件和结果。LTS 希望这样可以消除数据收集时产生的错误，如轮胎 ID 码记录错误或重要细节的遗失，提高公司轮胎维护和充气流程的可视性，也减少由于不正确轮胎充气造成的爆胎。

当计划检测轮胎时，手持机下载 E-Tyre 数据。检测员来到每辆卡车跟前，先对手持机更新里程数和其他车辆数据，接着读取轮胎 RFID 标签。标签读取完后，检测员采用轮胎探针测试轮胎的胎面和压力，信息通过蓝牙连接传到手持机。每次数据接收时操作员在手持机屏幕上查看每项测量结果。接着，读写器放置在与一台 PC 相连的托柄上，读写器的所有数据（标签 ID 码与检测数据相对应）与轮胎及车辆细节一起储存[85]。

软件接着提供报告和分析，包括轮胎需要维修或丢弃的时间及翻新频率或其他维修历史，帮助 LTS 测试轮胎的性能。软件还可以向员工下单，通知他们维护或维修（如翻新和旋转）或丢弃轮胎。

RFID 片状标签的尺寸为 120mm×35 mm×5 mm，含 96B 的 EPC 码和 512B 的用户内存；然而，LTS 目前只采用标签的 RFID 码。LTS 从这套系统收到的最大利益是确保轮胎压力的定期检查和按需充气，而在这套系统安装之前，平均每 2 个月爆胎一次。这套方案根本上提高了 LTS 车队的公路安全，帮助公司提供更安全、更稳定的服务给终端用户。而且，由于轮胎定期充入适当的压力，寿命也更长了。

6.4.7 菲律宾

菲律宾的物联网发展较为波折。2009 年，菲律宾政府启动了 RFID 车辆追踪项目。通过实施远距离无源 RFID 标签来提高车流量，帮助执行交通法规，以及提高车辆安全。由 RFID 器件制造商和供应商 SMARTRAC 向 Free2move Scientific 供应 RFID 挡风玻璃标签，Scientific 提供执法人员手持读写器、室外公路固定 RFID 读写器以及将 RFID 标签安装非挡风玻璃车辆（如摩托车和拖车）所需的配件。SMARTRAC 提供的防破坏无源挡风玻璃标签有几个安全特点，确保只有菲律宾交通和警察部门的授权读写器才能获取车辆数据。

该项目是全球首个在全国范围采用 RFID 技术进行交通管理的项目。菲律宾陆地运输局要求所有政府车辆在 2009 年 11 月 3 日前粘贴 RFID 标签，所有私家车必须于 2010 年 1 月 4 日前粘贴 RFID 标签。菲律宾公民必须支付 350 比索（约 7.54 美元）的 RFID 标签费用，标签包含了菲律宾陆地运输局工作人员可读的注册信息。该标签本身的有效期为 10 年，过期后需要重新办理。

然而这一做法遭到了使用者的抵触，并向法院递交了一份质疑车辆 RFID 贴标合法性的请愿。请愿者指出，该项目没有经过任何法律委员会的审议，其增加了驾驶者的负担。2010 年 1 月，最高法院下令陆地交通局、交通和通信部停止车辆识别贴标项目，并禁止其收费。该 RFID 项目以失败告终。

在智能电网方面，2011 年 2 月 17 日，在中国国家电网公司的指导下，国网电力科学研究院与菲律宾国家电网公司（NGCP），在菲律宾首都马尼拉签订了智能电网战略合作备忘录。双方将以此次合作备忘录签订为契机，基于互利共赢的原则，共同推进智能电网建设，促进中菲两国电力和能源可持续发展，为两国经济和社会发展作出积极贡献[86]。

合作备忘录内容涵盖智能电网规划咨询、技术装备、标准及培训三方面内容。双方就智能电网 14 个技术领域进行了深入交流，明确了合作计划，就风电等新能源并网、智能变电站、直流输电、智能电网规划和标准等方面达成合作意向。国家电网公司有关部门和单位将针对菲律宾国情和菲律宾国家电网公司实际情况，提供智能电网解决方案，务实推进智能电网项目合作。

6.4.8　越南

越南科技部已于 2011 年 11 月 24 日正式将"设计和制造读取射频识别芯片、卡和阅读以及应用系统建设"项目交给胡志明市国家大学承担。该项目总投资 1457.56 亿盾，将由胡志明市国家大学半导体设计中心（ICDREC）与 8 所大学和企业于 2012—2015 年实施。其中，科技部下拨 1248.25 亿盾，西贡工业总公司配套提供 209.31 亿盾。这是近 50 年来越南科技部投资最大的项目。RFID 卡目前广泛应用于行政、口岸出入，以及仓库、交通、商品进出口管理等领域。

2009 年，越南政府与 IBM、联合国粮食计划署和总部设在美国的 FXA 组织合作追查全球范围内越南海产品出口以保证其安全和新鲜。越南海产品出口商和生产商协会（VASEP）和越南国家技术创新机构的 SATI 使用射频识别（RFID）技术来追踪产品，运往国际的产品比以往任何时候包含更多的细节和需要更大的监管。为监测食品运输过程和保证食物起源的可追踪性，许多国家都制定了严格的规定和行业要求，先进的技术如 RFID 和可追踪性的应用解决方案能够帮助越南海产品生产者符合国际行业标准和越来越严格的技术要求。

以此为契机，越南海产品出口商与生产商协会（VASEP）在 2010 年确定了 2010—2015 年期间的关键任务，严格的国际标准要求 VASEP 提高海产品出口质量，帮助其成员增加在国内及国际市场上的竞争力。该协会通过各种形式帮助海产品公司，包括在使用数据获取技术方面提供协助，如线性条码、二维条码和射频识别（RFID）等，这些技术均有助于保证海产品质量。为了改善越南品牌，VASEP 和国家商标委员会为几个主要出口商品创建品牌，如虾类、加巴鲶鱼和金枪鱼等。为了培训其成员有关国际贸易方面的知识，该机构还针对海产品出口商开设有关防止和处理出口活动中的国际贸易争议方面的培训班和研讨会。2005—2010 年期间，VASEP 成员出口交易额占该国海产品出口总交易额的 80%～85%。

6.4.9　泰国

1. 机场清货区 RFID 应用

2011 年，泰国曼谷国际机场（Suvarnabhumi）宣布将选择 RFID 和供应链技术厂商 Intermec 为该机场的清货区安装 RFID 和条形码系统，这一项目也将是东南亚地区最大的 RFID 项目。

RFID 应用将是曼谷国际机场清货区 IT 项目的核心部分。该技术将主要被用于追踪在货区和客运站出入的货物。此外，曼谷国际机场清货区还将同时采用 Intermec 条形码打印机和读写器来监控货物，辅助 RFID 系统。

清货区将采用一系列 Intermec RFID 产品，包括 50 台 Intermec IF5 智能固定 RFID 读写器、100 台 Intermec751 无线移动电脑、100 台 Intermec IP3 便携式 RFID 读写器、600支 RF 天线、4.6 万枚可重复使用的塑料 RFID 标签以及 4000 枚挡风玻璃 RFID 标签。条形码系统包括 10 台 PD4 条形码打印机和 10 台 1551 手持扫描仪[88]。

2．利用 RFID 管理交通和渔业

为了降低物流成本，泰国国家创新局（NIA）于 2010 年发布了一份报告，提倡全国采用 RFID 物流追踪系统，用于管理交通和虾产业。

为了监测城市交通，NIA 选用了 B-Move，一套由东南亚技术和 Burapha 大学的物流学院共同开发的 RFID 系统。粘贴在车辆上的 RFID 标签可与安装在电话亭的 RFID 读写器互动。该数据通过电话线传送到控制中心，来更改巴士时间表和经过路线。

NIA 也提倡在泰国的虾产业中采用 RFID 系统，来改善质量控制和提高供应链的可视性。NIA 希望所有虾都粘贴了 RFID 标签，包含了虾的原产地、运输时间以及喂食情况。该项目涉及另一个称为 C-Move 的系统，由 DX Innovation 开发，并由 NIA 提供部分赞助，采用全球定位系统技术来跟踪城市外的车辆。

目前，泰国每年有 19% 的国内生产总值投入物流成本，而美国为 9.4%。尽管这些RFID 项目都增加了花费，但是 NIA 相信，RFID 将大幅度降低物流的长远开支。

3．泰国物流和运输公司采用 RFID 系统加快煤炭称重流程

2010 年，泰国 Ayuthaya 省物流和运输公司 SCG Logistics Management Co，在其煤炭进口业务中采用了一套 RFID 系统，追踪卡车上煤炭的数量。这套系统实现了卡车及其载煤重量追踪过程的自动化，减少了卡车排队等待称重的时间，收费也更加精确了。目前为止，SGC 称，RFID 系统减少了地秤工人 30%～40% 的操作时间。

公司向第三方公司销售进口煤炭。这些公司派送卡车到 SCG 仓库装载煤炭，再运往到全国各地。卡车称重是煤进口业务的重要组成部分，即根据卡车装载煤炭的重量收费。每辆到达 SCG 仓库的卡车必须先停在一个地秤上，称重皮重（空卡车重量）。

采用 RFID 系统之前，司机向地秤操作员出示一份装载文件，称重站员工在 PC 上输入数据，记录卡车重量和卡车车牌号。接着卡车驶入仓库，装载完煤炭后返回地秤再次称重。称重站员工在公司后端系统的称重软件中手工输入装载后重量，接着打印文件，标明重量，交给司机。重量数据存储在公司的后端数据库。

公司称，这套人工系统的最大缺点是劳动力消费颇多：每次车辆进出工厂时工作人员都必须检查车牌，重复输入号码。而且，如果司机向员工提供不正确的车牌号，那么计费也会出错；在有些情况下，如果数据是假的（如车牌号码是无效的），公司甚至无法

计费收费。如果无法正确识别卡车，那么工人也无法确保进行装载前后称重的卡车是同一辆。

其他技术方案无法像 RFID 系统一样有效。举个例子，地秤的 CCTV 照相机虽然可以获取车牌号码，然而，员工每天需要花费较多时间查看照片，而 RFID 可同时提高操作效率和精确性。"当永久性配备电子标签的卡车到达地秤时，号码会自动在程序上显示出来"，Ngamsukkasamesri 称。

对于每辆进入仓库的卡车，SCG Logistics 会分发一个 TagMaster 有源 2.45GHz RFID 标签，粘贴在挡风玻璃上。标签的唯一 ID 码与输进 SCG Logistics 后端数据系统的数据相对应，如车牌号。当卡车停在公司三个地秤之一进行预装载称重时，大门的 TagMaster RFID 读写器可在 10 m 外获取标签 ID 码，通过电缆连接发送信息到 Identify RFID 托管 WEB 服务器与公司 SAP 系统相集成。地秤工作人员接着在电脑屏幕上看到车牌号和其他数据。员工可以对比卡车司机提交的装载文件与电脑上的数据；地秤测量重量，与 RFID 号码及后端系统存储相应车辆数据相对应。

每秤每天大约有 200 次称重交易。采用 RFID 方案，地秤称重流程时间减少了 50%。公司称，因为员工不需要重复输入车牌号，公司也无需在每天下班前进行数据输入各次称重交易的细节，如卡车的身份、所属公司和重量。

6.4.10　巴基斯坦

1. RFID 不停车收费系统的实施

采用 RFID 技术的不停车收费系统在很多国家都已经开始应用，巴基斯坦在这方面的应用始于 2007 年，在 Peshawar -Islamabad M1 和 Islamabad - Lahore M2 高速公路上测试，RFID 技术可让车辆经过收费站时，无需停车缴费，所需费用可以从司机备案的账号直接扣除。

经过 Lahore、Islamabad 和 Peshawar 收费站的司机可免费领取一个 RFID 标签，标签粘贴在汽车的挡风玻璃上。需要领取 RFID 标签的司机必须提供个人的详细信息，包括银行账号等。国家高速公路局（NHA）在这几个收费站贴上相关的宣传告示，注明领取事项。收费站安装有 RFID 读写器，当一辆车经过收费站时，RFID 读写器读取车辆挡风玻璃上的标签，识别车辆，并从相应账号扣除一定的金额。近两年，巴基斯坦已经着手在 M1、M2 和 M3 高速公路的所有收费站安装该系统，扩大适用范围。

2. 追踪婴儿医疗记录的应用

2008 年，巴基斯坦卡拉奇市开始了一个婴幼儿医疗健康研究项目，通过 RFID 手机和 ID 手镯实现几十家医疗机构间的数据分享，帮助医生为婴儿提供更周全、更高效率的护理。卡拉奇市已有几千名婴儿参与这项肺炎疫苗接种有效研究，医护人员采用手机扫描婴儿 ID 手镯内嵌的无源 13.56 MHz RFID 标签，追踪他们的医疗记录。

这套系统追踪 6 周至 18 个月孩子的医疗记录，帮助研究人员对比接种和未接种婴儿感染肺炎的概率，以便更好地了解国内采用疫苗类型的有效性。到目前为止，系统帮助医护人员对医生报告的肺炎症状更快地进行处理——通知一个医疗组立即报知特定办公室，进行婴儿血液抽取测试。而且，医生还可以通过一台中央服务器获取病人医疗历史记录。

这个项目被称为"孩童肺炎互动警报"，帮助医疗工作者快速对肺炎检验需求做出反应，并发送数据给相关工作人员。这套系统已运行三年，卡拉奇市于 2008 年开始分发 ID 手镯给婴儿的父母。这个项目由卡拉奇非营利性公司 Interactive Research & Development （IRD），卡拉奇 Indus 医院和 Johns Hopkins Bloomberg 大学国际公共健康部联合发起。

项目由适宜卫生技术组织（PATH）出资赞助，并获得 Bill & Melinda Gates 协会的资助。MIT Media Lab's Next Billion Network 帮助开发 RFID 数据软件和屏幕显示图像，并提议采用 Nokia NFC 手机，帮助设计原始系统和工作模型，IRD 开发最终产品。

自 2008 年 12 月起，共有 4000 名婴儿在 Indus 医院或 15 家政府免疫中心之一接受手镯，到 2009 年 10 月份，还将增加 500 名，达到研究预计的 4 500 名总数。当 6 周大的婴儿首次来到医疗机构进行接种时，孩子父母被告知这个项目。每位参与婴儿佩戴一个坚固、防水、由装饰小珠组成的手镯，类似于巴基斯坦婴儿常见的腕带。手镯上一个按钮大小的 RFID 标签符合近场通信的标准，其 ID 码与婴儿数据相对应，如姓名、出生日期和健康历史。

孩子在 10 周、14 周、及 6 月、12 月、15 月和 18 月大时，到 Indus 医院或 15 家政府免疫中心之一，或 10 家其他医疗机构进行健康婴孩检查或看病时，医生随身携带 Nokia 6131 手机，扫描孩子手镯的 ID 码。扫描完成后，医生按下手机屏幕上一个提示，对孩子诊断进行信息反馈，包括孩子是否显示肺炎症状。如果孩子需要进一步的检验，如血液抽取，IRD 医师立即收到通知，告知患儿的位置和身份，这样他们可以来到该地点，提供必要的检验，医生可以将所有这些程序输入 IRD 系统中。

健康体检后，位于医疗机构的 IRD 成员在手持 PDA 中输入患儿 ID 码及其他信息，如患儿血液检测的结果，或其他与接种、检测结果相关的信息，包括婴儿的体重和身高。PDA 和手机通过 GPRS 连接，发送数据到一台网络服务器，这 25 家医疗机构便可分享孩子的医疗记录。

过去，父母带小孩子去多家医疗机构检查，基本上不可能实现多家医院间的数据分享，这个项目则使孩子们可以得到更好的护理。

6.4.11   以色列

1. 以色列 Yedioth 应用 RFID 技术管理新闻纸

以被动式 RFID 标签来做工业用纸卷筒追踪有其技术上的困难，因为该技术在这类的应用情境下读取范围较短且读取可靠度也受限；不过要以单价较高的、体积较大、可重复使用的主动式标签粘贴在卷筒硬纸板轴心的话，对造纸厂而言也是处理不易。

新闻类用纸（如报纸）属于工业用纸之一，其印墨黏度低、吸墨力强、纸张表面粗糙、纸质不耐久、易变色，为最便宜的印刷用纸，一般应用的纸张厚度相当低（只需 40～50P）。由于报纸具备快速印刷及大量传播的特性，应用的媒体业者需求量极大，经济因素是很大的问题。

新闻类用纸的物流处理包括物流、储存与相关流程，占造纸厂纸张成本的 40%～50%；此外，造纸厂也会有送错客户、短期错置纸筒与库存过多的无效率问题。

基于经济考虑，新闻用纸多从国外大量订购，该类纸卷筒通常通过海运抵达，再由港口大型货柜车拖运抵达印刷厂。由于走海运，在所需前置时间的考虑下，报业通常会有一定的库存，等到要发报时，再由其自身的印刷厂或委由外包印刷厂等进行印制。

新闻类用纸纸质不耐久、易变色，堆积过期的纸张就会造成损失。此外，新闻类用纸（特别是每日发行的报纸）需求量大，每次所下的订单数量也大，配合的纸厂通常也被要求有一定的最低库存量，所以，造纸厂对自身的库存量也要很清楚。上船后的纸筒与订货的客户要能钩稽，以免送错或错置纸筒，造成运输成本的浪费。由于新闻用纸的纸筒体积大，印刷厂的仓库在放置与清点上必须有效率地规划区块与动线等。印刷厂通常有报纸、夹报文宣品或其他印刷品的印制，这涉及不同用纸，所以，上印刷机前确定拿对纸筒也是相当重要的。

印刷厂在过去以人工方式追踪个别纸筒，包括用纸与笔或是扫描粘贴在纸筒上的条形码，相当耗时也容易有错误。Yedioth 信息科技从 2006 年即在瑞典的 Holmen Paper 与比利时的 Stora Enso 进行测试，通过这些测试他们相信应用 RFID 技术可以有效降低印刷厂至仓库的搬运成本。并且针对印刷厂的特殊应用发展出相关软件，辅助印刷厂就卷标读取数据进行实时库存管控，借此让印刷厂可以更清楚知道实际存货。不过，当他们尝试引入关系企业 Yedioth Ahronoth（日报）时，配合的印刷厂反映被动式的 RFID 标签在读取上距离有限，而主动式 RFID 标签的负担对印刷厂而言太贵。Yedioth 信息科技于是思考利用电池辅助的被动式（Battery-Assisted Passive，BAP）RFID 标签应用的可能。

工业用纸通常含有一定湿度，就每筒而言，湿度最高可能到 10%，这对于无线射频的应用也是必须予以考虑的。一般被动式 RFID 标签的读取距离最远为 2m，这对相关作业人员而言，要拿着读取器接近体积相当大的纸筒，特别是整批纸筒经过闸门时，实在有读取操作上的困难。而工业纸筒多呈圆桶状（直径为 1～1.5m），还要经过风干等作业，RFID 卷标要能附着在其表面，且要能在不同层级上发射出标签上的唯一识别码，这些都是 RFID 应用上所必须面对的挑战[38]。

　　根据 Power R 卷标规格，其在空中沟通接口上同时支持 865～956 MHz 与 iP-X 协议，除此之外，温度尚可忍受−25～60℃，并能于 5%～95%湿度下运作。Power ID 的营销总监 Elan Freedberg 说：“该公司的 Power R 标签相较一般被动式 RFID 标签，可以有 3～10m 的读取距离，这对于新闻用纸在整个供应链上都可以适用。”

　　Technion 是一家以色列技术研究机构，双方合作研发，借以分析 RFID 科技的应用能对于新闻用纸供应链的营运改善。这套针对新闻用纸的 PERVUE 解决方案于是完成，整合 Power R 卷标与读写器、软件与整合服务，并以瑞典造纸厂 Avrahami 先行测试。

　　纸筒在抵达印刷厂入库时所通过的闸门上有读写器，就纸筒上 RFID 标签无线传输于 PERVUE，由系统自行比对送货明细与标签上所含纸筒信息，避免收错纸筒。Yedioth Ahronoth 日报收货信息可实时回馈于造纸厂供货商，让供应链上的信息通透度更好。

　　粘贴在纸筒上的 RFID 标签不只是降低存货，其提供的识别性能还可降低仓库的相关人力成本。除此之外，质量不佳的纸筒在上印刷机时容易破裂，破裂的纸张会造成印刷厂工作的延误（得停机换纸）与成本的耗损，个别纸筒的质量也可以通过该系统有一个更清楚的钩稽。该系统还针对印刷厂提供一个纸张破裂报表（paper breaking report），这有助印刷厂的作业与下次的采购。Technion 研究机构认为通过这项 RFID 科技的应用，将有助于整个供应链相关成本的节省。

　　造纸厂：最佳化在途存货、减少错置货柜。

　　港口承载：降低存货与相关成本（如保险、仓储空间等）。

　　印刷厂内存放：降低清点人力成本并减少人工记录作业。

　　仓库内取货：通过实时监控可以减少纸筒毁坏。

　　上印刷机：降低相关处理成本，也减少发报前置时间。

　　Technion 研究机构估计通过两年应用后，对于一家中型印刷厂（每年约消耗 20 000 吨纸）而言，每年大约可以节省 50 000 欧元。Yedioth 信息科技正着手扩大于 Holmen Paper 的应用，并规划于加拿大 Abitibi 与瑞典 Norske Skog 一并展开应用[39]。

2．汽车进口港的物联网应用情况

　　以色列最大汽车进口商 Colmobil 现采用 BOS 提供的一套 RFID 系统以减少劳力，加快从该国两大港口停车场的取车流程。Colmobil 每年进口 25 000～35 000 辆汽车，由 Mercedes Benz、Mitsubishi Motors、Mitsubishi Fuso 和 Hyundai 制造，并将这些汽车批发给以色列 1500 个经销商。

　　进口汽车被运入 Eilat 和 Ashdod 港口，存放在港口开放停车区一个月或更长时间。

当 Colmobil 销售一辆新车时，支付完汽车关税就可以从港口停车场取车，运往公司一个验车点（PDI）。在港口停车场，每辆车的左后座车窗上都粘贴一张纸，以文本和条码形式打印车辆的识别码（VIN），作为车辆识别。

然而，这套流程存在着几个问题。员工为了定位特定车辆必须经过停车场——大约有 37 000 停车位，而且经常停满车辆。员工必须查找车辆所贴的纸张以识别所需车辆。然而，在高温环境下纸片的打印文字经常会褪色，当外部温度达到 43℃，而车辆内温度可到 80℃，几周时间内文字就会褪色[40]。

2009 年 3 月安装的这套新系统使车辆识别变得容易了。当车从船上卸载时，每辆新车永久性安装 3/4 英寸×3/4 英寸的 UPM Raflatac EPC Gen 2 无源超高频 RFID 标签。Colmobil 员工采用 BOS 提供的手持设备，包括一台 Intermec CN3 手持电脑、一台 Intermec IP30 RFID 读写器和一台摩托罗拉 Symbol LS2208 条形码扫描仪。据 BOS 销售副主管 Uzi Parizat 称，系统首先扫描车窗上的 VIN 条形码和车辆挡风玻璃的 RFID 标签，将 VIN 和标签 ID 码在 Colmobil 后端数据库里对应起来。当车辆停在停车场时，公司工人再次读取标签，输入其位置编号（停车位识别码），数据接着通过 GPRS 蜂巢连接传送到 Colmobil 的 SAP 后端系统。

当顾客订购一辆汽车时，Colmobil 利用软件存储 VIN 码获取关于车辆在停车场的位置数据。工人接着来到停车场，取车前利用手持机确认车辆正确性。接着车辆从停车场取走，卡车运载前往 PDI 点。

当车辆到达 Colmobil 的一个 PDA 点进行最终矫正、安全检测和汽车登记时，工人从卡车上卸载车辆，利用手持 RFID 读写器读取挡风玻璃的 RFID 标签。汽车接着被停靠或移经各个流程，标签在每个过程都一一被读取，信息被输入手持机，在后端系统升级汽车状态。这样，Colmobil 可了解每辆车的状态。

采用这套系统后，在港口定位车辆、运送车辆和 PDI 管理比之前更快更容易。虽然现在判定这套系统减少多少人工还为时过早，但现在在 PDI 或港口的车辆盘点时间只需 4 小时，而之前人工方式需要 2 天时间。

这套系统应用的下一阶段是帮助 Colmobil 加快车辆移出港口停车场的速度，这需要港务局的正式批文。当卡车运载汽车离开停车场时，司机必须提供货运清单、顾客放行条、港口门票，港口工作人员必须确认所有这些文件所列的 VIN 码。

传统上，车辆确认过程需要监督人员爬上卡车，查看车窗贴纸或车辆底盘铭刻的 VIN 码。一旦这套系统被港务局批准安装，安装在出口两侧的两个 6m 高的电杆的 RFID 扫描仪可完成目前大多数手工工作。卡车将经过 RFID 门，标签 ID 码被读取，通过电缆连接发送到后端系统，监督员在电脑上获取信息，从而实现电子确认。

Colmobil 也向汽车购买者提供车辆维修服务，公司也希望采用一套系统通知服务中心车辆的到达及识别车辆，提供顾客个性化服务。

3. 智能物流系统应用

2010 年，总部设在以色列的 RFID 系统集成商和解决方案供应商 Galbital RFID Solutions 公司推出了智能物流系统（SLS），这是一套 RFID 系统，旨在帮助企业提升他们的物流运作效率。

这个解决方案包括 RFID Sleeve 和一台一体化集成的超高频（UHF）RFID 读写器，位于叉车上延伸出来的一个标准的金属叉尖上。RFID Sleeve 支持 EPC Gen 2 和 ISO 18000-6C 的规格，并包含一个唯一的天线、一台短距离无线通信设备、一台装载传感设备和一个电池包。智能的 RFID 托盘是一个超高频（UHF）解决方案，服务于木制的和塑料的托盘，托盘中间安装了一个 RFID 立方体。这种 EPC Gen 2 RFID 标签嵌入在 RFID 立方体里，可以被 RFID Sleeve 从任何方向读取，独立于存储在托盘里货物的种类。SLS 还包括叉车控制器，这是一个安装在叉车上的处理装置，包括 RFID 软件和一个表示盘。另外，SLS 还包括一个可选的 13.56 MHz 的地面读写器，旨在确定地面和免下车的位置。

6.5　小结

美国、欧盟、日本、韩国的物联网发展已经形成一定的规模，其技术发展水平，应用规模等均处于全球领先地位。除了上述国家外，物联网在其他国家和地区也有重要应用，通过本章中对加拿大、印度、新加坡以及其他国家和地区物联网发展情况的介绍，希冀能够为读者展现更加全面、丰富的内容。

第7章
国外物联网发展对我国的启示

内容提要

　　美国的物联网发展突出企业的主体地位，靠技术实力说话；欧盟凭借完善的物联网战略规划，积极推进物联网发展；日韩以及其他国家也均高度重视物联网的战略地位，以应用促进其发展。本章主要总结阐述了美国、欧盟、日本、韩国以及其他国家发展物联网对我国的启示。

物联网比目前的人与人通信的互联网有更大的增长潜力，已经成为信息产业在计算机、互联网之后的第三次发展浪潮。目前美国、欧盟等发达国家和地区等都在深入研究探索物联网，我国也正在高度关注。美国、欧盟、日、韩经历了不同的物联网发展历程，具有不同的特征，其他国家也积极推进物联网应用发展，这些均对我国物联网发展有较大的借鉴意义。

7.1　美国：靠技术实力说话

1991 年由美国提出"普适计算"的概念，它具有两个关键特性：一是随时随地访问信息的能力；二是不可见性，通过在物理环境中提供多个传感器、嵌入式设备，在用户不察觉的情况下进行计算和通信。美国国防部的研究机构资助了多个相关科研项目，美国国家标准与技术研究院也专门针对普适计算制订了详细的研究计划。普适计算总体来说是概念性和理论性的研究，但首次提出了感知、传送、交互的三层结构，是物联网的雏形。

美国 IBM 公司 2008 年提出了"智慧地球"概念，其本质是以一种更智慧的方法，利用新一代信息通信技术来改变政府、公司和人们相互交互的方式，以便提高交互的明确性、效率、灵活性。

2008 年 12 月，美国总统奥巴马向 IBM 咨询了"智慧地球"的有关细节，并共同就投资智能基础设施对于经济的促进效果进行了研究。结果显示，如果在新一代宽带网络、智能电网和医疗 IT 系统的建设方面投入 300 亿美元，就可以产生 100 万个就业岗位，并衍生出众多新型现代服务业，从而帮助美国建立长期竞争优势。因此，2009 年 2 月 17 日奥巴马签署生效的《2009 年美国恢复和再投资法案》（即美国的经济刺激计划）提出要在智能电网领域投资 110 亿美元，卫生医疗信息技术应用领域投资 190 亿美元。

2008 年以来，美国运营商以网络和服务为基础，结合新兴科技公司和系统集成企业，共同开发针对垂直行业的应用，推广 M2M 业务。

综合美国的物联网发展历程来看，美国并没有一个国家层面的物联网战略规划，但凭借其在芯片、软件、互联网、高端应用集成等领域的技术优势，通过龙头企业和基础性行业的物联网应用，已逐渐打造出一个实力较强的物联网产业，并通过政府和企业一系列战略布局，不断扩展和提升产业国际竞争力。

美国物联网发展带给我们的启示：

一是要大力推进技术研发。技术水平是决定产业发展的重要力量，美国在物联网发展方面并没有形成系统的战略规划，但是美国在电子信息产业方面雄厚的技术实力，为物联网这一新兴产业的发展打下了坚实的基础。我国只有着力突破感知、传输、处理等物联网发展层面的核心关键技术，鼓励企业加大技术投入，以企业为主体，推进产、学、研、用发展，才有可能占领物联网发展的制高点。

二是要着力发展物联网应用。应用是产业发展之本，是决定产业长远发展的需求基础。美国在物联网应用方面具有很好的发展经验，自"智慧地球"提出以来，美国物联网应用在全球积极布局，并已初见成效。我们要抓住这一轮科技浪潮，主动把握市场需求，推进物联网在经济社会、基础设施、民生服务等重点领域的应用，为产业发展建立良好的应用基础。

三是要积极培育大企业。大企业是美国物联网布局发展的主导力量，美国的几个重要的跨国企业如 IBM、谷歌、苹果等产业发展的影响力十分巨大，大企业的战略布局和所开展的应用对产业发展将产生举足轻重的作用。我国物联网目前存在企业小而散，缺乏龙头骨干企业等问题，大企业的培育尤其迫在眉睫。

四是要营造良好的产业发展环境。无论是物联网技术的突破，还是应用的广泛开展，或是大企业的培育，都需要能够促使其良好生长的土壤，这就需要为产业发展营造良好的产业政策、财税政策、法律法规、组织引导等方面的发展环境，这需要来自政府、高校、科研机构、企业、行业协会等各方面力量的共同努力。

7.2　欧盟：完善的物联网战略规划

欧盟认为，物联网的发展应用将为解决现代社会问题作出极大贡献，因此非常重视物联网战略。1999 年欧盟在里斯本推出了"e-Europe"全民信息社会计划。"i2010"作为里斯本会议后的首项重大举措，旨在提高经济竞争力，并使欧盟民众的生活质量得到提高，减少社会问题，帮助民众建立对未来泛在社会的信任感。

2009 年 6 月 18 日，欧盟委员会向欧盟议会、理事会、欧洲经济和社会委员会及地区委员会递交了《欧盟物联网行动计划》，希望欧洲在构建新型物联网管制框架的过程中，在世界范围内起主导作用。欧盟提出物联网的三方面特性：第一，不能简单地将物联网看做互联网的延伸，物联网是建立在特有的基础设施基础上的一系列新的独立系统，当然部分基础设施要依靠已有的互联网；第二，物联网将与新的业务共生；第三，物联网包括物与人通信、物与物通信的不同通信模式。物联网可以提高人们的生活质量，产生新的更好的就业机会、商业机会，促进产业发展，提升经济的竞争力。

欧盟还通过重大项目支撑物联网发展。

在物联网应用方面，欧洲 M2M 市场比较成熟，发展均衡，通过移动定位系统、移动网络、网关服务、数据安全保障技术和短信平台等技术支持，欧洲主流运营商已经实现了安全监测、自动抄表、自动售货机、公共交通系统、车辆管理、工业流程自动化、城市信息化等领域的物联网应用。

欧盟各国的物联网在电力、交通以及物流领域已经形成了一定规模的应用。欧洲物联网的发展主要得益于欧盟在 RFID 和物联网领域的长期、统一的规划和重点研究项目。

欧盟发展物联网的政策和措施给我们带来更多的启示：

一是把核心技术列为物联网发展的重点。国际电信联盟的报告中提出，物联网有四个关键性的应用技术（RFID、传感器、智能技术和纳米技术）。我国应该加大研发力度，加强产学研合作，组建政府、产业链企业、科研院所、金融机构、行业协会等在内的产业战略联盟，尤其要在关键技术的领域方面开展深入合作，形成更多更好的具有自主知识产权的产品、技术和品牌。

二是把标准化列为物联网发展的重点。欧盟在《欧盟物联网行动计划》中指出了标准化的重要意义，并提出物联网标准化应着眼于理顺现有标准或根据需要建立新标准，并随时关注欧洲标准组织的动态，以公开参与、透明协商的方式推动物联网标准的制定。我国在现有物联网标准化成果的基础上，下一步应该坚持国际标准和国内标准同步推进的原则，确立并扩大我国在物联网领域国际标准制定上的主导地位。

三是加快推进物联网新兴产业的发展。欧盟已经有计划地推动物联网有关产业的发展，例如在运输卸载领域通过和部署了"货运物流和智能运输系统行动计划"。针对我国物联网产业处于发展初期的现状，应以提高产业集中度、缩短产业链为目标，整合产业研究力量，提出有利于产业化推进的应用组织方案，优先选择重点领域进行试点。

四是加大政府引导和投入力度。欧盟《欧盟物联网行动计划》指出，某些物联网技术虽然已经成熟，但支持物联网的商业模式尚未建立，产业有时不愿投资，导致技术推广应用减缓。我国可以参考欧盟的做法，通过鼓励和恰当的项目拨款，以试点验证物联网的应用系统。通过财政税收、优先采购、设立基金、引导社会多元投资基础设施，引导企业加强研发，引导各地区、各领域、各行业进行商用。

五是高度关注"人"的利益。正如欧盟《欧盟物联网行动计划》中提出的，无论是从欧盟已有的物联网应用案例来看，还是从物联网安全性考虑及 RFID 回收管理等方面看，欧盟都体现出"人的物联网"这一内涵。不论是从政府管理的角度，还是从个人权利的角度出发，我国都应进一步重视以物联网的手段提高为人民服务的能力，特别要进一步加大对物联网信息涉及国家安全、企业机密和个人隐私的保护。

7.3　日韩：泛在网战略和应用结合

日本是较早启动物联网应用的国家之一，重视政策引导与企业的结合，对于近期可实现、有较大市场需求的应用给予政策上的支持，对于远期规划应用则以国家示范项目的形式通过资金和政策上的支持吸引企业参与技术研发和应用推广。1999 年，日本制定了 e-Japan 战略，大力发展信息化业务。2004 年日本政府在 e-Japan 战略基础上，提出了 u-Japan 战略，成为最早采用"无所不在"一词描述信息化战略并构建泛在信息社会的国家。u-Japan 的战略目标是实现无论何时、何地、何事、何人都可受益于 ICT 的社会。

日本曾经由于在关键技术领域失去领先地位，及传统优势领域——制造业逐渐被边缘化等原因，陷入长达 20 年的经济低迷困境中，物联网的出现为日本摆脱困境、重回世界"第一梯队"提供了契机。2009 年金融危机后，日本政府也希望通过一系列 ICT 创新计划，实现短期内的经济复苏以及中长期经济可持续增长的目标。日本希望采用蛙跳的方式，通过传感技术的研究，跳过互联网时代，在数字领域占据制高点，夺回数字时代的话语权。与日本相似，我国在互联网时代没有挤入世界"第一梯队"，如何在后互联网时代快速发展，实现赶超，日本的经验具有重要的借鉴意义。

作为 u-Japan 战略的后续战略，2009 年 7 月，日本 IT 战略本部发表了《i-Japan 战略 2015》，目标是"实现以国民为主角的数字安心、活力社会"。i-Japan 战略中提出重点发展的物联网业务包括：通过对汽车远程控制、车与车之间的通信、车与路边的通信，增强交通安全性的下一代 ITS 应用；老年与儿童监视、环境监测传感器组网、远程医疗、远程教学、远程办公等智能城镇项目；环境的监测和管理，控制碳排放量。通过一系列的物联网战略部署，日本针对国内特点，有重点地发展了灾害防护、移动支付等物联网业务。

日本的电信运营企业也在进行物联网方面的业务创新。NTT DoCoMo 通过 GSM/GPRS/3G 网络平台，推出了智能家居、医疗监测、移动 POS 等业务。KDDI 与丰田和五十铃等汽车厂商合作推出了车辆应急响应系统。

2004 年，韩国提出为期十年的 u-Korea 战略，目标是"在全球领先的泛在基础设施上，将韩国建设成全球第一个泛在社会"。另外韩国在 2005 年的 u-IT839 计划中，确定了八项需要重点推进的业务，其中 RFID 等物联网业务是实施重点。2008 年韩国又宣布了"新 IT 战略"，重点是传统产业与信息技术的融合、用信息技术解决经济社会问题和信息技术产业先进化，并提出到 2010 年韩国至少占领全球汽车电子市场 10% 的计划。韩国目前在物联网相关的信息家电、汽车电子等领域已居全球先进行列。

日韩在物联网发展上另一个值得我们学习之处在于，始终坚持走技术创新之路。物联网主要涉及电子标签、传感器、芯片及智能卡等领域，在对其技术开发和市场拓展中，RFID 技术是关键技术之一。作为物联网的关键环节，RFID 和二维码技术起步较早、发展较快，日本、韩国根据自身特点，积极投入 RFID、二维码的产品和应用研究，开发了成熟且先进的产品。我国 RFID 与物联网产业在核心技术突破、核心产品研发方面还存在很多问题，我国必须更加重视新兴产业发展，积极进行技术研发，同时应抓紧相关标准的制定，以抢占先机，在行业内掌握话语权。此外，更重要的是我国应明确物联网产业的战略地位，尽快研究制定加快中国物联网产业发展的意见，加速形成推动物联网产业发展的良好氛围，认真开展物联网等方面的相关研发和实践，力争在较短时间内把中国物联网产业做大、做强。

7.4　其他国家：以应用促发展

其他国家物联网发展也具有各自的特色，但总体来看，其他国家的物联网发展均以行业应用为主，RFID 是一大重要应用，以物流、农业、医疗、安防、交通等领域的应用为主，总结起来有如下几点启示值得我们借鉴：

（1）由政府主导。完善的基础设施和高速网络是信息通信技术服务国民的基础，大力支持企业和机构使用 RFID 及 GPS 等多种技术增强管理和服务能力。

（2）积极推动发展农村信息化，推广可持续发展的农村物联网项目。

（3）将物联网广泛应用于提高民众生活水平的领域，如医疗保健、平价电子商店、智能停车场、采矿监测、烟草制造等。

（4）结合国际大型赛事、展会的举办，在智能电网、智慧公共安全、城市网格管理、视频监控、智能交通、食品溯源、水质检测等方面逐步形成一个完善的产业链。

（5）将物联网技术广泛应用于农、林、牧、渔、交通运输业，改善质量控制和供应链的可视性，降低物流成本。

（6）加大对物联网产业的投资力度，积极开展国际合作。

（7）在军事领域积极开展物联网相关研究，加强在太空领域的物联网技术的竞争，掌握战争的主动性。

7.5　小结

本章主要总结阐述了美国、欧盟、日本、韩国以及其他国家发展物联网对我国的启示，总体来说美国突出其技术实力、欧盟突出系统规划、日韩突出战略和应用的结合，其他国家对物联网应用也十分重视并积极推进发展。通过透视其他国家的物联网发展，我们在政策、战略、技术、应用、大企业等方面得到了启示和借鉴，鞭策我们不断扬长避短，在物联网这一新兴领域争取中国的发展主动权。

第8章
世界物联网技术发展现状及趋势

内容提要

物联网是新一代信息技术的高度集成和综合应用，物联网技术涉及信息的感知、传输和处理，几乎囊括了当前所有的信息技术，且随着物联网应用范围的扩大而不断增加。同时物联网又有其常用的技术，如 RFID、传感器、M2M 等。本章主要分析论述了感知技术、网络和通信技术、信息处理技术等物联网主要技术领域的发展现状和其未来发展趋势。

为了应对即将到来的物联网潮流，不论是发达国家还是发展中国家，在原有的基础上，都加大了对物联网核心技术的研究、开发和应用。总体来看，物联网技术还处于继续快速发展的过程，特别是感知层技术。

8.1　感知技术

信息感知技术是物联网的基础，也是目前发展的重点。感知技术类似于人体的感官器官，在物联网体系中起到获取甚至是简单处理的作用。目前的信息感知技术主要有传感器技术、射频识别（RFID）技术以及坐标定位技术等。

8.1.1　传感器技术

智能传感器是将传感器、信号调制电路、微控制器及数字信号接口组合为一个整体的传感器系统。工作时，传感元件将被测非电量转换为电信号，信号调理电路对传感器输出的电信号进行调理并转换为数字信号后送入微控制器，处理后的测量结果经数字信号接口输出。在智能传感系统中不仅有硬件作为实现测量的基础，还有强大的软件支持来保证测量结果的正确性和高精度。传感器技术所涉及的知识非常广泛，渗透到各个学科领域[41]。但是它们的共性是将物体的物理、化学和生物等特征，由非电量转换成电量。近几年来，发达国家积极采用新技术、新工艺、新材料以及探索新理论，推进了传感器技术的快速发展。

目前，在传感器技术领域具有代表性的国家有美国、德国、瑞士、英国和日本等。美国早在 20 世纪 80 年代就声称世界已进入传感器时代，并成立了国家技术小组，帮助政府组织和领导各大公司与国家企事业部门的传感器技术开发工作。目前，美国著名的传感器公司有 PCB、Honeywell、IST、CAS、ITC 等企业，其中 PCB 公司从事压电测量技术的研究、开发和制造，主要产品包括加速度、压力、扭矩传感器以及相应的测量仪器，广泛应用于航天、航空、船舶、核工业、石化、水力、电力、轻工、交通和车辆等领域，特别是其首创的 ICP 型传感器（内装集成电路电荷放大器的传感器）是传感技术领域的最先进技术之一[42]。德国具有优秀的精密加工工业基础，加上政府的大力支持，其传感器技术发展处于世界领先水平。目前，德国著名的传感器公司有 Siemens、Proxitron 等，其中 Proxitron 公司以生产高温接近开关、热金属探测仪、气体流量开关和红外测温变送器为主，各项技术性能指标均居世界先列。

传感器的发展趋势主要有以下几个方面[43]。一是协调化。强调传感技术的系统性和传感器、处理与识别的协调发展，突破传感器与信息处理、识别技术与系统的研究、开发、生产、应用和改进分离的体制，按照信息论与系统论，应用工程的方法，同计算机技术和通信技术协同发展。二是微型化。侧重传感器与传感技术硬件系统与元器件的微小型化，利用集成电路微小型化的经验，从传感技术硬件系统的微小型化中提高其可靠性、质量、处理速度和生产率，降低成本，节约资源与能源，减少对环境的污染。三是集成化。进行硬件与软件两方面的集成，它包括传感器阵列的集成和多功能、多传感参数的复合传感器。四是多样化。研究与开发特殊环境（指高温、高压、水下、腐蚀和辐射等环境）下的传感器与感传技术系统。五是智能化。侧重传感信号的处理和识别技术、方法和装置同自校准、自诊断、自学习、自决策、自适应和自组织等人工智能技术结合，发展支持智能制造、智能机器和智能制造系统发展的智能传感技术系统[44]。

8.1.2　RFID 技术

RFID 是一种非接触式的自动识别技术，它利用射频信号及其空间耦合的传输特性，实现对静止或者移动物体的自动识别。一个简单的 RFID 系统由读写器、标签和天线组成，当读写器在标签附近发射特定频率的无线电波时，能够在标签读取或者写入识别码，从而实现识别或编码的功能。从工作频率角度，RFID 可以分为低频、中高频、超高频、微波等几类[45]。

美国在 RFID 标准、软硬件技术的开发与应用领域均走在世界前列[46]。TI、Intel 等美国集成电路企业目前都在 RFID 领域投入巨资进行芯片开发。Symbol 等已经研发出同时可以阅读条形码和 RFID 的扫描器。IBM、Microsoft 和 HP 等也在积极开发相应的软件及系统来支持 RFID 的应用。截至 2009 年底，美国总共发布了近 5000 件 RFID 专利，超过了欧盟、世界知识产权组织、日本以及中国大陆等国家和地区专利申总量的总和。目前美国的交通、车辆管理、身份识别、生产线自动化控制、仓储管理及物资跟踪等领域已经开始大范围应用 RFID 技术。日本在 RFID 研究领域起步较早，政府也将其作为一项关键的技术来发展。邮政与电信通信部（MPHPT）在 2004 年 3 月发布了针对 RFID 的《关于在传感网络时代运用先进的 RFID 技术的最终研究草案报告》，称 MPHPT 将继续支持测试在 UHF 频段的被动及主动的电子标签技术，并在此基础上进一步讨论管制的问题。截至 2009 年底，日本拥有 RFID 专利 500 件左右，居世界第二位。欧洲 RFID 标准追随美国主导的 EPCglobal 标准。Philips、ST Microelectronics 在积极开发廉价 RFID 芯片。Checkpoint 在开发支持多系统的 RFID 识别系统。诺基亚在开发并推广其能够基于 RFID 的移动电话购物系统。SAP 则在积极开发支持 RFID 的企业应用管理软件。截至 2009 年底，德国的 RFID 专利持有人数量排名世界第三位，专利数量近 100 项。在诸如交通、身份识别、生产线自动化控制、物资跟踪等封闭系统，欧洲与美国基本处在同一阶段。

随着技术的不断发展和应用的推广普及，RFID 逐渐向着多样化、网络化、兼容、大容量的方向演进[8]。一是产品多样化。为了适应未来用户个性化需求，芯片频率、容量、天线、封装材料等将组合形成产品化系列，与其他高科技产品融合，如与传感器、GPS、生物识别结合，由单一识别向多功能识别发展。二是系统网络化。当 RFID 系统应用普及到一定程度时，每件产品通过电子标签赋予身份标识，与互联网、电子商务结合将是必然趋势，也必将改变人们传统生活、工作和学习方式。三是系统要具有兼容性。随着标准的统一，系统的兼容性将会得到更好的发挥，产品的替代性更强。四是要含有更大内存，可以存储更多关于产品的信息[48]。

8.1.3　坐标定位技术

地理位置坐标定位技术有多种多样，目前以卫星导航定位为主，而其中又以美国的全球定位系统（GPS）应用最广[49]。卫星导航定位的原理是通过计算卫星信息传输的时间差来实现的。以美国的 GPS 为例，GPS 由三部分构成：一是地面控制部分。它由主控站（负责管理、协调整个地面控制系统的工作）、地面天线（在主控站的控制下，向卫星注入寻电文）、监测站（数据自动收集中心）和通信辅助系统（数据传输）组成。二是空间部分。它由 24 颗卫星组成，分布在 6 个轨道平面上。三是用户装置部分。它主要由 GPS 接收机和卫星天线组成。由于卫星的位置精确可知，在 GPS 观测中，可得到卫星到接收机的距离，利用三维坐标中的距离公式，利用 3 颗卫星，就可以组成 3 个方程式，解出观测点的位置（x, y, z）。考虑到卫星的时钟与接收机时钟之间的误差，实际上有 4 个未知数，x、y、z 和钟差，因而需要引入第 4 颗卫星，形成 4 个方程式进行求解，从而得到观测点的经纬度和高程。事实上，接收机往往可以锁住 4 颗以上的卫星，这时，接收机可按卫星的星座分布分成若干组，每组 4 颗，然后通过算法挑选出误差最小的一组用作定位，从而提高精度[50]。

国外关于坐标定位的技术主要有美国 GPS、欧洲的"伽利略"系统和俄罗斯的"格洛纳斯"系统。GPS 是 20 世纪 70 年代由美国陆海空三军联合研制的空间卫星导航定位系统，目的是为陆、海、空三大领域提供实时、全天候和全球性的导航服务，并用于情报收集、核爆监测和应急通信等军事目的。基本原理是测量出已知位置的卫星到用户接收机之间的距离，然后综合多颗卫星的数据就可知道接收机的具体位置。GPS 可以全球、全天候工作，定位精度高，民用在 10m 之内，军用可达厘米级。"伽利略"系统是欧洲计划建设的新一代民用全球卫星导航系统，由 30 颗卫星组成。根据设计目标，"伽利略"的定位精度优于 GPS，可为地面用户提供 3 种信号：免费使用的信号、加密且需交费使用的信号、加密且需满足更高要求的信号。其精度依次提高，最高精度比 GPS 高 10 倍，即使是免费使用的信号精度也达到 6m 之内。"伽利略"系统的另一个优势在于它能够与美国的 GPS、俄罗斯的"格洛纳斯（GLONASS）"系统实现多系统内的相互兼容。"格洛纳斯"是俄语中"全球卫星导航系统（Global Navigation Satellite System）"的缩写，最早开发于前苏联时期，后由俄罗斯继续实施该计划，主要服务内容包括确定陆地、海上及空中目标的坐标及运动速度信息等。俄罗斯联邦政府宣布"格洛纳斯"系统未来可为客户提供精度不小于 1.5m 的服务[51]。

　　未来的坐标定位技术将向着多系统组合式、多种定位技术结合、差分定位的方向发展[52]。首先，未来几年内将会出现多种系统并存的局面，这为组合定位技术的发展提供了条件。通过对 GPS、北斗、格洛纳斯、伽利略等信号的组合利用，不但可提高定位精度，还可使用户摆脱对一个特定定位星座的依赖，可用性大大增强，多系统组合接收机有很好的发展前景。其次，由于惯性导航是完全自主的导航系统，在 GPS 失效的情况下，惯性导航仍可保持工作。在实际应用中，惯导系统和 GPS 接收机之间存在三种耦合方式：松散耦合、紧密耦合和深度耦合。在深度耦合中，GPS 接收机作为一块线路板被嵌入到惯性导航的机箱内，这就是 ECI 系统。此外，GPS 可与增强型定位系统（EPLS）相结合。EPLS 是一种先进的无线电装置，它带有一定的自主导航能力[53]。目前，已成功验证可以通过网络自动把 GPS 转换到 EPLS。最后，使用差分导航技术，可降低或消除那些影响用户和基准站观测量的系统误差，包括信号传播延迟和导航星本身的误差，还可消除人为因素造成的误差。随着全球定位技术的发展，差分导航将得到越来越广泛的应用，将应用于车辆、船舶、飞机的精密导航和管理，大地测量、航测遥感和测图，地籍测量和地理信息系统（GIS），航海、航空的远程导航等领域。其本身也会从目前的区域差分向广域差分、全球差分发展，其导航精度将从近程的米级、分米级提高到厘米级，从远程的米级提高到分米级[54]。

8.2　网络和通信技术

　　网络和通信技术在物联网中起到信息传输的作用，类似于人体的神经系统。理论上讲，任何通信技术都可以成为物联网的信息传输通道。目前，物联网中的网络和通信技术主要有光纤通信技术、无线传输技术以及交换和组网技术等。

8.2.1　光纤通信技术

　　光纤通信技术理论起源于欧洲。1966 年英籍华人高锟博士发表了利用带有包层材料的石英玻璃光学纤维作为通信媒质的论文，开创了光纤通信领域的研究工作[55]。美国 1977 年在芝加哥相距 7000m 的两个电话局之间，首次用多模光纤成功地进行了光纤通信试验，此后把 0.85μm 波段的多模光纤称为第一代光纤通信系统。1981 年又实现了两个电话局间使用 1.3μm 多模光纤的通信，称为第二代光纤通信系统。1984 年实现了 1.3μm 单模光纤的通信，即第三代光纤通信系统。20 世纪 80 年代中后期又实现了 1.55μm 单模光纤通信，即第四代光纤通信系统。目前全球实际铺设的 WDM（波分复用）系统已超过 3000

个，而实用化系统的最大容量已超过 320Gb/s（2×16×10Gb/s）。美国朗讯公司已宣布将推出 80 个波长的 WDM 系统，其总容量可达 200Gb/s（80×2.5Gb/s）或 400Gb/s（40×10Gb/s）。实验室的最高水平则已达到 2.6Tb/s（13×20Gb/s）。预计不久的将来，实用化系统的容量将能达到 1Tb/s 的水平[56]。

光纤通信作为现在和未来一种最主要的信息传输技术已经被业界普遍认可，迄今尚未发现可以取代它的更好的技术[57]。一方面，光纤通信继续从多通道、高速率向超高速超大容量超长距离（3U）光通信演进，400Gb/s 和 1Tb/s 光传输技术将成为下一代光通信网络的核心技术和支柱；另一方面，全光网将是未来光纤通信的必然趋势，传统的光网络实现了节点间的全光化，但在网络结点处仍采用电器件，限制了目前通信网干线总容量的进一步提高，全光网络以光节点代替电节点，信息始终以光的形式进行传输与交换，交换机对用户信息的处理不再按比特进行，而是根据其波长来决定路由，因此具有良好的透明性、开放性、兼容性、可靠性、可扩展性，并能提供巨大的带宽，超大容量、极高的处理速度，较低的误码率，网络结构简单，组网非常灵活，可以随时增加新节点而不必安装信号的交换和处理设备[58]。

8.2.2　无线传输技术

无线传输技术种类多种多样，功能各异，与物联网紧密相关的无线传输技术有移动通信技术和近距离无线传输技术[59]。在移动通信技术领域，国际移动通信整体处在第三代（3G），并正在向第四代（4G）迈进。2012 年 1 月 20 日，国际电信联盟在 2012 年无线电通信全会全体会议上，正式审议通过将 LTE-Advanced 和 WirelessMAN-Advanced (802.16m)技术规范确立为 IMT-Advanced（即 4G）国际标准[60]。

全球第一个发放 3G 牌照的国家是芬兰，最早提供 3G 业务的是日本。2001 年 10 月，日本 NTT DoCoMo 正式商用全球第一个 WCDMA 网络。2002 年 4 月KDDI开始商用 CDMA2000 网络。与其他发达国家相比，美国在 3G 领域起步相对较晚，但近年来加快了追赶的脚步，并表现出反超之势。Verizon 公司于 2003 年率先开始提供 3G 宽带服务，随后一直致力于改进 3G 网络，目前其 3G 网络已覆盖美国近 260 个主要地区[61]。

近距离无线通信是近期发展很快的一种无线通信技术，主要有蓝牙（Bluetooth）、Zigbee、UWB（ultra wide）等，其标准大都由西方发达国家设定[62]。蓝牙技术是一种无线数据与语音通信的开放性全球规范，它以低成本的短距离无线连接为基础，可为固定的或移动的终端设备提供廉价的接入服务。它诞生于 1994 年，Ericsson 当时决定开发一种低功耗、低成本的无线接口，以建立手机及其附件间的通信。该技术还陆续获得 PC 行业业界巨头的支持。1998 年，蓝牙技术协议由 Ericsson、IBM、Intel、NOKIA、Toshiba5 家公司达成一致。Zigbee 联盟成立于 2001 年 8 月，2002 年下半年, Invensys、Mitsubishi、

Motorola 以及 Philips 半导体公司四大巨头共同宣布加盟 Zigbee 联盟，以研发名为 Zigbee 的下一代无线通信标准。超宽带 UWB 技术是一种无线载波通信技术，它不采用正弦载波，而是利用纳秒级的非正弦波窄脉冲传输数据，因此其所占的频谱范围很宽。UWB 可在非常宽的带宽上传输信号，美国 FCC 对 UWB 的规定为：在 3.1～10.6GHz 频段中占用 500MHz 以上的带宽[63]。

在无线传感网络和节点技术领域，国外发达国家起步早，掌握着关键技术。根据美国专利局的数据，在无线传感网技术方面，美国拥有最多的已授权的专利；日本其次；加拿大、韩国和法国随后。同时，美国也拥有最多的已公开的专利申请；韩国其次；日本、瑞典和中国台湾随后。目前，在无线传感网络技术上领先的 15 个顶级公司分别是：思科（Cisco）、爱立信（Ericsson）、费希尔罗斯蒙特（Fisher-Rosemount）、通用电气（GE）、霍尼韦尔（Honeywell）、IBM、英特尔（Intel）、微软（Mircosoft）、摩托罗拉（Motorola）、NEC、诺基亚（Nokia）、飞利浦（Philips）、三星（Samsung）、西门子（Siemens）和索尼（Sony）。其中，诺基亚公司拥有的已授权的美国专利数量最多，摩托罗拉、英特尔和微软紧随其后；三星公司拥有的已公开的美国专利申请数量最多，随后是霍尼韦尔、微软、摩托罗拉和 NEC 公司[64]。

在移动通信领域，移动通信将进入 4G 时代。4G 是指第四代移动通信及其技术，它集3G与WLAN于一体并能够传输高质量视频图像，图像传输质量可以达到高清晰度电视的水平[65]。4G 系统能够以 100Mb/s 的速度下载，比拨号上网快 2000 倍，上传的速度也能达到 20Mb/s，并能够满足几乎所有用户对于无线服务的要求。在价格方面，4G 与固定宽带网络在价格方面相当，且计费方式更加灵活机动，用户可根据自身的需求确定所需的服务。此外，4G 可以在DSL和有线电视调制解调器没有覆盖的地方部署，然后再扩展到整个地区[20]。

无线传感网络的发展趋势有三点。一是微型化。为了能够与信息时代信息量激增、要求捕获和处理信息的能力日益增强的技术发展趋势保持一致，对于传感器性能指标（包括精确性、可靠性、灵敏性等）的要求越来越严格；与此同时，传感器系统的操作友好性亦被提上了议事日程，因此还要求传感器必须配有标准的输出模式；而传统的大体积弱功能传感器往往很难满足上述要求，所以它们已逐步被各种不同类型的高性能微型传感器所取代；后者主要由硅材料构成，具有体积小、重量轻、反应快、灵敏度高以及成本低等优点。二是智能化。智能化传感器是指那些装有微处理器的，不但能够执行信息处理和信息存储，而且还能够进行逻辑思考和结论判断的传感器系统。这类传感器相当于是微型机与传感器的综合体一样，其主要组成部分包括主传感器、辅助传感器及微型机的硬件设备。如智能化压力传感器，主传感器为压力传感器，用来探测压力参数，辅助传感器通常为温度传感器和环境压力传感器。采用这种技术时可以方便地调节和校正由于温度的变化而导致的测量误差，而环境压力传感器测量工作环境的压力变化并对测定结果进行校正；而硬件系统除了能够对传感器的弱输出信号进行放大、处理和存储外，还执行与计算机之间的通信联络。三是功能综合化。通常情况下一个传感器只能用来探测一种物理量，但在许多应用领域中，为了能够完美而准确地反映客观事物和环境，往往需要同时测量大量的物理量。由若干种敏感元件组成的多功能传感器则是一种体积小巧而多种功能兼备的新一代探测系统，它可以借助于敏感元件中不同的物理结构或化学物质及其各不相同的表征方式，用单独一个传感器系统来同时实现多种传感器的功能。随着传感器技术和微机技术的飞速发展，目前已经可以生产出将若干种敏感元件装在同一种材料或单独一块芯片上的一体化多功能传感器[66]。

8.2.3　交换和组网技术

目前，国外普遍采用的交换技术中的路由技术有三种。第一种是最为保守的方法，即第三层的路由器与第二层交换机相结合的方法，第二层交换机严格限制于桥结构，用于同一虚拟网内的不同节点之间的数据交换，在 OSI 参考模型的第二层，即数据链路层实现虚拟 LAN 的功能，将第三层的功能留给路由器实现，由路由器完成虚拟网络之间的数据传输与建立 LAN 与企业主干网连接的工作。[67]第二种方法采用分布式路由技术，特点是它使用多层交换机，将第二层的桥与第三层的路由结合在一起，它本身所具有的路由功能支持虚拟 LAN，并支持大多数同一虚拟网内或不同虚拟网之间节点的通信，减少了工作组与部门之间所使用的路由器的数目。第三种路由技术则采用了一种全新的结构，路由器与边界交换机相结合。因为传统的路由器完成信息包的转发与路由选择两项工作。而基于路由器的网络则由两个独立的设备分别完成上述两项功能，即边界交换机完成信息包的转发，而路由信息的确定由价格较为昂贵的路由器完成。边界交换机只有在自己的地址表中找不到目标节点的地址时才访问路由器，此时路由器对之响应一个正确的地址，交换机再将该信息缓存备用。

组网技术就是网络组建技术，分为以太网组网技术和 ATM 局域网组网技术。以太网组网非常灵活和简便，可使用多种物理介质，以不同拓扑结构组网，是目前应用最为广泛的一种网络，已成为网络技术的主流[68]。以太网按其传输速度又分成标准以太网、快速以太网、千兆以太网和万兆以太网。以 ATM 交换机为中心连接计算机所构成的局域网络叫 ATM 局域网。ATM 交换机和 ATM 网卡支持的速度一般为 155Mb/s~24Gb/s，满足不同用户的需要，标准 ATM 的组网速度是 622Mb/s。ATM 是将分组交换与电路交换优点相结合的网络技术，可以工作在任何一种不同的速度、不同的介质和使用不同的传送技术，适用于广域网、局域网场合，可在局域网/广域网中提供一种单一的网络技术，实现完美的网络集成。ATM 组网技术的不足之处是协议过于复杂和设备昂贵带来的相对较高的建网成本[69]。

交换技术正朝着两个方向发展。一个方向是速度越来越快，已经从千兆跳跃到万兆。另一个方向是从最初的 2 层交换发展到 3 层交换。目前已经发展到网络的第七层应用层的交换[70]。形象地说，速度越来越快就是走量变的路线，而交换的层次越来越高走的是质变的路线。如何充分利用带宽资源，对互联网上的应用、内容进行管理，日益成为服务提供商关注的焦点。在带宽应用的情况下，网络层以下不再是问题的关键，取而代之的是提高网络服务水平，完成互联网向智能化的转变。如何解决传输层到应用层的问题，专门针对传输层到应用层进行管理的变得非常重要，这是目前应用层交换技术发展的最根本的原因。应用层交换就是通过逐层解开每一个数据包的每层封装，并识别出应用层，从而实现对内容的识别。

8.3 信息处理技术

信息处理技术负责对物联网中经过感知和传输的数据进行存储和处理，类似于人的大脑。广义上讲，任何对数据进行处理的软件或系统都可以成为物联网中的信息处理技术。目前，物联网的信息处理技术主要包括中间件、数据挖掘与系统分析、系统应用等技术。

8.3.1 中间件

国外的中间件技术起步与我国基本同步，但是发展很快，不但在其本国占有绝对的市场，而且在中国也占有很大的市场份额。如 BEA 和 IBM 的中间件产品在我国银行、证券、电信等高端行业，以及 IT 应用软件开发等行业中得到广泛应用。IBM 凭借其 1999 年推出的应用服务器 Web Sphere，先后扎根于金融、证券等行业。BEA 则依靠其应用服务器产品 Web Logic 不但在美国占有超过 60%的市场，在中国的电信及证券行业也占有主要地位。此外，Sun、Oracle、Sybase 和 Borland 等厂商也都有自己的服务器产品[71]。

中间件作为与应用联系最紧密的基础软件，应用需求的发展在中间件上有最迅速、直接的映射[72]。如何更好地解决分布应用面临的实际问题自然成为中间件发展的最终目标。由于应用需求是多样的，所以中间件的发展方向也必然是多样的，没有一个通用的模式能囊括未来中间件的所有特征。总体来讲，以下几点将是中间件发展的重要趋势。一是面向企业应用和 Internet 应用，发展基于构件的信息集成的中间件。路线是"走 XML 集成之路"，研究的内容包括：不同平台互操作、基于 XML 的信息资源整合、基于 XML 的数据管理、服务器的管理调度讲述、工作流程的模型定义、控制管理。二是面向特定 QoS 要求，发展支持服务质量管理的中间件，研究内容包括：面向特定领域的中间件，如实时中间件、容错中间件、基于 CORBA 的通用 QoS 框架、基于 Java 的 QoS 技术。三是面向环境变化和技术进步，发展具有动态特性中间件，研究内容包括：动态的链接管理技术、具有反射结构的自适应的中间件、不同设备、不同平台之间的自动发现。四是面向移动设备，发展嵌入式中间件和移动中间件[73]。

8.3.2　数据挖掘与系统分析

数据挖掘涉及的学科领域和方法很多，有多种分类法[74]。根据挖掘任务，可分为预测模型发现、数据总结、聚类、关联规则发现、序列模式发现、依赖关系或依赖模型发现、异常和趋势发现等；根据挖掘对象，可分为关系数据库、面向对象数据库、空间数据库、时态数据库、文本数据源、多媒体数据库、异质数据库、遗产数据库以及环球网Web 等；根据挖掘方法，可分为机器学习方法、统计方法、神经网络方法和数据库方法等。数据库方法主要是多维数据分析或联机分析处理（On-Line Analytical Processing，OLAP）方法，另外还有面向属性的归纳方法。目前，国外已经开发出用于多个行业的数据挖掘软件，并取得了明显的实际效果，比较著名的有 ANGOSS 软件公司的 Knowledge STUDIO、Business Objects 公司的 Business Miner 4.1、Cognos 公司的 Cognos Scenario、Comshare 公司的 Comshare Decision and Decision Web、Data Mind 公司的 Data Cruncher 等，它们广泛地应用于银行、零售、汽车、餐饮等多个行业[75]。

当前，数据挖掘和系统分析技术研究方兴未艾，其研究与开发的总体水平相当于数据库技术在 20 世纪 90 年代所处的地位，迫切需要类似于关系模式、DBMS 系统和 SQL 查询语言等理论和方法的指导，才能使数据挖掘的应用得以普遍推广。预计在不久的将来，数据挖掘的研究还会形成更大的高潮，研究焦点可能会集中到以下几个方面：一是发现语言的形式化描述，即研究专门用于知识发现的数据挖掘语言，也许会像 SQL 语言一样走向形式化和标准化；二是寻求数据挖掘过程中的可视化方法，使知识发现的过程能够被用户理解，也便于在知识发现的过程中进行人机交互；三是研究在网络环境下的数据挖掘技术（Web Mining），特别是在因特网上建立 DMKD 服务器，并且与数据库服务器配合，实现分布式数据采掘；四是加强对各种非结构化数据的开采（Data Mining for Audio & Video），如对文本数据、图形数据、视频图像数据、声音数据乃至综合多媒体数据的开采；五是处理的数据将会涉及更多的数据类型，这些数据类型或者比较复杂，或者是结构比较独特。为了处理这些复杂的数据，就需要一些新的更好的分析和建立模型的方法，同时还会涉及为处理这些复杂或独特数据所做的一些工具和软件[76]。

8.3.3　系统应用

一般来讲，数据中心相关技术和云计算是物联网信息处理技术中的典型系统应用[77]。国外的数据中心从业务类型角度可分为以下几类。第一类是电信运营商型。此类数据中心一般由基础电信运营商经营，凭借其在传统电信运营上积累的天然的电信资源的优势，通过向客户直接出售或出租电信资源获取利润。第二类是专业服务商型。此类数据中心的核心业务就是提供服务器托管服务。它们一般向基础电信运营商租用相应的电信资源，通过数据中心的服务将资源转卖给最终用户，同时数据中心提供高增值的服务获得利润。他们的客户一般是传统企业和一些.com 公司。第三类是系统集成商型，诸如 EDS、IBM 等。这类公司专注于特定的软硬件系统。它们主要以服务为导向，利用原有的客户群，向用户提供更完善的服务。第四类是信息流量控制型。此类数据中心一般向基础电信运营商租用相应的电信资源，通过将数据中心客户站点产生的访问流量转卖给其他网络运营商获取利润。他们的客户一般是访问量巨大的 ICP 站点。第五类是其他类型。这类公司主要来自于其他行业，一般向电信运营商租用相应的电信资源，通过与数据中心内有价值的客户站点进行资本合作，获得这些客户的部分股份，随着客户的成功，数据中心通过将所持的相应股份进行货币化获取利润。此类业务的代表包括许多国外的房地产商。国外目前主要有两类公司介入数据中心业务，一类是数据中心专业公司，如 AboveNet、DigitalLand 和 Exodus；另一类则是 IT 巨头，比如 IBM、Intel 等。数据中心在国外的发展趋势经历了市场细分的过程，细分有两个方向，一个是地域，一个是应用，如有专门针对 ASP 的数据中心，还有专门面向数据库服务的数据中心等[78]。

　　云计算是发达国家政府近几年重点推动的技术之一。在美国政府机构的 IT 政策和战略中，云计算扮演越来越重要的角色，政府正在大力推行云计算计划。第一大元素就是 Apps.gov 政府网站的改革，整合商业、社交媒体、生产力应用与云端 IT 服务。2010 年美国联邦预算着重加强了对云计算的安排，资助众多试点项目，包括中央认证、目标架构与安全、隐私以及采购相关内容。此外，美国国防信息系统部门（DISA）正在其数据中心内部搭建云环境，而美国宇航局（NASA）下设的艾姆斯研究中心也推出了一个名为"星云"（Nebula）的云计算环境。日本总务省和通信监管机构计划建立一个大规模的云计算基础设施，以支持所有政府运作所需的信息系统，这一被命名为"Kasumigaseki Cloud"的基础设施将在 2015 年完工，目标是巩固政府的所有 IT 系统到一个单一的云基础设施，以提高运营效率和降低成本[79]。同时，企业也积极布局。云计算的技术和商业前景已使资金、人才与创新更加聚集。美国硅谷目前已有超过 150 家涉及云计算的企业，新的商业模式层出不穷，公开宣布进入或支持云计算技术开发的业界巨头包括微软、谷歌、IBM、亚马逊、Netsuite、NetApp、Adobe 等。2008 年微软相继发布了一系列云计算产品，推出了新操作系统 Azure、企业 Exchange 的网络版和 Office 网络版，并计划在最短的时间内打造 20 个顶尖水准的数据中心，即"云计算中心"，每个中心预计耗资 10 亿美元。谷歌继推出 Google Apps 近两年后，App Engine 服务平台问世，其基本功能是让外部开发者借助谷歌的 App Engine 开发新的 Web 应用，而谷歌通过自己强大的云中心向用户提供上述应用的网络服务。IBM 于 2007 年推出了"蓝云（Blue Cloud）"计划，与政府机构、大学和互联网企业展开云计算计划方面的合作，并于 2008 年向客户正式推出第一套支持 Power 和 x86 处理器系统的"蓝云"产品[80]。

　　未来的数据中心技术将沿着以下几个方向发展：一是 I/O 虚拟化。I/O 虚拟化（也称作 I/O 聚合）可分离万兆以太网 Infini Band 或以太网链路的互联。I/O 虚拟化简化了数据中心的硬件状况，在提供灵活性的同时显著减少了各个设备之间的连接数量。二是数据和存储融合。目前的数据中心一般都有截然分开的数据和存储网络。然而，人们最想要的却是能够把这两个网络合并在一起。这一希望是撤销单纯的光纤通道，采用以太网光纤通道（FCoE）。三是整合提升品质。围绕虚拟化的成熟水平和舒适水平正在提高。这意味着企业愿意在一个系统上提供更多的虚拟机。每台物理服务器支持更多数量的虚拟机的能力当然来自于速度更快的处理器的支持。如果以芯片级为起点，每个处理器内核提供更强大的性能并且在一个芯片上加入 4 倍以上数量的内核的能力将提供大量新的容量和能力，以便在一个平台上放入更多的虚拟服务器，不会明显影响整个系统的性能或者能力。这个设计点是让系统或者产品为客户提供更强大的整合能力，以更便宜的价格在一个平台上整合更多的虚拟机。四是基础设施优化。性能优化趋势正在进入数据中心。企业已经在使用数据中心，优化服务器、存储、网络、冷却和配电资源。建造一个具有最大容量的数据中心与根据需要建造一个数据中心相比，前者是巨大的浪费。因此，可以优化已有的基础设施，这与建造一个整体的数据中心相比，效率之高令人难以置信[81]。

　　云计算的发展趋势：一是公共云和私有云的混合形式将持续下去，混合云模式将保留下来。大型企业将会使用私有云，同时小型企业也会使用公共云。将 CRM 等一些应用迁移到云中可以带来巨大的业务价值，而其他涉及隐私和专有信息将保留下来直到云的安全、法规遵从和监管问题被解决。二是私有云部署将呈现急速增长的态势。私有云在企业中的部署将迅猛增长，大型企业希望在他们自己的环境中发挥云计算的优势。IBM、思科和 VMware 将成为私有云市场的主要竞争者，而像 Amazon 这样的公共云提供商也将推出私有云版本参与竞争。三是云中的协同越来越多。CRM 再加上人力资本管理和协调将共同推动云应用的发展。Salesforce.com 和 Oracle CRM 将继续推动基于云的 CRM 的采用，同时 Taleo 和 Success Factors 则助力 HCM 的普及[82]。除此之外，Google Apps 和 Cisco WebEx 也将对推动小型企业和大型企业采用通信应用和协同应用起到帮助作用。四是集成将被克服[83]。对于云计算和 SaaS 应用的终端用户来说，以前采用云计算和 SaaS 应用的最大障碍——集成，将不再是一个难题。独立软件提供商和云平台提供商将通过提供集成解决方案（具有简化性、快速和部署灵活性等特点）来集成云应用和预置应用。五是一级 IT 厂商将大规模迁移到云中。随着云的可靠性逐渐被确定，像思科、戴尔、惠普和 IBM 这样的传统 IT 基础架构厂商将大规模向云中迁移，投资规模也将达到数亿美元。

随着数百万美元业务的增多和用户开始采用云计算，最先打开市场的先驱厂商将面临更激烈的竞争[84]。六是渠道商将为云应用提供新的机会。大型渠道商将为基于云的应用提供新机会。云市场涌现大量品牌的同时也将带来现有的渠道机会。先驱厂商将利用业务联盟和创新技术来获得新的用户，而不是投资数百万美元来打造他们自己专有的渠道。七是基于云的管理部门将会出现。云的"杀手级应用"将是集成的生态系统，由基于云的平台组成，用于连接最佳应用和开发定制应用，交付具有成本效益的计算和创新功能。没有哪个应用会占据绝对统治地位，所有由重要应用组成的结合体将成为云的"杀手级应用"。八是基于云的安全平台不久将广受青睐。基于云的安全平台提供了无故障访问、授权和认证，这些平台将率先被应用于大型企业中。虽然 1.0 版本不可能解决所有问题，但却可以通过简化身份管理来开一个好头[85]。云中的"单一登录"将成为一个热门需求。九是社交网络将在企业中成为主流并逐渐渗透到云中。社交网络的广泛使用将进一步从非正式的领域转向人力资源和销售领域，要求创建和强制实行企业指南的标准化[86]。十是微软 Azre 将唱主角。由于有大量的.Net 开发者，因此 Windows Azure 将引发一场云计算的变革。.Net 开发者最终可以选择迁移到云中而无须学习新的平台或者工具。由 Google 和 Amazon Web Services 为代表的 Java 阵营以及 Windows Azure 阵营之间将形成云平台方面的激烈竞争[87]。

8.4　公共技术

公共技术指的是在物联网中贯穿始终、又不属于特定层次的技术，同时还包括为特定层次技术提供基础支撑的技术。目前，物联网公共技术主要包括标识和解析、信息安全、信息管理以及相关的支撑技术。

8.4.1　标识和解析

目前用于物联网的标识和解析技术主要有二维码。国外对二维码技术的研究始于20 世纪 80 年代末，现在发展的非常成熟[88]。在二维码符号表示技术研究方面，全球现有的二维码多达上百种，其中常见的有 PDF417、QRCode、Code49、Code16K、 CodeOne、Data Matrix 和 Maxi Code 等 20 余种[83]。美国讯宝科技公司（Symbol）和日本电装公司（Denso）都是二维码技术的领头羊。PDF417 码是由留美华人王寅敬博士发明的。PDF是取英文 Portable Data File 三个单词的首字母的缩写，意为"便携数据文件"[90]。因为组成条形码的每一符号字符都是由 4 个条和 4 个空构成，如果将组成条形码的最窄条或统称为一个模块，则上述的 4 个条和 4 个空的总模块数一定为 17，所以称 417 码或PDF417 码。QRCode 码是由日本 Denso 公司于 1994 年研制的一种矩阵二维码符号，具有信息容量大、可靠性高、可高效表示汉字及图像多种文字信息、保密防伪性强等优点，尺寸小于相同密度的 PDF417 条形码。目前市场上的大部分条形码打印机都支持 QRcode 条形码。Data Matrix 主要用于电子行业小零件的标识，如 Intel 的奔腾处理器的背面就印制了这种码。MaxiCode 是由美国联合包裹服务（UPS）公司研制的，用于包裹的分拣和跟踪[91]。

二维码/激光扫描技术的重要发展趋势之一就是防伪，也就是二维码隐性防伪技术。该技术是通过编码软件对各类原始信息利用先进的编码、压缩、加密技术进行处理后生成二维条形码，再借助于特殊的隐形耗材进行覆隐处理，制作成防伪标识，不能通过复印、电分、照相等手段进行复制[92]。

8.4.2　信息安全技术

信息安全技术一般是指在技术和管理上为数据处理系统建立的安全保护。保护计算机硬件、软件和数据不因偶然和恶意的原因而遭到破坏、更改和泄露，能够确保信息的可用性、可靠性、完整性、保密性、不可抵赖性等。信息安全技术涉及计算机、网络、通信、密码、应用数学等多种学科和技术[93]。

20 个世纪 80 年代中期，美国国防部为适应军事计算机的保密需要，在 20 世纪 70 年代的基础理论研究成果——计算机保密模型（Bell&Lapadula 模型）的基础上，制定了"可信计算机系统安全评价准则"（TCSEC），其后又对网络系统、数据库等方面做出了系列安全解释，形成了安全信息系统体系结构的最早原则[94]。至今美国已研制出达到 TCSEC 要求的安全系统（包括安全操作系统、安全数据库、安全网络部件）多达 100 多种，但这些系统仍有局限性，还没有真正达到形式化描述和证明的最高级安全系统[95]。20 世纪 90 年代初，英、法、德、荷四国针对 TCSEC 准则只考虑保密性的局限，联合提出了包括保密性、完整性、可用性概念的"信息技术安全评价准则"（ITSEC），但是该准则中并没有给出综合解决以上问题的理论模型和方案[96]。后来，六国七方（美国国家安全局和国家技术标准研究所、加、英、法、德、荷）共同提出"信息技术安全评价通用准则"（CCforITSEC），综合了国际上已有的评测准则和技术标准的精华，给出了框架和原则要求[97]。该标准于 1999 年 7 月通过国际标准化组织认可，确立为国际标准，编号为 ISO/IEC15408。整体上讲，美国、法国、以色列、英国、丹麦、瑞士等国家目前在信息安全技术上处于领先[98]地位。

未来，以下几个方向将是信息安全主要技术的发展重点[99]。

一是密码技术。密码理论与技术主要包括两部分，即基于数学的密码理论与技术（包括公钥密码、分组密码、序列密码、认证码、数字签名、Hash 函数、身份识别、密钥管理、PKI 技术等）和非数学的密码理论与技术（包括信息隐形、量子密码、基于生物特征的识别理论与技术）。

二是安全操作系统技术。安全操作系统技术主要包括可信技术、虚拟操作系统环境、网络安全技术、公用数据安全架构、加密文件系统、程序分析技术等。安全操作系统产品主要包括安全操作系统（为 SMP、刀片服务器和巨型计算机等高端计算机配备的安全操作系统）和桌面安全操作系统（在现有桌面操作系统上进行安全增强，使其具备部分安全特征）。

三是网络隔离技术。网络隔离技术从整体上可以分为逻辑隔离和物理隔离两大类。逻辑隔离是公共网络和专网在物理上是有连线的，通过技术手段保证在逻辑上是隔离的。物理隔离是公共网络和专网在网络物理连线上是完全隔离的，且没有任何公用的存储信息。

四是网络行为安全监管技术。网络行为监控是网络安全的重要方面，研究的范围包括网络事件分析、网络流量分析、网络内容分析以及相应的响应策略与响应方式[100]。该领域涉及的主要产品包括：入侵检测系统、网络内容审计、垃圾邮件过滤、计算机取证。

五是容灾与应急处理技术。容灾与应急响应是一个非常复杂的网络安全技术领域，涉及众多网络安全关键技术，需要多个技术产品的支持。其主要技术包含应急响应体系的整体架构、应急响应体系的标准制定、应急响应体系的工具开发等。

六是身份认证技术。通常身份认证技术有基于口令的认证技术、给予密钥的认证鉴别技术、基于智能卡智能密码钥匙（USBKEY）的认证技术、基于生物特征识别的认证技术等几类。

七是可信计算技术。目前，计算机系统就其规模和互连程度而言，可分为单独计算平台和计算网络系统，高可信计算的实现可分为高可信计算平台以及高可信网络[101]。

8.4.3　管理技术

目前对物联网网络管理的模型还处于研究阶段，重点的研究方向主要集中于分布式物联网网络管理模型、分布式网络代理（Distributed Network Agent，DNA）功能模型的设计及原型实现、DNA 中性能监测和 QoS 控制功能模型与实现和物联网网络安全接入与认证研究等[102]。物联网网络管理的协议虽然仍是在 TCP/IP 的框架之下，但也有许多新的特点。例如，如果物联网的节点处于运动之中，则网络管理需要适应被管理对象的移动性。这与目前使用的 MANET（Mobile Adhoc Network）比较类似。与无线固定网络的不同，MANET 的拓扑结构可以快速变化。其节点的运动方式会根据承载体的不同有明显差异，包括运动速度、运动方向、加速或减速、运动路径、活动高度等。

IP 网络如何提供服务质量 QoS 支持的问题同样是业界广泛关注的焦点。对于由 QoS 控制来实现 QoS 保证，国际上不同组织和团体提出了不同的控制机制和策略。ISO/OSI 提出了基于 ODP 分布式环境的 QoS 控制，但至今仍停留在只给出了用户层的 QoS 参数说明和变成接口阶段，并未提出具体实现 QoS 控制策略。ATM 论坛提出了 QoS 控制的策略和实现，ATM 控制是"连接预定"型（Connection and Reservation），它的核心内容是在服务建立之前，通过接纳控制和资源预留来提供服务的 QoS 保证，而在服务交互的过程中，用户进程和网络要严格按照约定的 QoS 实现服务 QoS 保证。

IETF 组织也已经提出了多种服务模型和机制来满足对 QoS 的需求，其中比较典型的有：RFC2115，RFC2117 以及 RFC26xx 系列中的综合业务模型（Int-Serv）、差分业务模型（differentiated services）、多协议标签 MPLS 技术（Multi-Protocol Label Switching）、流量工程（traffic engineering）和 QoS 路由（QoS-based routing）等均用于解决 Internet 网络的 QoS 控制和管理[103]。

随着计算机网络的发展，计算机网络管理技术也不断地更新，未来的技术趋势主要有以下几点。

一是分布式技术。分布式技术一直是推动网络管理技术发展的核心技术，也越来越受到业界的重视。其技术特点在于分布式网络与中央控制式网络相比，它没有中心，因而不会因为中心遭到破坏而造成整体的崩溃。在分布式网络上，节点之间互相连接，数据可以选择多条路径传输，因而具有更高的可靠性。基于分布式计算模式推出的 CORBA 是将分布计算模式和面向对象思想结合在一起，构建分布式应用。CORBA 的网络管理系统通常按照 Client/Server 的结构进行构造，运用 CORBA 技术完全能够实现标准的网络管理系统。

二是 XML 技术。XML 技术是一项国际标准，可以有效地统一现有网络系统中存在的多种管理接口。其次 XML 技术具有很强的灵活性，可以充分控制网络设备内嵌式管理代理，确保管理系统之间，以及管理系统与被管理设备之间进行复杂的交互式通信与操作，实现很多原有管理接口无法实现的管理操作。利用 XML 管理接口，网络管理系统还可以实现从被管理设备中读取故障信息和设备工作状态等多种管理数据的操作。新管理接口的采用可以大大提高管理软件，包括第三方管理软件与网络设备之间进行管理信息交换的能力和效率，并可以方便地实现与网络管理系统的集成。而且由于 XML 技术本身采用了简单清晰的标记语言，在管理系统开发与集成过程中能比较简便地实施，这样新管理接口的采用反而还会降低整个管理系统的开发成本。

三是 B/S 模式。B/S 模式是基于 Intranet 的需求而出现并发展的。在 B/S 模式中，最大的好处是运行维护比较简便，能实现不同的人员，从不同的地点，以不同的接入方式接入网络。其工作原理是网络中客户端运行浏览器软件，浏览器以超文本形式向 Web 服务器提出访问数据库的要求；Web 服务器接受客户端请求后，将这个请求转化为 SQL 语法，并交给数据库服务器；数据库服务器得到请求后，验证其合法性，并进行数据处理，然后将处理后的结果返回给 Web 服务器；Web 服务器再一次将得到的所有结果进行转化，变成 HTML 文档形式，转发给客户端浏览器以友好的 Web 页面形式显示出来。在 B/S 模式下，集成了解决企事业单位各种网络问题的服务，而非零散的单一功能的多系统模式，因而它能提供更高的工作效率。B/S 模式借助 Internet 强大的信息发布与信息传送能力，可以通过网络中的任意客户端实现对网络的管理。而且 B/S 模式结构可以任意扩展，可以从一台服务器、几个用户的工作组级扩展成为拥有成千上万用户的大型系统，采用 B/S 网络管理结构模式从而实现对大型网络管理。

四是支持 SNMP v3 协议。SNMP 协议是一项广泛使用的网络管理协议，是流传最广、应用最多、获得支持最广泛的一个网络管理协议。其优点是简单、稳定和灵活，也是目前网管的基础标准。SNMP 协议历经多年的发展，已经推出的 SNMP v3 是在 SNMP v1 、SNMP v2 两个版本的基础上改进推出，其克服了 SNMP v1 和 SNMP v2 两个版本的安全弱点，功能得到极大的增强，它有适应性强和安全性好的特点。尽管新版本的 SNMP v3 协议还未达到普及，但它毕竟代表着 SNMP 协议的发展方向，随着网络管理技术的发展，它完全有理由将在不久的将来成为 SNMP v2 的替代者，成为网络管理的标准协议。随着计算机技术的日新月异，网络管理技术也会随着各种新技术的运用而不断向前进步，从而为众多的网络提供方便、快捷和有效的管理[104]。

8.4.4　支撑技术

物联网重要的支撑技术之一就是纳米技术。在这一领域，美国、欧洲和日本的研发和应用都居世界前列。美国 2000 年批准 NNI 计划（美国国家纳米科技启动计划），投资和机构的建立逐年递增，2001 年成立 6 个机构，投资 4.65 亿美元；2002 年成立 12 个机构，投资 6.97 亿美元；2004 年成立 21 个机构，投资 9.61 亿美元。计划实施三年，统一进行评估，提出了 2004 年到 2015 年的长远目标：一是纳米及其三维专有名词无错误的模拟；二是 10nm 以下的晶体管集成 CMOS；三是化工中新的催化剂；四是癌症的检测和治疗；五是空气、土壤、水中纳米颗粒的控制；六是先进纳米（二分之一是分子水平）；七是药物合成及递送（二分之一是基于纳米）；八是纳米尺度的会聚技术；九是生命循环的生物兼容性；十是纳米科技方面的教育问题。美国还明确国家科学基金会在 NNI 计划的领域布局态势，围绕器件进行器件机制、加工方法和检测技术的研究，围绕生物科学进行生物界面、生物医药器件、环境工程的研究[105]。美国国立卫生研究院（NIH）提出"癌症纳米计划"，主要涉及预防和控制癌症、早期发现与蛋白组学、影像诊断、多功能癌症治疗设备、癌症护理与生活质量改善，以及跨领域的培训。该计划目前在新型纳米装置，如侦测癌症、确定病灶位置、准确投递抗癌药物，在支持跨领域癌症研究和相关技术，如将纳米技术与后基因组学结合，以及在建立癌症研究网络等方面取得不错的进展。美国在纳米应用研究方面有四大热点：癌症诊断、半导体芯片、光学新材料、生物分子追踪，其中在芯片和癌症诊断领域的应用可望在今后十年内出现划时代的突破[96]。

总体上，美国、欧洲、日本在纳米科技发展上各有优势。在合成和组装方面，美国领先，其次是欧洲，再次是日本；在生物方法及应用方面，美国与欧洲的水平大致相当，日本位于二者之后；在纳米级分散体和涂料方面，美国与欧洲并驾齐驱，日本靠后；在高表面区材料方面，美国显然领先于欧洲，日本居后；在纳米器件方面，日本独占鳌头，欧洲和美国居后；在增强型材料方面，日本明显领先于美国和欧洲。

作为物联网最重要的支撑技术，纳米技术在当前和未来一段时间内，发展方向主要集中在纳米传感器、纳米电力、纳米电子、纳米材料、纳米生物、纳米制造和纳机电系统技术等领域。这些领域的发展趋势如下：

纳米传感器技术方面：基于纳米传感器技术，人们可以在单分子水平上建造传感装置，基于纳米技术的传感和探测新方法将使得探测灵敏性（最小探测极限）和选择性（探测特定化学制品或过程的能力）达到空前的水平，并且探测此前无法探测的过程和事件的能力也将得到提高。

纳米电力技术方面：纳米电力技术的主要研究内容包括纳米合成物电极、纳米结构电池等。预计未来 20 年，基于纳米技术的电极设计和电池构造、纳米材料和结构在太阳能电池中的应用等方面将得到突破和发展，从而对电池性能、太阳能电池技术等产生重大影响，为解决微机电系统装置和纳机电系统装置的供能瓶颈提供重要途径。

纳米电子技术方面：基于纳米粒子的量子效应来设计并制备纳米量子器件，最终目标是将集成电路进一步减小，研制出由单原子或单分子构成的在室温能使用的各种器件，实现信息采集和处理能力的革命性突破。

纳米材料技术方面：纳米材料与所制作出的组件可以展现以往物理上所预期但在制作上无法达成的特性。目前纳米材料技术主要是进行纳米组装体系、人工组装合成纳米结构材料的研究，未来工作将主要集中在结构与性能的研究以及广泛的基础理论研究和工艺研究[106]。

纳米生物技术方面：纳米生物技术的研究不仅有可能促进生物探测方法的改进，也将对生物学的其他方面产生影响，包括外科手术方法、生物兼容性、诊断、移植、修复等。

纳米制造技术方面：纳米技术将沿"由小到大"的方向发展。纳米制造技术本质上是指制造体积不超过数百个纳米的物体，其宽度只有几十个原子聚集在一起的宽度。

纳机电系统技术方面：纳机电系统是特征尺寸在 1～100nm、以机电结合为主要特征，基于纳米级结构新效应的器件和系统。从机电这一特征来讲，可以把 NEMS 技术看成是微机电系统（MEMS）技术的发展。但是，MEMS 的特征尺寸一般在微米量级，其大多特性实际上还是基于宏观尺度下的物理基础，而 NEMS 的特征尺寸达到了纳米数量级，一些新的效应如尺度效应、表面效应等凸显，解释其机电耦合特性等需要应用和发展微观、介观物理。因此，从本质上说 NEMS 技术已经是纳米科技的一个重要组成部分和方向。未来二十年，NEMS 技术的发展将使传感器和执行器具有易于多功能化、集成化、可靠性高、寿命长等优点，在军事和民用领域有着广泛的应用前景。

8.5　小结

综上所述，从物联网技术发展来看，呈现出两头弱、中间强的现象，即感知技术、处理技术领域较弱，传输技术领域较强。随着物联网应用的不断扩大和深入，感知技术将向着小型化、低功耗、低成本、大容量、高速度、高精度的方向发展，有线通信技术将逐渐向全光网方向演进，移动通信的 4G 时代将迅速到来，信息处理的智能程度将大大提高，物联网公共技术也将持续提高，为物联网的进一步发展不断提供新的技术基础。

REFERENCE 参考文献

[1]   国际电信联盟. 互联网报告 2005. 物联网 ITU 报告，2005.

[2]   http://www.ibm.com/smarterplanet/cn/zh/overview/ideas/index.html?re=sph.

[3]   胡向东. 物联网研究与发展综述[J]. 数字通信，2010（2）.

[4]   孙彬，张展鹏. 国外物联网发展路径各有千秋. 经济参考报，2010.

[5]   中国信息产业网. 国外物联网发展各显神通值得借鉴，2011.

[6]   中国电子商务研究中心. 纵论物联网产业链国内外发展，2010.

[7]   中国通信网. 欧洲、美国、日韩及中国的物联网发展战略，2010.

[8]   董晓荔，阎保平. EPC 网络中的 ONS 服务. 微电子学与计算机，2005.

[9]   孙其博，刘杰，黎葬，范春晓，孙娟娟. 物联网：概念、架构与关键技术研究综述. 北京邮电大学学报，2010.

[10] EPCglobal.The EPCglobal Architecture Framework.2005.

[11] 潘寒尽，邱学军. GPS 发展现状及其军事应用[J]. 数字通信世界，2011（2）.

[12] Architecture Development for Sensor Integration in the EPCglobal Network, Auto-ID.

[13] IOT-A.Initial Architectural Reference Model for IoT.2011.

[14] IOT-A.SOTA report on existing integration frameworks/architectures for WSN.RFID and other emerging IoT related Technologies，2011.

[15] www.fcc.gov.

[16] www.tiaonline.org.

[17] www.nist.gov.

[18] 张彤. 解析物联网的通信技术. 网络世界，2010.

[19] 曹琦. 浅析光纤通信技术的发展趋势. 中国集体经济，2009.

[20] 李振德，由俊玺. 光通信的发展趋势与市场. 黑龙江科技信息，2009.

[21] 谢奇. 我国光纤通信技术的发展现状与前景. 科技创新，2010.

[22] 田桂花. 浅谈无线通信技术的发展. 价值工程，2010.

[23] 王丹萍. 无线通信技术发展与应用. 沈阳大学信息工程学院，2010.

[24] 范永玲. 基于软交换的 NGN 网络关键技术与组网研究. 华南理工大学，2010.

[25] NGN 协议发展现状以及业务接口成熟状况. 人民邮电报，2009.

[26]　朱晓华，张滋朋. 4G 移动通信技术的研究. 电脑知识与技术，2009.

[27]　于倩. 4G 移动通信关键技术浅析. 电脑知识与技术，2009.

[28]　史为超. 光纤通信技术应用及发展探究. 硅谷，2010.

[29]　马莹，齐亚芝. 光纤通信技术展望. 硅谷，2011.

[30]　仝丽玲. 探析光纤通信技术的现状及发展趋势. 甘肃科技，2010.

[31]　卢美莲，程时端. 网络融合的趋势分析和展望. 中兴通讯技术，2007.

[32]　李迪，王龙稳. 光纤通信发展与技术的探讨. 硅谷，2011.

[33]　范文飙，曹磊. 光纤通信技术的发展趋势. 黑龙江科技信息，2009.

[34]　赵慧玲. NGN 趋势无所不在的网络和服务. 通信世界，2008.

[35]　杜伟勋. 光纤通信技术发展状况及其趋势分析. 硅谷，2011.

[36]　王保云. 物联网技术研究综述. 电子测量与仪器学报，2009.

[37]　许岩，李胜琴. 物联网技术研究综述. 电脑知识与技术，2011.

[38]　丁锋. 物联网时代 3G+M2M 组网模式探讨. 硅谷，2011.

[39]　诸瑾文. 物联网技术及其标准. 中兴通讯技术，2011.

[40]　余成伟. 基于 IMS 技术的物联网网络. 现代电信科技，2010.

[41]　邢晓江，王建立，李明栋. 物联网的业务及关键技术. 中兴通讯技术，2010.

[42]　BGP，IPv4 Resource Allocations. http://bgp.potaroo.net/iso3166/v4cc.html.

[43]　VeriSign Internet Infrastructure. The Domain NameIndustry Brief：Volume　-Issue 2-may 2011.

[44]　SaaSKnockoffs:Often disguised as wolves in SaaS clothing, SaaS knockoffs failto live up to expectations.VeevaWhite Paper.

[45]　（美）西蒙. 陈向群，等译. 嵌入式系统软件教程. 北京：机械工业出版社，2005.

[46]　周航慈. 基于嵌入式实时操作系统的程序设计技术. 北京：北京航空航天大学出版社，2011.

[47]　（美）诺克斯，格特延等. 孟祥旭，唐扬斌译. Oracle 安全实战——开发完全的数据库与中间件环境. 北京：清华大学出版社，2011.

[48]　潘雪峰，花贵春，梁斌. 走进搜索引擎. 北京：电子工业出版社，2011.

[49]　（新），威顿（Witten, I.H.）（澳），莫夫特（Moffat, A.）（新），贝尔（Bell, T.C.）. 梁斌译. 深入搜索引擎——海量信息的压缩、索引和查询. 北京：电子工业出版社，2009.

[50]　刘鹏. 云计算. 北京：电子工业出版社，2011.

[51]　王鹏. 云计算的关键技术与应用实例. 北京：人民邮电出版社，2010.

[52]　Evdokimov S, Fabian B,Gunther O, Ivantysynova Land Ziekow H. RFID and the Internet

of Things:Technology,Applications,and Security Challenges.Foundations and Trends inTechnology, Information and Operations Management [J].2010,4(2):105–185.

[53] Martel R, Schmidt T, Shea H R, Hertel T &Avouris P. Single-and multi-wall carbon nanotube field-effect transistors. Appl. Phys. Lett. 1998,73(17):2447-2449.

[54] www.etsi.org.

[55] www.iso.org.

[56] www.iec.ch.

[57] www.ieee.org.

[58] www.gs1.org/epcglobal.

[59] Initial Architectural Reference Model for IoT. IOT-A，2011.

[60] www.iot-casagras.org.

[61] www.cen.eu.

[62] www.cenelec.eu.

[63] www.etsi.org.

[64] 物联网各国政策综述——欧洲篇. 上海科学技术情报研究所，2011（8）.

[65] 蹇飒. 日本物联网世界[J]. 华为技术，2011（7）.

[66] C114 中国通信网. 欧洲、美国、日韩及中国的物联网发展战略. 2010.

[67] 孙其博，刘杰，黎羴，范春晓，孙娟娟. 物联网：概念、架构与关键技术研究综述. 北京邮电大学学报，2010（6）.

[68] 梅方权. 智慧地球与感知中国——物联网的发展分析[J]. 农业网络信息，2009（9）.

[69] 王志良. 物联网现在与未来[M]. 北京：机械工业出版社，2010.

[70] 周洪波. 物联网技术、应用、标准和商业模式[M]. 北京：电子工业出版社，2010.

[71] 张铎. 物联网大趋势[M]. 北京：清华大学出版社，2010.

[72] 宁焕生. RFID 重大工程与国家物联网[M]. 北京：机械工业出版社，2010.

[73] 唐前进. 物联网产业发展现状与发展趋势[J]. 中国安防，2010（6）.

[74] 陈倩倩. 韩国计划到 2020 年成为世界第三大 IT 出口国. 物联网技术. 2011（1）.

[75] "Turn On Tomorrow" 三星电子全球发布全新口号. 南方人物周刊，2010（6）.

[76] 王喜文. 韩国物联网城市建设. 物联网技术，2011（2）.

[77] 马宁. 华为与中兴通讯：中国两大通信巨头的营销战略与竞争策略. 北京：中国经济出版社，2007.

[78] 金成洪，禹仁浩. 三星浴火重生. 北京：中信出版社，2005.

[79] Bob Nelson，Peter Economy. The Management Bible.New York City，2005（2）.

[80] 王志乐. 2007 走向世界的中国跨国公司. 北京：中国经济出版社，2007.

[81] Intelligent Nation 2015（iN2015）. 新加坡，2006.

[82] http://www.arabianbusiness.com/tecom-pledge-300m-smartcity-malta-13054.html.

[83] Alwyn Goh，Zaharin Yusoff.Telemedicine and Medical Informatics in the Multimedia Super Corridor：The Malaysian Vision，2007.

[84] 孙圣和. 现代传感器发展方向(续)[J]. 电子测量与仪器学报，2009（2）.

[85] 陈津. 传感器技术应用综述及发展趋势探讨[J]. 科技创新导报，2008（10）.

[86] 侯达桥. 传感器发展趋势简析[J]. 技术与市场，2008（8）.

[87] 吕志良.RFID 技术正处于快速发展的前夜[J]. 办公自动化，2007（18）.

[88] 缪健，熊孟英. 无线射频识别技术 RFID 及应用[J]. 科技和产业，2005（11）.

[89] 张华，魏臻. 无线射频识别技术 RFID 及其应用[J]. 计算机安全，2007（7）.

[90] 苏一骅，杜新华.RFID 技术及其行业应用[J]. 黑龙江科技信息，2007（18）.

[91] 王解先. 全球导航卫星系统 GPS/GNSS 的回顾与展望[J]. 工程勘察，2006（3）.

[92] 仝丽玲. 探析光纤通信技术的现状及发展趋势[J]. 甘肃科技，2010（22）.

[93] 黄健，刘明富. 第三代移动通信系统（3G）的发展特点及其关键技术[J]. 科技资讯，2009（16）.

[94] 李云洁. 新兴低速近距离无线通信技术简介[J]. 移动通信，2008（6）.

[95] 高畅，宋志远. 光交换的研究与发展趋势[J]. 科技信息(科学教研)，2007（33）.

[96] 魏峻. 软件中间件技术现状与展望[J]. 新技术新工艺，2007（7）.

[97] 李玉华，卢正鼎. 通用知识网格下以用户为中心的数据挖掘本体研究[J]. 计算机科学，2006（2）.

[98] 刘晓茜. 云计算数据中心结构及其调度机制研究[D]. 中国科学技术大学，2011.

[99] 王沁.PDF417 条码识别技术研究[D]. 西安理工大学，2007.

[100] 方勇，周安民，刘嘉勇，戴宗坤. 信息安全学科体系和人才体系研究[J]. 北京电子科技学院学报，2006（1）.

[101] 侯达桥. 传感器发展趋势简析[J]. 技术与市场，2008（8）.

[102] 赵宇.RFID 技术在物联网中应用[J]. 信息与电脑（理论版），2010（12）.

[103] 顾国华.GNSS 科学发展与前景[J]. 全球定位系统，2008（4）.

[104] 王磊，裴丽. 光纤通信的发展现状和未来[J]. 中国科技信息，2006（4）.

[105] 李敏，夏红霞，赵顺东. 中间件技术及其发展趋势[J]. 软件导刊，2007（3）.

[106] 杨志红，周娟. 信息安全技术及其发展趋势[A]. 第十届中国科协年会信息化与社会发展学术讨论会分会场论文集[C]. 2008.